成本會計

（第三版）

主　編　張力上
副主編　宋浩

財經錢線

第三版說明

我們對本書做第三次重大修改，主要變化是：

1. 適應精品資源共享課教學範式改革，對書的編寫體例做出調整。每一章開始增加了本章導入案例、學習目標和本章知識難點提示，在每一章結束增加了本章小結和本章思考與拓展問題。在書中實務部分增加了許多現實生活中上市或非上市公司的成本計算與控制的案例應用，力求更真實地反應成本核算與控制現實操作方法。

2. 將原來第十章成本報表、第十三章成本分析與評價合併為一章，統稱為成本報表編製與分析，並對其理論部分重新闡述，目的是方便課程教學，避免過去分為兩章不緊湊的局限性。

3. 根據企業會計準則最新變化，對書中一些內容進行修改。主要是對原書中的工資費用及職工福利費用核算、固定資產大修理費用核算、待攤與預提費用、商品流通企業商品進價核算等內容，依照新的會計準則進行分析與討論。

4. 按照 2013 年發布的《企業產品成本核算制度（試行）》和 2014 年發布的《關於全面推進管理會計體系建設的指導意見》，我們對書中第一章、第二章、第九章、第十章、第十一章相關內容都進行了調整修改。

這次修訂由於工作量大、時間緊，我的助教林智紅，以及研究生趙鑫、王卿兆參與了部分章節的修改工作與案例的收集整理工作，在此表示感謝。

希望繼續得到讀者的大力支持，請及時反饋你們使用後的建議，以便不斷完善充實本書內容與體系。

張力上

前　言

　　成本會計作為會計與管理高度結合的產物，特別強調會計對內服務職能的發揮，它已經完全滲透到企業內部管理的各個方面。隨著社會生產力的發展，成本會計的內容還在不斷拓展。就現代成本會計而言，它可以被視為一個成本管理信息系統，內容可以劃分為成本信息生成和成本信息再加工利用兩大部分。本書正是按照這一基本觀點構建內容體系的。第一章對現代成本會計系統進行總體描述和介紹，以便為後續內容的分析、討論奠定基礎；第二章至第十章重點討論成本信息是如何按照會計方式生成的，生成的程序和方法是什麼，內容涉及財務會計、企業內部控制制度和企業管理等相關知識；第十一章至第十三章著重討論成本信息再加工和利用，即成本規劃、控制、分析與評價，是對傳統成本會計職能的延伸、擴展；第十四章主要介紹現代成本會計最新研究領域，即作業成本法，對其產生、原理和計算進行介紹。總之，本書在內容體系上和各章篇幅分量分佈上力圖做到內容體系完整性與實用性相結合，內容的邏輯性與教學規律性相結合，盡量反應現代成本會計的主要內容和發展趨勢。

　　本書由張力上擔任主編，宋浩、李玉周擔任副主編，由主編負責內容結構和寫作大綱的起草工作。第一章至第五章，以及第九章、第十四章由張力上執筆；第六章至第八章由宋浩執筆；第十章至第十三章由李玉周執筆。部分章節的資料收集和整理工作由唐藝、陳麗娜負責。初稿完成後，由張力上負責全書的總纂、修改和定稿。

　　由於作者水平有限，書中內容可能存在疏漏或錯誤之處，懇請讀者批評指正。

編　者

目　錄

第一章　緒論	（1）
第一節　成本、費用及其形態	（2）
第二節　成本會計產生、發展與內容	（12）
第三節　成本會計基礎工作	（24）
第四節　成本會計組織工作與組織環境	（29）
第二章　成本核算原則、要求與程序	（37）
第一節　成本核算基本原則與要求	（38）
第二節　成本核算基本程序	（43）
第三章　要素費用歸集與分配	（52）
第一節　材料費用歸集與分配	（53）
第二節　動力費用歸集與分配	（64）
第三節　工資費用歸集與分配	（66）
第四節　折舊費用歸集與分配	（75）
第五節　其他要素費用歸集與分配	（78）
第四章　綜合費用歸集與分配	（81）
第一節　輔助生產費用歸集與分配	（82）
第二節　製造費用歸集與分配	（91）
第三節　生產損失歸集與分配	（96）
第四節　生產費用在完工產品與在產品之間的分配	（101）
第五章　生產類型與成本計算方法	（110）
第一節　生產類型及其特點	（111）

第二節　生產類型、管理要求與成本計算方法 …………………（115）
第三節　各種成本計算方法的結合與應用 ……………………（118）

第六章　品種法 ……………………………………………………（121）
第一節　品種法特點與計算程序 ………………………………（122）
第二節　品種法延伸——分類法 ………………………………（130）

第七章　分批法 ……………………………………………………（138）
第一節　分批法特點與計算程序 ………………………………（139）
第二節　簡化分批法 ……………………………………………（144）
第三節　分批零件法 ……………………………………………（148）

第八章　分步法 ……………………………………………………（154）
第一節　分步法的特點及其劃分 ………………………………（155）
第二節　逐步結轉分步法 ………………………………………（156）
第三節　平行結轉分步法 ………………………………………（167）
第四節　零件工序法 ……………………………………………（172）

第九章　其他幾個行業成本計算 …………………………………（178）
第一節　施工企業成本計算 ……………………………………（179）
第二節　房地產開發企業成本計算 ……………………………（183）
第三節　商品流通企業成本計算 ………………………………（188）
第四節　運輸企業成本計算 ……………………………………（192）

第十章　成本規劃 …………………………………………………（198）
第一節　成本預測 ………………………………………………（199）
第二節　成本決策 ………………………………………………（204）
第三節　成本計劃 ………………………………………………（206）

第十一章　成本控制 ………………………………………………（219）
第一節　成本控制內容、原則與程序 …………………………（220）
第二節　目標成本控制 …………………………………………（223）
第三節　標準成本控制 …………………………………………（227）
第四節　責任成本控制 …………………………………………（236）

第十二章　成本報表編製與分析 ……………………………………………（241）
　　第一節　成本報表種類、特徵與編製要求 ………………………………（242）
　　第二節　成本報表編製 ……………………………………………………（246）
　　第三節　成本分析內容、程序與方法 ……………………………………（252）
　　第四節　商品產品總成本分析 ……………………………………………（256）
　　第五節　主要產品單位成本分析 …………………………………………（265）

第十三章　作業成本法 …………………………………………………………（270）
　　第一節　作業成本法產生背景 ……………………………………………（271）
　　第二節　作業成本法基本概念 ……………………………………………（272）
　　第三節　作業成本計算 ……………………………………………………（275）
　　第四節　作業成本法與傳統成本計算法的比較 …………………………（278）

第一章
緒　論

【導入案例】

　　李博、趙興等 5 位好友每人以現金出資 60 萬元創辦了一家生產新型電子秤的有限責任公司，公司註冊資金 300 萬元，選舉李博為公司總經理，選舉趙興為銷售副總。公司產品分不同型號，同一型號分不同量程。

　　該公司創辦當年，購買專業設備 100 萬元，設備估計可使用 5 年。生產場地採用租賃方式，每年租金 10 萬元，已預付兩年租金 20 萬元。購買原材料、燃料與輔料等支付 100 萬元，原材料、燃料與輔料被已完工入庫產品耗用 70%，剩餘 30% 用於在製品。支付生產人員及技術人員工資費用 30 萬元，支付行政與銷售人員工資費用 10 萬元。支付產品廣告宣傳費用 5 萬元。全年電子秤已銷售的數量是完工入庫產品 80%，其中現銷收入 150 萬元，賒銷收入 50 萬元。

　　年底，李博判斷，公司創辦當年現金收入 150 萬元，但購買設備、原輔材料、燃料，以及支付租金、工資、廣告等費用共計花去現金 265 萬元（100+20+100+30+10+5），當年會虧損 115 萬元，而且已花去出資額 300 萬的 88.33%，公司現金非常緊張，對於公司繼續經營下去缺乏信心。

　　但趙興認為，李博的判斷過於悲觀，創業當年公司生產的產品能有 80% 銷售出去，說明公司產品適銷對路，市場很好，企業當年不應當出現虧損，對持續經營下去還是很有信心，建議明年擴大生產規模。

　　問題：你認為，李博、趙興誰對公司判斷是基本正確的？為什麼？

　　從本案例看，要想說明誰對公司判斷是基本正確的，必須知道公司的成本是怎樣計算出來的，才能知悉公司盈虧狀況，從而制定出科學的經營決策。

學習目標：

　　成本會計是會計學的一個重要分支，與財務會計相比較，成本會計更強調會計對內服務職能，是會計與企業內部管理相結合的產物。

　　本章主要是從總括角度闡述成本會計的基本概念和基本理論問題，以便對成本會計有一個初步的瞭解，為後續學習奠定基礎。在本書開篇學習中應當注意：

　　1. 明確成本內涵和外延及其在微觀經濟和宏觀經濟管理中的作用，理解成本會計的歷史發展過程及每個階段的特點，深刻認識企業經營環境改變、管理要求提高

對成本會計發展的影響。

2. 掌握費用的不同標準劃分結果及作用、成本分類多元化及每種分類結果及目的、成本與費用關係、成本的基本特點。

3. 掌握成本會計基本內容，各內容彼此關係，以及成本會計基礎工作內容和每項基礎工作的要求，深刻認識這些基礎工作對保證成本信息質量的重要性。

4. 瞭解成本會計組織工作的基本內容，以及他們對成本信息質量的影響。

本章難點提示：

1. 成本內涵與外延，以及成本在微觀經濟管理具備基本特徵和作用。
2. 費用與成本彼此的關係，以及費用不同標準劃分的結果和相互關係。
3. 成本不同分類標準下每一種分類的結果，以及各種分類在管理上的相互關係與作用。
4. 現代成本會計內容形成，以及各內容彼此之間的關係。
5. 在成本會計實踐中，成本會計基礎工作的重要性，以及每方面基礎工作應當包括哪些基本內容。

第一節　成本、費用及其形態

一、成本概念、特徵及作用

（一）成本概念形成與發展

1. 成本概念的形成

從會計發展歷史看，成本這一概念是人類社會商品交換的必然產物。在小商品生產階段，生產者在滿足自己需要的同時要將多餘的產品在市場上進行交換。要交換就必須對商品進行估價，也就必然要考慮商品在生產過程中的耗費，即成本問題。因此，成本概念的提出，與商品交換密不可分。

小商品生產條件下，由於是手工勞動，生產規模十分有限，人們在交換時主要考慮物質資料的耗費與補償，而常常忽視活勞動的消耗與補償。這種現象在今天仍然存在，比如當我們自己動手製作一件東西，在計算它的製作成本時，常常只考慮花費了多少原材料費用和輔助材料費用，而自己的個人勞動往往忽略不計。在小商品生產條件下，成本主要還是局限於生產過程中物質資料的耗費與補償，是一種不完整的成本概念。

進入工業社會後，由於機器代替人的手工勞動，生產規模迅速擴大，人工費用在整個生產耗費中占很大的比重。對於工廠主來說，生產過程中的一切耗費都應當得到補償，這樣簡單再生產才可能順利進行。在這種生產方式下，人們在計算產品成本時，已經不可能再忽視人工費用的耗費與補償，因為它已經成為社會化大生產下維持簡單生產的必要條件。也就是說，進入工業社會後，工廠制度取代手工作坊，

人們對成本的理解有所深化，將其內容從生產資料的耗費與補償擴大到活勞動的耗費與補償，使得產品成本概念進一步完善。

今天我們所談論的成本，如果是說產品或勞務成本，是指為生產一定數量和種類的產品或勞務所花費的各種耗費，這種耗費主要包括人力資源、物質資料的消耗。

從以上分析中可以看出，為了進行商品交換，人們不得不考慮其生產成本。商品生產成本的內容是隨著社會生產力的發展而逐步完善的。一般而言，產品或勞務在生產經營過程中發生的各種資源耗費構成其成本。

2. 成本概念的發展

歷史上成本概念最早產生於生產領域，主要是指產品生產成本，以後隨著管理的需要又擴展到其他領域和範圍，從而形成各種不同的成本概念，使得成本的內涵和外延得到發展。例如：人們為了滿足企業預測、決策、分析的需要，將成本分為固定成本、變動成本、混合成本；為了加強企業內部經濟責任制，考核各部門工作業績，提出了可控成本、不可控成本、責任成本的概念；為了有效控制生產成本，提出了目標成本、標準成本、定額成本、計劃成本的概念。可以說，成本與任何一項管理問題相結合都會產生適應某一管理要求的成本概念。

成本這一概念在過去一直應用於微觀經濟領域，現在它也廣泛應用於宏觀經濟領域。比如，我們常說的社會經濟改革成本、社會責任成本、產業結構調整成本、環境治理成本、人力資源發展成本等概念。這些成本概念已遠遠超出某個企業或某個行業的範圍，涉及整個國民經濟。

隨著經濟的發展，人們還會提出更多的成本概念，以滿足不同的管理需要。就一切形式的成本而言，它是指人們為了實現一定的目的（目標）而付出的代價。這種代價主要表現為社會資源的耗費。這種資源耗費可以是有形資源耗費，也可以是無形資源耗費。

（二）成本的基本特徵

如上所述，成本所涉及的範圍很廣，有微觀、中觀和宏觀之分。本書主要討論微觀成本，即企業成本。

就企業成本來說，它在生產經營過程中具有以下幾個基本特徵：

1. 可變性

成本是企業在生產經營過程中發生的資源耗費，這種耗費與企業生產經營活動量（產量、銷量、勞務量、作業量等）有著密切關係，會隨著生產經營活動量的變化而變化，我們把這種現象稱為成本的可變性。由於成本存在著變動性，其金額總是處於不斷變化之中，從而為我們有的放矢地控制成本提供了可能。

成本的可變性主要表現為兩種趨勢：成本中的某些組成部分會隨著生產經營活動量的變化而變動，它們對生產經營活動量的變化反應比較敏感，如產品直接消耗的原材料、燃料、動力及生產工人的計件工資；另一部分在一定時間內和一定生產經營規模下金額會保持一定的穩定性，生產經營活動量的變化對其影響不大，如固定資產折舊、管理人員的工資等。

實踐中，掌握成本的可變性，認識其變動的規律性，有利於我們主動控制成本。

2. 對象性

成本作為生產經營過程中的耗費，不僅與一定的生產經營活動量有關，而且與生產經營活動對象直接相關，它總是表現為一定對象的資源耗費。這裡的對象，可以是產品或勞務，也可以是某一個工程項目、某一種作業或某一種行為。人們在考慮成本問題時，總是與某一對象相聯繫，脫離了一定的對象，就無法衡量成本水平的高低。

在實踐中，人們正是利用成本對象性的特點，通過對每一對象成本的規劃與控制來降低企業資源的耗費水平，達到充分利用資源的目的。

3. 可控性

企業生產經營過程中的耗費總是發生在特定的單位或範圍內，這些單位對其職責範圍內的生產經營耗費總是負有一定的經濟責任，有義務控制它們發生的規模、頻率，影響它們的大小，我們把這一點稱為成本的可控性。

從理論上講，企業的一切成本都是可控的，但對企業內部不同單位、部門、崗位或個人而言，不是一切成本都是可以控制的，只能控制其職責範圍內發生的成本，即不同單位、部門、崗位或個人可控成本的範圍、內容是不同的。

在成本管理中，成本的可控性表現為成本責任的一種追溯性。成本責任的追溯是十分複雜的。例如，生產過程中所消耗材料成本的追溯會涉及三個部門：技術部門負責材料品質標準的制定；材料採購部門負責材料的價格；生產車間負責材料的使用量。對於生產工人的工資成本，生產車間一般只能控制其生產工時，無力控制小時工資率，小時工資率應當是企業管理部門考慮的問題。因此，在會計實務中，人們只有聯繫成本的責任歸屬性，確定其可控性，才能科學地控制成本，做到賞罰分明，提高職工降低成本的積極性。

4. 綜合性

成本是企業生產經營管理水平的綜合反應。企業勞動生產率的高低、材料物質消耗的多少、設備利用的程度、資金週轉的快慢，以及生產組織、物資採購、商品銷售是否科學合理，都會通過成本這一經濟指標綜合地反應出來。

成本的綜合性說明，任何企業要想降低成本，都必須從成本發生的各個因素入手，分析出哪些是影響企業生產耗費的有利因素，哪些是不利因素，企業生產耗費控制的薄弱環節是什麼，採用系統控制的思維和方法降低成本。

(三) 成本在管理中的作用

成本作為生產經營中的耗費，對企業的生存與發展、生產耗費的補償、產品定價、生產經營決策都具有十分重要的作用。

1. 成本是企業生產經營耗費的補償尺度

首先，無論什麼企業，無論什麼產品，在生產經營過程中必然要發生相應的耗費。為了保證再生產的順利進行，企業必須在其收入中對生產經營中的耗費予以補償。一般是以成本為尺度進行補償。在收入一定的前提下，成本越高，補償越多，純收入越少；成本越低，補償越少，純收入越高。因此，成本和盈利是此消彼長的關係，企業只有加強對成本的控制，努力降低生產經營耗費，才可能以較低的耗費

獲得較高的經濟效益。

其次，成本的補償也是社會總產品的一種分配行為，屬於社會分配範疇。國家可以根據成本的經濟內容，結合不同時期管理的需要，對成本開支範圍和開支標準進行調整，影響企業生產耗費的補償行為，達到調節社會產品分配的目的。

2. 成本是制定產品價格的基礎

市場經濟下，產品價格是產品價值的貨幣表現，產品價格應基本上符合產品價值。無論是國家還是企業，在制定產品價格時都應遵守價值規律的基本要求。但是，在實踐中，人們還不可能直接計算產品價值，只能計算產品成本。因此，通過成本間接地確定產品價格，是產品定價的一種方法。特別是工業品，常常採用成本加成的定價方法。

當然，產品定價是一項技術性很強的工作。不同行業、不同類型的產品，其定價策略、方法也會有所不同，需要考慮的因素很多。例如，通常需要考慮國家價格政策、各種產品比價關係、市場供求關係、企業競爭力等因素。不過成本始終是產品定價的基礎，一般情況下，它是產品定價的底線。

3. 成本是企業生產經營決策的重要依據

為了適應市場競爭的需要，企業必須根據市場變化，結合自身生產經營狀況，隨時進行科學的經營決策。企業的生產經營決策很多，有投資項目決策、新產品開發決策、生產決策、存貨決策、資金籌措決策等。許多決策方案的內容都和成本有著密切的關係，涉及成本因素，在決策方案的選擇上常常以成本最小化為標準來確定最佳方案。因此，成本是企業生產經營決策中不可忽視的重要因素，要想減少或避免決策失誤，必須充分意識到成本在決策中的重要作用。

成本除了在企業微觀經營決策中具有重要作用外，在國家宏觀經濟管理決策中也是必須重點考慮的因素。諸如基本建設投資方向、生產力的合理佈局、產業結構與產品結構調整、技術經濟政策的制定等，均要以成本指標為重要依據。通過成本效益分析，權衡利弊得失，統籌安排，做到經濟上合理、技術上先進。

4. 成本是企業生存和發展的根基

市場經濟下，企業之間的競爭日益激烈，競爭手段多樣化，但產品質量和產品價格競爭始終是最基本的手段。產品價格的競爭，也就是產品成本的競爭。一般來說，在質量和性能相同的前提下，只有成本越低，售價才有可能越低。任何企業都不可能做到商品售價長期低於成本。特別是在買方市場下，一定時期內市場容量總是有限的，企業只有生產出適銷對路、成本較低的產品，才有可能在收入規模一定的情況下，獲得更多的利潤，在競爭中處於有利的地位，也才有可能獲得生存與發展。

現實生活中，成功的企業無一例外地在市場競爭中具有一定的成本優勢，它們的產品既適應市場需求，又價廉物美，低於同行業的平均成本水平。

二、費用概念及其形態

（一）費用概念與確認、計量

按照中國企業會計準則的規定，費用是指企業為銷售商品、提供勞務等日常活

動所發生的經濟利益流出。這種經濟利益流出的實質就是企業資源的流出。

費用有廣義和狹義兩種。狹義的費用主要是指企業在日常生產經營過程中發生的經濟利益流出，企業在非經常性活動中發生的經濟利益流出不視為費用，而是作為損失，從企業收益中直接扣除。廣義的費用則包括企業的各種費用和損失，它將損失也視為一種費用，不區分費用和損失。

在中國企業會計準則中，費用一般是指狹義的費用。費用本質上也是一種資源的流出。

對於費用應當按照權責發生制記帳基礎加以確認。凡是屬於本期應負擔的費用，不管其款項是否支付，都應作為本期費用處理，凡是不應歸屬於本期的費用，即使款項已經付出並入帳，也不能作為本期的費用處理。

費用主要是通過所耗資產的價值來計量的。所耗資產的價值可以從不同的角度來衡量，從而費用也可以採用不同的計量屬性。

一般情況下，費用是按照所耗資產的歷史成本屬性計量的。這是因為資產的歷史成本代表實際交易價格，是企業實際的現金流出，比較客觀，易於驗證。因此，會計實務中多採用歷史成本作為費用的計量屬性。當然，在持續通貨膨脹以及一些特殊情況下，為了更真實地反應企業盈虧狀況或財務狀況，費用也可以採用變現價值、重置成本等計量屬性。

(二) 費用與成本的關係

我們在前面介紹成本概念時已指出，成本有廣義和狹義兩種。廣義的成本是指為實現一定的目的（目標）而付出的代價。如：為取得固定資產而付出的代價就是固定資產成本，為購買原材料而付出的代價就是原材料的成本，為購買一件商品而付出的代價就是該商品的成本。狹義的成本主要是指生產產品、提供勞務而發生的各種資源耗費。

費用和成本存在著密切的關係，以至於在許多地方將二者混同使用，不加區分。

嚴格地講，這是兩個不同的概念。費用的發生是成本形成的基礎和前提條件，沒有費用的發生，也就談不上任何對象的成本，二者從本質上講都是企業資源的一種耗費。二者的差別在於：費用是按照內容或用途對企業資源的耗費進行歸類，是針對一定期間而言的；成本是按照一定對象對企業資源的耗費進行歸集，是一種對象化的費用，這種對象可以是某種產品、某類產品、某一生產步驟、某一產品定單、某一作業、某一勞務等。

(三) 費用的形態

企業日常生產經營過程中存在著各種各樣的費用，為了反應每一種費用的特徵，便於費用管理，可以按不同的標準對其進行劃分。

1. 按照經濟內容（性質）分類

企業日常生產經營過程中的費用按照經濟內容（性質）可以分為勞動對象、勞動資料和勞動力三個方面。為了便於核算與管理，可以進一步細分為以下內容：

(1) 外購材料，指企業為進行日常生產經營活動而耗用的一切從外面購入的原料及主要材料、輔助材料、外購半成品、包裝物、修理用備件和低值易耗品等。

（2）外購燃料，指企業為進行日常生產經營活動而耗用的各種從外面購入的固體、液體和氣體燃料。

（3）外購動力，指企業為進行日常生產經營活動而耗用的各種從外面購入的電力、熱力等動力。

（4）工資費用，指企業為了獲得職工提供的服務或解除勞動關係而給予職工的各種形式報酬。企業給予職工報酬主要有短期薪酬、離職後福利、辭退福利和其他長期職工福利。

短期薪酬是指企業在職工提供相關服務的年度報告期間結束後需要全部予以支付的職工薪酬。主要包括職工工資、獎金、津貼和補貼，職工福利費，醫療保險費，工傷保險費，生育保險費等社會保險費，住房公積金，工會經費及職工教育經費，短期帶薪缺勤，短期利潤分享計劃，其他短期薪酬。離職後福利是指企業為了獲得職工提供的服務而在職工退休或與企業解除勞動合同關係後，提供的報酬和福利。辭退福利是指在職工勞動合同到期之前解除勞動關係或為鼓勵職工自願接受裁減而給予的補償。其他長期職工福利是指除短期薪酬、離職後福利、辭退福利之外所有的職工薪酬。

工資費用是企業日常生產經營活動必須要付出的代價，也是企業的一項重要成本費用。

（5）折舊費，指企業按照規定的方法計提的固定資產折舊費用。

（6）利息支出，指企業為了借入款項而發生的利息支出沖減利息收入後的差額。

（7）稅費支出，指計入企業管理費用的各種稅費，如房產稅、車船使用稅、土地使用稅、印花稅等。

（8）其他支出，指不屬於以上各項內容的費用，如差旅費、通信費、保險費、郵電費等。

以上幾方面的費用是企業在日常生產經營活動中發生的基本費用，在會計實務中常常被稱為費用要素或要素費用。

費用按照經濟內容分類，可以反應企業在一定時期內發生的各種性質的費用及每種費用的數量，便於分析企業費用結構和水平，考核費用預算執行情況，為下一期各種費用預算的編製提供一定的依據，有利於加強對各種費用的控制和管理。

按照經濟內容分類，雖然有利於分析費用的構成和比重，有利於費用預算的編製和管理，但它不能反應費用的具體用途，不便於分析費用與產品成本的關係，不便於計算與分析產品成本。為此，還應當按經濟用途對其進行分類。

2. 按照經濟用途分類

企業日常生產經營過程中發生的費用按其經濟用途，在不同行業有不同劃分，就製造企業來說，可以分為生產費用和期間費用。

（1）生產費用

生產費用是指企業在一定時期內發生於生產過程中的各種費用總和，是企業全部費用的一部分。生產費用通常包括企業在生產過程中消耗的原材料、燃料、動力，

支付的工資與職工福利費，計提折舊費，發生的修理費、低值易耗品消耗等。

生產費用按其用途可以進一步區分為工業性生產費用和非工業性生產費用。

工業性生產費用是指從事商品生產而發生的費用，它們或構成產品實體，或有助於產品實體的形成，其耗費最終要計入產品成本。

非工業性生產費用是指企業從事非工業性生產活動而發生的費用，它們不屬於產品生產耗費，也不構成產品成本，如生產車間為企業在建工程、職工福利部門提供勞務所發生的耗費。

因此，生產費用按最終用途又可以分為計入產品成本的費用和不計入產品成本的費用。計入產品成本的生產費用，有的直接作用於產品生產，構成產品實體，有的用於生產單位的生產組織管理活動，為生產提供直接的條件，其用途和作用不完全一樣。為便於產品成本的計算，人們通常將計入產品成本的生產費用按用途又分為若干項目，每一項目又稱為成本項目。

在製造成本法（即以產品在生產製造過程中發生的各項費用作為產品成本的一種計算方法）下，可以設置以下成本項目：

①直接材料，指生產過程中直接用於產品生產，構成產品實體，或直接有助於產品形成而消耗的原材料、輔助材料、外購半成品、燃料、動力等；

②直接人工，指直接從事產品製造的生產工人的工資費用，包括生產工人的基本工資、獎金、津貼，以及發生的各種職工福利費等；

③製造費用，指企業內部生產單位（分廠、車間）為組織、管理生產所發生的各項費用，包括生產單位管理人員和工程技術人員的工資與職工福利費，以及折舊費、修理費、辦公費、機物料消耗、低值易耗品攤銷、勞動保護費等。

在實務中，一個企業可以根據內部控制管理的需要，結合產品成本構成的特點，確定成本項目設置方法，而不一定局限於上述三個成本項目。比如：有些企業燃料與動力費用、包裝物占成本較高比例，可以設置「燃料與動力」「包裝物」成本項目；有些企業為了核算自製半成品占成本比重，也可設置「自製半成品」成本項目；如果管理上需要單獨提供廢品損失專門資料的，可以考慮增設「廢品損失」成本項目；外購半成品占成本比重較大的企業，可以增設「外購半成品」成本項目。

對於成本項目的設置，國家沒有統一規定，一般以滿足企業內部成本控制需要為準。

（2）期間費用

期間費用是指企業在日常生產經營過程中發生的，不能歸屬於特定產品成本的費用，包括管理費用、銷售費用和財務費用。

期間費用發生時，不計入產品成本，直接抵減當期損益。這樣做既可以簡化會計核算工作，又能在一定程度上提高成本計算的準確性。這是因為：期間費用與產品生產沒有直接的聯繫，一般是為企業整個生產經營提供條件，若是採用分攤的辦法計入產品成本，很難保證費用分配的合理性；其次，不將期間費用計入產品成本，有助於分析、考核生產單位的成本管理責任，便於進行成本規劃和控制。

三、成本的形態

成本的形態是指成本的各種表現形式，即成本的分類。為了適應成本計算、分析、規劃、控制、決策的需要，可以按照不同的標準對成本進行分類。

（一）按照與特定產品的關係分類

按照與特定產品的關係，成本可以分為直接成本和間接成本。

1. 直接成本

直接成本是指與某一特定產品具有直接聯繫的成本，它是為生產某一特定產品而發生的耗費。一項成本是否屬於直接成本，取決於它與成本計算對象（如一種產品、一項作業、一張定單等）是否存在直接關係，是否便於直接計入。大部分構成產品實體的原材料消耗、某種產品專用生產線上生產工人的工資費用等都屬於直接成本。對於只生產一種產品的企業來說，所有生產耗費都是直接成本。

在成本會計實務中，直接成本一般可以根據生產費用發生的原始憑證記錄直接計入該種產品的成本。

2. 間接成本

間接成本是指與某一特定產品沒有直接聯繫，為若干種產品所共同耗用，需要按恰當的標準分配以後計入各種產品成本的生產耗費。例如，生產單位管理人員和工程技術人員的工資費用、車間廠房和機器設備的折舊費等費用，通常是生產單位生產的所有產品共同得益的間接成本，很難直接分清楚哪一種產品受益多少，只能通過分配方式計入各種產品的成本。

由於生產過程中發生的間接成本比較多，如果採用逐一分配的方法，工作量太大。為了簡化成本計算工作量，一般是先將間接成本按發生的地點進行歸集，然後在月末採用一定的分配標準一次性分配後計入各種產品的成本。

區分直接成本和間接成本，對於正確計算產品成本十分重要。凡是直接成本，應根據費用發生的原始憑證直接計入產品成本；凡是間接成本，則要先歸集，然後選擇一定的分配標準分配後計入。分配標準的選擇是否科學、合理、可行，直接影響產品成本計算的準確性，它是成本會計中技術性很強的一項工作。

（二）按照與業務量的關係分類

按照與業務量（產量、作業量、工作量等）的關係，成本可以分為固定成本、變動成本和混合成本。

1. 固定成本

固定成本是指成本總額在一定時期和一定業務量範圍內不受業務量增減變動影響的成本，如按直線法計提的固定資產折舊費、建築物的租金、財產保險費、管理人員的工資等。

固定成本的特點是在一定業務量範圍內，其發生額不受業務量變動的影響，總額保持不變。但是，產品單位成本中的固定成本額則與生產量成反比關係。當企業生產量增加時，由於固定成本總額不變，單位產品分攤的固定成本就會減少，從而導致單位產品成本下降；反之，則會導致單位產品成本上升。

固定成本的固定性受一定時期內業務量範圍的限制，如果超出一定業務量範圍，固定成本可能就不固定了。

2. 變動成本

變動成本是指成本總額會隨著業務量的變動而成等比變動的成本，如直接材料、直接工人等。變動成本的主要特點是其發生額直接受業務量變動的影響，業務量增加則變動成本總額增加，業務量減少則變動成本總額減少。但是，單位產品成本中的變動成本是不變的。

必須指出，變動成本與業務量之間的正比關係也是有一定範圍的，超出一定的業務量範圍，變動成本同業務量之間的關係也有可能發生變化。

3. 混合成本

混合成本是指成本發生額雖然受業務量變動的影響，但與業務量之間不構成嚴格的正比關係的成本。這種成本既具有固定成本的一些特點，又具有變動成本的一些特點，故稱為混合成本。例如車間設備的維修費用、低值易耗品的消耗、對產品進行分析化驗所發生的費用等，雖受生產量的影響，但與生產量之間不成正比關係。

對於混合成本，在成本會計實務中一般採用一定的分解方法，將其分解為固定成本和變動成本。因此，成本按其與業務量的關係，最終分解為固定成本和變動成本兩大類別。

將成本區分為固定成本和變動成本，是進行成本規劃和控制的前提條件，也有助於尋求降低成本的途徑。由於變動成本在實踐中受消耗定額執行情況的影響比較大，控制和降低單位產品的消耗量，就可以降低產品的變動成本。單位產品的固定成本既受生產量的影響，又受費用發生絕對額的影響，要想控制和降低單位產品的固定成本，就必須從降低其支出額和提高生產量入手。當然，採用擴大生產規模的方式降低單位產品成本，新增產品必須有市場銷路才行。

(三) 按照可控制性分類

按照可控制性劃分，成本可以分為可控成本和不可控成本。

1. 可控成本

可控成本是指責任單位職權範圍內可以計量、調節、約束的成本。例如，生產車間這一責任單位的可控成本主要是車間消耗的材料、燃料、動力、人工費用等。責任單位是指企業內部有明確責任範圍，能夠自己進行嚴格控制的單位，又稱為責任中心，如企業內部的車間、部門、班組、個人等都可以作為責任單位。

通常，可控成本應符合三個條件：

(1) 責任單位有辦法知道將發生什麼性質的消耗；

(2) 責任單位有辦法計量它的消耗；

(3) 責任單位有辦法調節、控制它的消耗。

2. 不可控成本

不可控成本是指超出責任單位職權範圍，責任單位無法對其加以約束、調節的成本。例如，就生產車間來說，廠房的折舊費用就是不可控成本，生產車間這一責任主體無法決定廠房購建及其規模，生產車間只有廠房的使用權，廠房折舊費的控

制已超出生產車間的職權範圍。

將成本區分為可控成本和不可控成本，對於正確評價各責任單位的工作業績十分重要。對於一個責任單位來說，通過考核、評價其可控成本大小，有助於促使其增強成本意識，採取措施不斷地降低可控成本，防止企業內部責任不清現象的發生。

應當指出，成本的可控性是相對的，對某一責任單位而言某項成本是可控的，對另一責任單位而言，它可能是不可控的；在一定時期內它是不可控的，但從長遠來看它又是可控的。

(四) 按照與決策的關係分類

按照與決策的關係，成本可以分為相關成本和無關成本。

1. 相關成本

相關成本是指與決策有關聯的，在進行決策分析時必須加以考慮的各種未來成本。企業在進行決策的過程中，往往要對各種可行方案進行評估，從中選擇最優方案，而相關成本是評估各個方案優劣的不可忽視的一種未來成本。例如，每個可行方案涉及的變動成本就是一種相關成本。

2. 無關成本

無關成本是指過去已經發生，或雖然尚未發生，但對決策沒有影響的成本，也就是在決策時可以捨棄，無須考慮的成本。

通常在選擇最優方案時，凡是多個方案內容相同、金額相等的未來成本，皆屬無關成本，不必考慮它們，因為它們不會影響決策的結果。一般來說，過去已發生的成本肯定是無關成本，而未來發生的成本可能是相關成本，也可能是無關成本，這要看未來成本的內容。

將成本劃分為相關成本和無關成本，有利於人們對成本進行預測和決策，有利於規劃未來成本。

(五) 按照計算的時間分類

按照計算的時間，成本可以分為預計成本和歷史成本。

1. 預計成本

預計成本是指在企業生產經營活動發生之前根據有關資料計算的成本。它實際上是人們對成本的一種事前估計。例如，計劃成本、定額成本、標準成本、目標成本等都屬於預計成本，這些預計成本需要人們根據已收集的成本資料，結合管理的要求，經過分析、判斷，按一定的程序和方法加以制定。

2. 歷史成本

歷史成本是指根據過去已發生的生產經營活動的實際耗費而計算的成本，也稱實際成本。歷史成本反應了企業在一定成本對象上實際發生的資源消耗，比較客觀，因而在會計上常常作為資產計價入帳的基礎。

將成本區分為預計成本和歷史成本，有助於人們對成本進行控制、分析、考核。在企業的日常管理中，預計成本可用來調節、限制企業內部各單位實際發生的經營耗費，有助於企業各項目標的實現。在事後，通過預計成本和實際成本的對比、分析，可以用來考核、評價企業內部各單位的工作業績，促進內部經濟責任制的完善。

現代成本管理，不僅應當重視歷史成本的計算，更應當重視和利用預計成本在管理中的作用。

在成本管理中，為了滿足不同的管理需要，可以從不同的角度採用不同的標準對成本進行分類。除了以上幾種基本分類之外，還可以按照成本的對象性、成本的匯總性、成本的可比性、成本的作用性等標準對成本進行分類。

第二節　成本會計產生、發展與內容

一、成本會計的產生與發展

（一）成本會計的產生

成本會計作為會計學的一個重要分支，產生於何時，人們在認識上不是很統一。有一種說法認為，在工業革命之前，工場手工業作坊中就已經存在若干成本會計的理論與方法。例如，1531 年，義大利麥克代斯（Medici）家族在他們的毛紡織業中就開始應用成本明細帳，將製造過程分為揀選、清洗、梳刷等步驟，設置七種成本明細帳進行記錄[1]。法國人克里斯托弗爾·普拉廷（Christopher Plantin）在 1555 年創辦的普拉廷印刷廠中就建立了一套簡單的成本核算帳戶體系，按出版的每本書籍設置總帳，並採用相當於現在品種法的計算方法，在這些帳戶中詳細反應生產特定書籍所需耗用的紙張成本、勞務費和其他多種生產費用，待書本印刷出來後，再將這些帳戶的餘額向稱為「庫存本帳戶」的產品帳戶結轉。根據該企業 1565 年 4 月 26 日編製的試算表可知，當時該企業還將材料帳戶、在產品帳戶和庫存本帳戶作為統制帳戶來運用，在成本核算過程中同時採用貨幣和實物作為量度標準，以前者為主，後者為輔，反應多項經濟業務和生產過程[2]。

不過，19 世紀之前已經出現的生產費用記錄和成本計算方法只是成本會計的萌芽。大多數人認為，成本會計的產生與確立應當在工業革命以後，是機器代替人的手工勞動的產物。這是因為，16 世紀的資本主義是商業資本占優勢的時代，工業資本還處在初期階段，即工場手工業時期。英國是這樣，法國、德國、荷蘭等西方資本主義國家也不例外。當時，折舊還不是一個普遍使用的概念，也無直接費用、間接費用的劃分，雖然有些家族企業在成本計算技術中引進復式記帳法，設置了一些成本明細帳，但並沒有形成一套較為成熟的成本計算理論和體系。

一般認為，成本會計的產生與確立是在 19 世紀下半葉至 20 世紀初期。在這個創立期內，有許多傑出的代表人物對成本會計的產生與發展做出了貢獻，其中以英國的托馬斯·巴特斯比（Thomas Batters）、E. 卡克（E. Garcke）和 J. M. 費爾斯（J. M. Fells）等人最具代表性。

托馬斯·巴特斯比是英國曼徹斯特的一名會計師，他在 1878 年 3 月 1 日出版了

---

[1]　雷瑤芝. 成本會計學 [M]. 成都：西南財經大學出版社，1988：12.
[2]　文碩. 西方會計史（上）[M]. 北京：中國商業出版社，1987：228.

《優秀的復式簿記人員》一書①。該書的主要內容為：

（1）提出了「主要成本」概念。他認為所謂主要成本，「就是直接材料費用和直接勞務費用」。

（2）論述了「直接費用」和「間接費用」的劃分方法和原則。

（3）介紹了「正規的折舊制度」。他認為應當將折舊費作為主要成本項目之一。

在巴特斯比的影響下，英國的電力工程師 E. 卡克和 J. M. 費爾斯於 1887 年在倫敦出版了《工廠會計》一書②。該書提出了在總帳中設置「生產」「產成品」「營業」等帳戶，用來計算和結轉產品成本，並通過「營業」帳戶借貸雙方餘額的結算，計算營業毛利。

該書還討論「間接費用」「開辦費」「一般費用」的帳務處理問題，主張按照生產成本對庫存產品的價值進行計價。該書對於成本會計的正式建立具有十分重要的影響，它的可貴之處在於它將成本計算與復式記帳完全緊密聯繫在一起，這在成本會計發展史上是一個根本性的轉變。該書被後人公認為近代成本會計的傑出文獻。

早期成本會計理論與方法探索者們由於受歷史條件的限制，在討論成本計算問題時都無法對成本會計的內容勾畫出一個清晰的輪廓，但他們畢竟是成本會計的開拓者，為後人建立完整的成本會計理論與方法體系奠定了基礎。

（二）成本會計的發展

成本會計作為一門獨立的會計分支學科，從 19 世紀下半葉產生到目前為止，大致經歷了以下幾個發展階段。

1. 早期成本會計階段

早期成本會計階段是指成本會計創立和確立階段，時間大約是 1880 年至 1920 年。這一時期，英國、法國、德國等資本主義國家已先後完成了工業革命，機器大生產已取代傳統的手工勞動，工廠取代了工場手工作坊，企業的生產規模、生產效率迅速提高，企業之間的市場競爭明顯加劇。為了適應競爭的需要，合理確定產品價格，人們普遍重視生產成本管理問題，在前人已有的一些成本計算方法的基礎上，開始系統地研究成本計算問題。

最初人們是在會計帳簿之外，借用統計方法來計算成本。後來為了提高成本計算的真實性、準確性，適應企業外部審計的需要，開始將成本計算與復式記帳法有機結合起來，完成了成本計算從統計方法向會計方法的轉變，一切生產累積計算過程完全以會計帳簿記錄資料為依據，以貨幣為統一的計量單位來度量產品總成本和單位成本。

這一時期，成本會計取得了長足發展，表現在：

（1）首先，許多企業建立了比較完善的工時記錄和生產記錄制度，對產品在生產過程中消耗的生產時間和生產數量進行連續、完整地記錄，以便為事後生產費用的分配提供依據；其次，將生產工人的工資費用先按照發生地點、部門進行歸集，然後採用生產工時、產品產量等標準進行分配，較好地解決了生產人員工資費用的

---

① 文碩. 西方會計史（上）[M]. 北京：中國商業出版社，1987：285.
② 文碩. 西方會計史（上）[M]. 北京：中國商業出版社，1987：285.

分配問題。

（2）許多企業建立了比較完善的材料入庫、保管、領用管理制度。對庫存材料採用「永續盤存制」進行記錄，採取「領料單制度」控制生產過程中材料的消耗量，按先進先出法、加權平均法等方法對發出材料的成本進行計價。

（3）對間接費用的會計處理更為合理。很長一段時期內，人們基本上按照傳統的商業會計方法將設備的購置費用作為購置當期的損益來處理，產品成本只包括生產過程中的直接材料和直接人工費用。隨著生產規模的迅速擴大，機器設備的購置費用越來越大，間接製造費用增長很快，再按傳統的商業會計方法處理間接製造費用顯然不利於平衡各期的盈虧，也不利於正確評價經營者的工作業績。為此，許多工廠改變了傳統做法，將間接製造費用採用一定的分攤方法分配之後計入各種產品成本。

（4）許多工廠已經能夠根據本企業的生產特點採用分批法或分步法計算產品成本，不僅能夠計算出每一種產品的所有生產成本，還能夠計算出它們在每個生產步驟、環節的成本，提供的成本資料更全面、完整[1]。我們今天仍然在使用的大多數實際成本計算方法，就是在這個階段創立和完成的。

這一時期成本會計最主要的局限性是：生產費用的發生沒有計劃性，人們缺乏對生產成本的事前控制意識，生產過程中究竟是節約還是浪費只有等生產結束之後才能計算出來，工廠管理者對整個生產費用的管理處於被動狀態。成本計算主要是計算出產品生產過程中的實際耗費，為企業產品定價和損益計算提供依據，屬於事後成本核算。例如，當時的成本會計學家勞倫斯（W. B. Lawrence）對成本會計學做出如下定義和解釋：「成本會計就是運用普通的會計原理、原則，系統地記錄某一工廠生產和銷售產品時所發生的一切費用，並確定各種產品或服務的單位成本和總成本，以供管理當局決定經濟的、有效的和有利的產銷政策時參考。」[2] 這裡強調利用會計原理和原則計算成本，主要是針對過去用統計方法計算產品成本而言。

2. 標準成本會計階段

標準成本會計階段，又叫近代成本會計階段，時間大約在20世紀20年代至40年代。這一時期，許多西方國家的經濟開始慢慢從賣方市場轉向買方市場，來自市場的壓力逐漸加大，許多企業意識到只有進一步提高生產效率，降低成本，才可能在市場競爭中處於優勢，於是就產生了泰羅的「科學管理」思想。泰羅科學管理思想的核心是企業內部一切工作都應當嚴格規範化、標準化，盡量減少不必要的浪費，通過標準化提高工作效率。受泰羅標準化管理思想的影響，會計上的「標準成本會計制度」應運而生。

標準成本會計制度就是人們預先制定出產品的標準成本，然後將實際成本與標準成本相比較，記錄和分析二者之間的差異，以衡量生產人員的工作業績，分清成本、費用超支和節約的原因及責任，尋求降低成本的途徑。最初，預先制定的標準成本只作為一種備忘錄，隨時同帳簿上的實際成本進行比較，直到1935年，標準成

---

[1] 王盛祥, 歐陽清, 韓殿文. 成本會計學 [M]. 大連：東北財經大學出版社, 1996：13.
[2] 林萬祥. 成本會計學 [M]. 成都：西南財經大學出版社, 1994：6.

本計算才被納入會計帳簿體系，以加強日常的成本控制。

標準成本會計制度較之於以前的實際成本會計制度，最主要的特點是將成本計算、控制、分析融為一體，有利於在日常會計工作中控制生產費用和成本，及時發現成本差異產生的環節、原因和責任，從而使成本管理者能夠主動控制成本，明確責任，降低生產消耗。從成本控制觀念看，它已經不再單純強調成本計算問題，而是強調在計算的同時要對成本進行積極的調節和控制。它將成本會計從事後控制發展到事前、事中控制這一新的歷史階段。

在這一時期，除了工廠廣泛採用標準成本會計制度外，成本計算的應用範圍已擴大到農業、交通運輸業等多個行業，成本計算不再僅僅是工商業的問題。此外，工廠在採用標準成本制度的同時，還廣泛採用編製預算的方法對間接費用和期間費用進行控制。最初採用固定預算方式，以後發展到採用固定預算與彈性預算相結合的方式，以便更準確地考核經營管理者的工作業績。

3. 現代成本會計階段

現代成本會計階段，時間大約是 20 世紀 40 年代中期以後。第二次世界大戰結束後，許多應用於戰時的最新科學技術，如激光、電子計算機技術、系統工程等廣泛應用於民用產品生產，使得企業生產規模和生產效率有了驚人的提高，社會物質產品生產逐漸從戰時的供不應求發展到普遍的供過於求。市場的這一根本性轉折，使得企業之間的競爭更加激烈。這種新的生產經營環境對企業管理者提出了更為嚴峻的挑戰：一方面要求企業加強管理，提高勞動生產效率，降低成本；另一方面企業必須重視對外部經營環境的調查研究和分析，隨時掌握市場的變化。為適應新的生產經營環境的要求，企業管理思想開始從科學化管理發展到「現代化管理」階段。

現代化管理與科學化管理相比較，強調「管理的重心在於經營，經營的重心在於決策」。它認為經營決策比具體的執行行為更重要，如果經營決策失誤，具體政策執行得再好也無濟於事。受這種管理觀念的影響，成本會計也發生了一些根本性變化，從注重日常成本計算、控制、分析發展到重視成本預測、規劃、決策，將提供經營決策所需的成本信息作為成本會計的首要任務，強調成本會計參與企業經營決策的重要性。當時有一句名言：「不同的目的，不同的成本。」就是說在實踐中，沒有一種成本計算方法能夠適應一切成本預測、規劃、決策的需要。人們逐漸意識到成本的歸集和分配除了按產品品種、生產步驟、生產批別進行之外，也可以按照業務量、可控性、相關性等標準進行。為了滿足決策分析的需要，人們採用了一種有別於對外財務報告所使用的成本計算法即變動成本法，在變動成本法的基礎上，提出了量—本—利分析、生產決策分析、存貨決策分析、長短期投資決策等一系列成本會計參與決策分析的模型和理論，將成本會計發展到一個嶄新水平。正如美國著名的成本會計學家查爾斯・T.霍恩格倫所說：「成本會計目前涉及收集和提供各種決策所需的信息，從經常反覆出現業務的經營管理直至制定非常性戰略決策以及制定組織機構重要的方針。重要的是把現代成本會計制度的著眼點放在幫助經理們解決好目前和將來所出現的問題上。它關心過去，這只有在幫助預測未來和滿足對外

報告需求的情況下才是合適的。」①

這一階段的成本會計的職能被大大拓展,強調成本會計預測、規劃、決策、控制職能的發揮。大量數學方法被引入成本會計領域,運用預測理論和方法,建立起一定的數量模型,對成本未來的發展趨勢做出科學測算;運用決策理論和方法,根據成本數據,按照最優化決策的要求,研究各種方案的可行性,選擇最優方案。同時,為了加強產品設計階段的成本控制,提出了價值工程分析法;為了加強企業內部經濟責任制,將成本與企業內部激勵機制相結合,適應日益擴大的生產規模和分權制的要求,推行責任成本核算和管理,使成本控制更為有效;為了加強產品與服務質量管理,推動質量標準化與認證化,人們提出一整套質量成本核算與管理分析方法等等。

4. 信息化社會下的作業成本與戰略成本階段

進入20世紀80年代後,人類社會受互聯網切入社會生活各方面影響而發生了一次新的更替,信息化社會代替工業化社會,建立在信息生成、分配、使用上的新經濟,給人類社會帶來巨變,企業所面臨的社會、經濟、製造環境和客戶需求也發生了巨大變化。

為了適應20世紀80年代以後在信息技術革命基礎上發展起來的零庫存、多品種、小批量的彈性製造系統,人們提出了「即時生產系統」(JIT)和「全面質量管理」等一些新理念,重新認識傳統成本計算方法在間接製造費用分配方面的缺陷,開始研究在互聯網信息化社會環境下,生產技術、生產組織管理對成本會計的影響,提出了作業成本法(ABC)這一新的成本計算與管理制度。

在互聯網信息化社會環境下,企業採用「即時生產系統」(JIT)和「全面質量管理」後,許多企業人工已被高度自動化的機器人、數控機床代替,直接人工成本不到產品成本10%,甚至更低,而製造費用日趨增大。面對製造費用迅速增長,產品規格品種多樣化,小批量及時生產,如果繼續採用傳統成本會計中以直接人工總量去分配比重越來越大的製造費用和越來越多地與工時不相關的作業費用(如質量檢測、物料搬運、設備調試準備、生產組織單位變動等),往往會造成不同批量產品成本之間嚴重扭曲,成本信息失真,給經營決策帶來誤導。

作業成本計算與傳統成本計算不同之處是分配基礎(成本動因)不僅發生了量變,而且發生了質變。它不再局限於傳統成本計算所採用的單一數量分配基準,而是採用多種成本動因作為分配基準;它不僅採用多元分配基準,而且集財務變量與非財務變量於一體,並且特別強調非財務變量(產品的零部件數量、調整準備次數、運輸距離、質量檢測時間等)。這種從量變到質變,財務變量與非財務變量相結合的分配基礎,由於提高了與產品實際消耗費用的相關性,能使作業成本會計提供「相對準確」的產品成本信息。

作業成本法以作業為中心,從產品設計到物料供應,從生產工藝流程(各車間)的各個環節、質量檢驗、總裝到發運、銷售的全過程都按作業進行劃分。通過

---

① 費文星,等. 高級成本管理會計學 [M]. 北京:中國財政經濟出版社,1986:3.

對作業及作業成本的確認、計量，最終計算出可靠的產品成本。同時，通過對所有與產品相關聯的作業活動的追蹤分析，為盡可能消除「不增值作業」，改進「增值作業」，優化「作業鏈」和「價值鏈」，增加「顧客價值」提供有用信息，使損失、浪費減少到最低限度，提高決策、計劃、控制的科學性和有效性，最終達到提高企業的市場競爭能力和盈利能力、增加企業價值的目的。

從戰略角度來研究成本形成與控制的戰略成本管理思想，也是20世紀80年代在英美等國管理會計學者的倡導下逐步形成的。20世紀90年代後，對這一思想與相關方法的討論日趨深入，日本和歐美的企業管理實踐也證明了這是獲取長期競爭優勢的有效方法。

企業戰略成本管理是在傳統成本管理系統的基礎上，按照戰略管理的要求而發展起來的新的成本管理系統，通過戰略性成本信息的提供、分析和利用，幫助企業管理者形成和評價企業戰略，促進企業競爭優勢的形成和成本持續降低環境的建立，從而達到有效地適應企業外部持續變化的環境的目的。

戰略成本管理從目標上看，它主要是通過成本管理戰略的制定和實施，形成企業的競爭優勢，創造出企業核心競爭力。從對象上看，它將生產前與生產各階段的管理要素聯繫起來作動態分析，以戰略性的視野對企業生產經營全過程、對產品整個生命週期成本進行控制與管理。從方法體系上看，它以戰略決策方法為主，借鑑戰略管理等相關學科的分析工具，形成由成本動因分析、價值鏈管理、作業成本法等構成的戰略成本管理方法體系。從提供信息上看，它所形成的系統是財務信息和非財務信息的集合，包括有關成本收益的財務信息、生產率、質量和其他影響企業成功的關鍵性非財務信息。

可以看出，戰略成本管理是成本管理與企業戰略管理有機結合的產物，是傳統成本管理對競爭環境變化所作出的一種適應性變革。所謂戰略成本管理就是以戰略的眼光從成本的源頭識別成本驅動因素，對價值鏈進行成本管理，即運用成本數據和信息，為戰略管理的每一個關鍵步驟提供戰略性成本信息，以利於企業競爭優勢的形成和核心競爭力的創造。

綜上所述，成本會計產生於工業革命以後，它的發展始終與人類社會生產力密切相關，每一次生產力和生產方式的變革都會帶來管理理念的變革，從而使得成本會計的理論、職能、內容、方法不斷地得到豐富與發展，是會計與企業管理的直接結合的產物。一般而言，成本會計就是運用專門的內部控制管理技術和方法，以貨幣為主要計量單位，對企業生產經營過程中的資源耗費與價值鏈進行的一種管理，以提高企業核心競爭力，創造企業價值為目的。

二、成本會計的內容

隨著企業生產經營環境的變化，成本會計的內容也在發生變化。早期的成本會計主要是將企業生產過程中發生的各種資源消耗按照一定的方法、程序進行歸集和匯總，分配給各種產品，最後計算出各種產品的單位成本和總成本，以便為企業存貨計價和損益計算提供成本資料。而現代社會經濟環境下，成本會計的內容已遠遠

超出原來的範圍,擴展到對成本進行全面規劃與控制。具體地講,成本會計應具有以下幾方面基本內容:

(一) 成本預測

成本預測是指根據成本有關資料和數據,運用一定的預測技術和方法,對成本的未來發展水平和趨勢進行科學的推測,以便為成本決策、計劃、控制提供及時、有效的信息。通過成本預測,可以減少成本、費用發生的盲目性,有利於提高降低成本的主動性和預見性。

企業在成本管理中,對於新建項目、改擴建項目、技術引進項目、新產品設計、採用新技術和新材料等方面,都需要在參照歷史成本資料、同行業同類型企業成本資料的基礎上,進行對比分析,預測其未來成本結果。此外,企業還需要對自己的生產成本、目標成本、責任成本、標準成本等進行測算,以便進行成本的事前控制。

企業成本預測涉及的範圍與內容比較廣泛,但不管是什麼內容的成本預測,人們都必須首先明確預測目標,針對預測目標收集相關資料,然後採用一定的定量或定性方法進行預測,並對預測結果進行分析、評價,判斷其可行性。

(二) 成本決策

成本決策是指在成本預測的基礎上,按照既定目標和要求,運用一定的決策理論與方法,對有關成本方案進行計算、分析和評估,從中選出最優方案。成本決策是制定成本計劃的前提,直接影響到後續成本管理工作的質量,在現代化成本管理中具有十分重要的作用。

從理論上講,成本決策按涉及的範圍應當分為宏觀成本決策和微觀成本決策。宏觀成本決策主要是根據國家宏觀經濟發展規劃的總體目標,確定國家產業政策、產業組織、產業技術和產業佈局,使資源得到最優配置。微觀成本決策主要是研究企業在現有技術經濟條件下,如何從成本效益出發,在分析多種成本方案的基礎上做出最有利的選擇。不管是宏觀成本決策還是微觀成本決策,其目標都是使資源得到最優配置。

成本決策貫穿於企業整個生產經營過程,每個環節都存在著優化價值鏈管理,選擇最優成本方案的問題。實務中成本決策的內容和方法很多,任何決策都應當先收集決策所需要的數據和資料,擬定備選方案,採用一定方法對備選方案進行分析、評價和選擇,並考慮到方案實施的措施,保證達到決策目標。

(三) 成本計劃

成本計劃是指以貨幣形式,根據成本決策已確定的目標,預先規定計劃期內生產耗費和產品成本水平,確定成本降低任務,提出為達到規定成本水平而應採取的措施和方案。成本計劃是建立成本管理內部責任制的基礎,它對於事前控制成本、事後評價、分析成本升降原因具有十分重要的作用。

市場經濟下,企業一方面要針對市場變化、消費者消費習慣的改變、國家宏觀經濟政策導向的變化以及競爭對手的變化,隨時調整自己的生產經營策略,保持經營上的靈活性;另一方面需要在企業內部制定嚴格的生產經營計劃,根據市場變化和需要,力求做到供、產、銷、人、財、物多方面綜合平衡,最大限度地發揮現有

資源的潛力。因此，市場經濟下，對一個規範化管理的企業來說，成本計劃是絕對不可缺少的。實踐中，一些企業鑒於國家不再將成本報表納入企業對外會計報表範圍，特別是過去由於企業改革措施不配套，成本觀念有所淡化，部分企業的成本計劃就形同虛設，或不再編製成本計劃。這實際上是一種錯誤的認識和做法，是對中國會計制度改革的誤解，應予以堅決糾正。

企業生產經營綜合計劃中不僅要有產品品種、產量、服務、質量等計劃，還要有銷售、成本、利潤等計劃。其中，產品成本計劃是企業生產經營綜合計劃中的專業計劃之一，是編製利潤計劃的基礎。

在實務中，企業的生產經營情況十分複雜，因此在編製成本計劃時，不應當將其看成是財會部門或計劃部門的工作，而應當發動廣大職工和多個部門共同參與，自下而上地提出各個車間、各個部門降低成本的目標，再由企業領導部門加以綜合平衡，制定全企業的成本目標，並採取必要的技術措施保證成本計劃的實現。

(四) 成本控制

成本控制是指根據預先制定的成本標準或目標，對成本形成過程及影響成本的各種因素進行計算、約束、調節、監督，將其嚴格地限制在規定的範圍和標準之內，並隨時揭示和反饋實際與標準之間的差異，分析差異產生的原因，採取措施糾正偏差，保證成本目標的實現。成本控制是企業成本管理的重要環節，它的作用在於促使實際成本符合成本目標、成本計劃、成本標準以及有關成本制度的一切規定。它不是消極地將成本限制在目標、計劃、標準之內，而是要促進和提高成本管理水平。它自始至終以改進成本管理工作、降低成本為目標，去發現企業生產經營中的一切低效率、高消耗之所在，通過不斷地提高工作效率、減少損失和浪費來最終提高企業的經濟效益。

成本控制是成本會計的核心內容。早在 20 世紀 30 年代，西方國家實行的標準成本制度就是一種以標準成本為依據對成本進行控制的制度，以後推行的目標成本管理、責任成本管理、質量成本管理也是成本控制的有效方法。20 世紀 80 年代後，作業成本會計、戰略成本管理興起，將成本控制與企業價值鏈管理、企業戰略目標管理相結合，使成本控制理念與高度不斷深化，更好地使成本控制服從企業價值創造，核心競爭力形成。在實踐中，成本控制的方法需要根據成本控制的不同對象、不同要求和不同目的來選擇。

(五) 成本核算

成本核算是指對生產經營過程中發生的各種費用，按照一定的成本計算對象和標準進行歸集和分配，採用恰當的方法計算出各對象的總成本和單位成本，也就是對費用發生和成本形成過程進行核算。它是成本計算與會計相結合的一種處理程序和方法。

成本核算是成本信息的生成過程，是成本會計的最基礎內容。成本核算提供的資料在財務上可以為存貨的計價和企業損益的計算提供直接資料。人們利用成本核算信息，既可以分析、反應企業成本規劃的實施完成情況，也可以為企業後續業績評價和員工獎懲提供依據。

成本核算的方法很多，管理要求和目的不同，核算方法也不同。企業應當根據生產經營特點和成本管理要求選擇成本核算方法。核算方法一經確定，應力求保持前後會計期間一致，不宜經常改變，以使前後期成本資料具有可比性。

（六）成本分析

成本分析是指利用成本核算資料和其他相關資料（如計劃資料、歷史成本資料、國內外同行業同類產品或服務的成本資料等），採用一系列專門的方法，對成本水平和成本構成狀況進行分析，系統地研究成本變化的動因，尋求降低成本途徑的過程。

成本是一個綜合性經濟指標。企業在生產經營過程中，原材料、能源消耗的多少，勞動生產率的高低，產品或服務質量的優劣，生產經營技術狀況，設備和資金利用效果，生產經營組織管理水平等，都會直接或間接地反應到成本中來，從而使成本分析所涵蓋的內容十分豐富。在實踐中，成本分析的具體內容，應根據企業的生產經營特點和成本管理需要選擇。

成本分析中，企業應注意成本定性分析和定量分析相互結合，互為補充。此外，成本分析必須與技術經濟分析相結合，才能使成本分析深入到生產技術領域，從根本上查明影響成本波動的具體原因；成本分析必須與企業內部控制制度相結合，才可能使成本分析與各部門經濟利益和工作質量的考核、評比和獎懲掛鉤，從而使成本分析工作深入、持久地開展下去。

（七）成本考核

成本考核是指根據成本核算及其他相關成本資料，檢查計劃成本或目標成本、責任成本等成本控制標準的完成情況，評價企業成本管理工作績效的過程。

成本考核是對企業成本控制工作的總結和評價，它是企業成本管理的一個重要環節和內容。通過成本考核，可以檢查企業成本規劃完成情況，正確評價每一個部門或每一個崗位成本控制的業績，據以進行獎勵或處罰；通過成本考核，可以檢查企業內部各個部門對成本控制制度、企業財務制度的遵守和執行情況，從中瞭解在企業內部控制制度上還存在哪些薄弱環節或漏洞，總結經驗教訓，完善內部控制制度，改進成本管理工作。

成本會計的上述內容相互聯繫，構成了一個完整的內容體系。在這個體系中，成本核算是成本會計最基本的內容，它反應成本的生成過程。沒有成本核算提供的資料，其他諸如成本預測、決策、計劃、分析、考核等工作便會失去現實依據或基礎。成本會計從早期發展到今天，雖然內容和範圍在不斷擴展，但成本核算始終是成本會計的基本內容。成本控制是成本會計的核心，因為從管理的時序看，成本預測、決策、計劃屬於事前成本控制，成本核算和日常成本管理屬於事中成本控制，成本分析和考核屬於事後成本控制。可見，成本控制貫穿於成本會計的整個內容。此外，成本預測是成本決策的前提，成本計劃是成本決策目標的具體化，成本分析和考核是對成本計劃執行結果和成本控制業績的事後評價。

成本會計的各項內容是相輔相成的，忽視任何一項內容都不利於成本會計工作的開展。

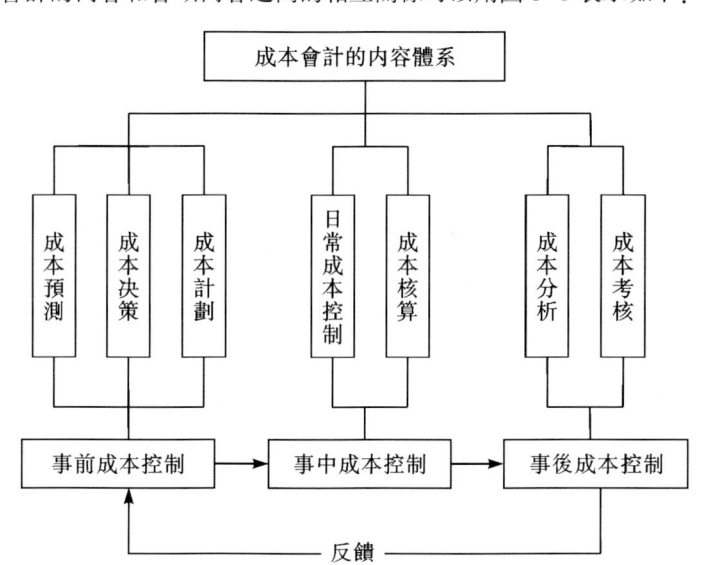

成本會計的內容和各項內容之間的相互關係可以用圖1-1表示如下：

```
                    成本會計的內容體系
        ┌──────────┬──────────┬──────────┐
   ┌────┼────┐  ┌──┴──┐   ┌───┴───┐
  成  成  成   日  成    成    成
  本  本  本   常  本    本    本
  預  決  計   成  核    分    考
  測  策  劃   本  算    析    核
              控
              制
   │    │         │         │    │
   └────┴────┐  ┌─┴─┐   ┌───┴────┘
        事前成本控制 → 事中成本控制 → 事後成本控制
             ↑                         │
             └─────────反饋────────────┘
```

圖1-1　成本會計的內容和各項內容之間的相互關係

三、成本計（核）算制度的類型

成本會計作為一種管理企業經濟活動的手段，可以針對管理工作的不同要求提供不同的成本信息。不同的成本信息實際上是由不同的成本計算制度提供的，如實際成本制度、標準成本制度、變動成本制度等。正如美國得克薩斯州大學會計學教授迪肯（Edward B. Deakin）所說：「任何人要利用成本會計信息，必須懂得成本制度是怎樣提供所需數據的。即使應用數據的人並非成本會計專家，他們也應懂得會計制度是怎樣實施的，從而使他們對數據的應用更為明智，並協助設計會計制度，以提供他們所需的數據。」[1]

（一）實際成本制度

實際成本制度是指以企業實際發生的各項費用為基礎進行成本計算的一種會計制度。由於在這種會計制度下，所獲得的成本信息、資料都是在企業經濟業務發生後按既定的成本計算程序和方法計算出來的，是一種歷史成本資料，故這種會計制度又稱為歷史成本制度。在這種成本制度下，費用發生的數量必須採用實際消耗量，費用的單價可以採用計劃價格，但最終必須以價格差異的形式將計劃價格調整為實際單價，以適應這種會計制度以「歷史成本」為基礎的根本要求。採用實際成本制度，財務部門可以為企業存貨計價、產品定價、損益計算直接提供成本資料。

實際成本計算是任何一個企業都必須進行的一種成本計算。從成本會計的發展歷史看，實際成本計算的程序與方法早在成本會計的早期階段就已經形成和完善，

---

[1] （美）E. B. Deakin, M. W. Maher. 現代成本會計 [M]. 孫慶元, 等, 譯. 上海：立信會計圖書用品社, 1992: 43.

並且一直使用到今天。它也是成本會計向標準成本制度、變動成本制度發展的起始點。因此，實際成本計算是成本計算最基本的形式，是成本會計的基礎內容。

實際成本制度強調生產費用的歸集和分配，產品成本計算始終以生產經營過程中實際發生的費用作為計算的基礎和依據。實際成本制度只注意實際成本的計算，而沒有將成本計算與成本計劃、控制、分析有效結合起來，因而是一種單一功能的成本計算制度。

實際成本制度以傳統的成本觀念為基礎，它包括直接材料、直接人工、製造費用在內的所有生產製造成本，主要的目的是為企業財務報表的編製提供成本信息，側重於會計對外服務職能的發揮。

(二) 標準成本制度

標準成本制度是指根據預先制定的標準成本，將其與實際成本相比較，以揭示實際成本脫離標準成本的差異，並對差異進行分析，據以加強成本控制的一種會計制度。

標準成本制度並不是一種單純的成本計算制度，而是一個由標準成本制定、差異分析和差異處理三個部分構成的成本控制系統。它不僅被用來計算產品成本，更重要的是被用來加強成本控制。

在標準成本制度下，事先必須經過認真的調查研究、技術測定和分析，制定出產品標準成本，然後對實際成本和標準成本進行比較，確定成本差異。成本差異一般分為直接材料成本差異、直接人工成本差異、變動製造費用差異、固定製造費用差異。成本差異必須分成本項目計算，並將成本差異按產生的原因計入特定的成本差異帳戶。期末，一般是將成本差異全部計入銷售成本或衝減損益帳戶，也有將成本差異在完工產品、在產品和銷售產品成本之間進行分配的。這種成本計算制度在剛開始時只是一種比較簡單的統計分析方法，以後才逐步納入復式簿記，發展為一種融成本規劃、控制、計算、分析於一體的成本控制系統。

(三) 變動成本制度

變動成本制度起源於20世紀30年代的美國。變動成本制度不同於全部成本會計制度。全部成本會計制度下，將成本分為生產成本（包括直接材料、直接人工、製造費用）與非生產成本（包括管理費用、經營或銷售費用、財務費用），其中生產成本全部計入產品成本（全部成本法由此而得名），而將非生產成本作為期間成本，全部列入當期損益計算表。變動成本制度則將生產成本按其與產量的關係劃分為變動生產成本和固定生產成本，只將變動生產成本（直接材料、直接人工、變動製造費用）計入產品成本，而將固定生產成本（即固定製造費用）和非生產成本作為期間成本處理。很明顯，變動成本制度下計算出的企業損益與全部成本制度下計算出的企業損益有一定的差異。

提倡變動成本制度的人認為，固定製造費用只是與企業的生產能量有關的內容，這些費用是企業在一定期間內進行生產經營活動所必然發生的，它們與時間的關係緊密，而與產品的具體生產數量沒有必然聯繫。因此，這部分費用不應計入產品成本，也沒有理由遞延到下一個會計期間，而應作為期間成本全部攤銷。採用變動成

本制度，有利於財務部門向企業管理部門提供進行成本預測、決策、計劃所需的成本信息資料，簡化成本計算工作，可以正確揭示產品銷售量和利潤之間的內在聯繫，有利於企業管理部門加強成本控制與考核。但是，由於變動成本計算法不符合傳統成本觀念，將成本按習性劃分為固定成本和變動成本分別進行計算只是一種粗略的計算，結果並不精確，不符合公認的會計準則的要求，只能應用於企業內部管理，企業向股東、債權人以及稅務部門提供的財務報表仍然必須按照全部成本計算制度的要求來編製。

（四）作業成本制度

作業成本制度（Activity-Based Costing System）簡稱 ABC 制度，是 20 世紀 80 年代由美國會計學家創建的。作業成本制度是對傳統成本制度的革新。傳統的成本計算制度是以某一總量，如人工總量、材料總量、機器工時總量等為基礎，計算統一的間接費用分配率，分配間接費用。這種分配方法可以簡化成本計算工作。這種以產品的直接人工、直接材料或生產工時為基礎的間接費用分配方法，在間接費用項目較少，間接費用在總成本中所占比重較小，對成本管理要求不高的情況下是可行的。

隨著電腦數控機床和機器人、電腦輔助設計、電腦輔助生產以及彈性製造系統等高科技成果在生產經營中的廣泛應用，企業的生產組織管理發生了許多變革，總成本中的間接費用比重急遽增長。有資料表明，20 世紀 80 年代間接費用在生產成本中所占的比重，美國為 35%，日本為 26%。如果從美國和日本的高科技企業和高度自動化企業來看，這一比重在日本高達 50%～60%，在美國更是高達 70%～75%。[1] 在這種高度自動化的生產條件下，以直接人工總量等為基礎分配間接費用顯然不準確，不能正確揭示產出量與間接費用之間的因果關係，會使成本計算結果失真。同時，由於間接費用分配不準確，也會使成本報告不能滿足企業管理部門對產品定價、自製與外購、生產批量等決策的需要。ABC 制度的本質就是要重新確立分配間接費用的合理基礎——作業，引導管理人員將注意力集中在發生成本的原因——成本動因上，而不是僅僅關注成本結果本身，通過對作業成本的計算和有效的控制，克服傳統成本計算制度存在的一些缺陷，使許多以前不可控的間接費用在 ABC 系統中變成可控的費用。

作業成本計算制度可以為管理人員提供比傳統成本制度下更為透明的間接成本信息，它可以使企業管理者利用間接成本率進行正確的生產經營決策，提高成本計算的準確性。這是作業成本制度的長處，但是並非所有的間接成本費用都可以運用作業成本制度進行核算，都能取得對決策有用的數據，其適用範圍也有一定的局限性。有關作業成本的計算原理、程序和方法，本書將在第十三章中介紹。

（五）專項成本制度

專項成本制度是指根據企業生產經營管理的需要，以某一成本管理內容為對象進行成本計算和管理的制度。與實際成本制度、標準成本制度、變動成本制度相比

---

[1] 中國註冊會計師教育教材編審委員會. 成本管理會計 [M]. 北京：中國人民大學出版社，1995：470.

較，專項成本制度下成本計算的對象不一定是產品，它可以是企業內部的責任中心、產品質量、人力資源、環境治理項目等。即使仍然以產品為對象，也不再局限於生產過程（即生產成本），而是在新產品試製階段，或者產品的整個壽命週期內進行成本計算和管理，其對象的範圍已遠遠超出生產領域。

建立專項成本制度的目的常常是適應企業內部對某一專項業務管理的需要。如：建立責任成本制度，是為了配合企業實施的經濟責任制，利用責任成本制度，通過責任成本計算，將內部經濟責任制落實到各個部門、工作崗位和個人；建立質量成本制度，可以揭示產品質量與經濟效益的關係，為企業編製質量計劃，確定質量方針，進行質量決策提供依據；為了加強對新產品試製、開發的管理，也可以建立一套新產品試製成本制度，對新產品開發成本、試製成本進行全面的計算和管理；對於環境污染嚴重的企業，可以建立一套成本制度，專門用來計算企業污染治理的投入，將治污成本與企業的社會經濟效益相比較，反應企業環境治理的成效。

從理論上講，任何一項專項業務的發生都會產生資源的耗費，為了加強管理，提高投入產出的效益，可以建立相應的專項成本制度。因此，專項成本制度的建立不拘一格，完全不受傳統成本觀念的約束。企業可以根據一定時期內生產經營的需要和成本管理關注的焦點建立並實施專項成本制度。

第三節　成本會計基礎工作

一、成本會計基礎工作的作用和要求

成本會計基礎工作是開展成本核算、成本規劃與成本控制的基本條件，也是企業管理的基礎工作。成本會計基礎工作主要包括各種消耗的原始記錄制度、定額管理制度、內部結算價格制度和物資的計量、驗收、保管等制度。

前已述及，成本具有綜合性和變動性兩個特點。成本的綜合性決定了成本會計基礎工作必然涉及面廣、工作量大，它既涉及企業人、財、物多個方面，又涉及研發、試製與供、產、銷多個環節。為了有效地控制成本，明確成本管理的經濟責任，企業必須首先對生產經營過程中的各種消耗進行科學、正確的觀察、計量、記錄，建立合理的計量、驗收、領發、保管、盤點等基本制度，這樣才可能為具體的成本控制和經濟責任的界定提供真實、可靠的依據。

成本具有可變動性，表明企業在一定時期內資源的消耗總是隨著生產經營活動量的變化而變化，為了積極、主動地控制生產經營耗費，減少損失與浪費，就必須建立起科學的定額管理制度，對各種費用制定必要的消耗定額，對企業內部各部門、各單位相互之間提供的勞務實行內部結算價格制度，以分清各部門、各單位的成本控制責任，提高企業的資源利用效率。因此，搞好成本會計基礎工作，不僅可以為成本核算與管理提供堅實、可靠的數據資料，還可以為企業管理者進行經營決策提供重要的信息支持，是有效組織生產經營活動的基礎。

為了搞好成本會計基礎工作，一般應做到以下幾點：

(1) 成本會計基礎工作的開展必須與企業生產經營特點和成本管理要求相適應。不同行業、不同企業由於生產經營規模不同，生產工藝流程不同，企業內部經營管理體制不同，職工素質不同，在具體制定各項基礎工作的規範和要求時，不宜完全照搬其他企業的做法，應當因地制宜，制定適應本企業特點的各項工作規範和執行標準，逐步走向規範化和標準化。

(2) 成本會計基礎工作的開展必須與企業內部經濟責任制的建立相結合。成本會計基礎工作與企業內部經濟責任制相結合，可以適應企業內部經濟責任制對成本信息的需求，這樣既可以為企業內部經濟責任制的推行提供基本的信息保障，也使成本會計基礎工作的開展有制度上的保證。

(3) 成本會計基礎工作的開展必須與企業其他基礎工作相互協調，保持一致。成本會計基礎工作只是企業整個管理基礎工作的組成部分之一，必須同企業生產技術管理、設備管理、產品或服務質量管理、勞動工資管理、物資管理等企業內部各項管理工作結合起來，相互協調，互為補充，共同構成整個管理工作的基礎。

(4) 成本會計基礎工作的內容與要求應當與時俱進。成本會計基礎工作的內容與要求應當根據企業內部管理體制的變化、生產經營技術的進步、成本管理水平的提高以及企業內外經營環境的改變而不斷地完善和提高。要講求實效，不要搞形式主義。一切基礎工作的規範和要求一旦制定，應認真執行，不能隨意變動。對於確需修改或重新制定的制度應積極慎重，保持前後期成本管理基礎工作的連貫性。

二、成本會計基礎工作的內容

成本會計基礎工作是進行成本管理的前提條件，沒有健全的基礎工作，成本核算與管理便無法順利進行。成本會計基礎工作包括以下內容：

(一) 建立、健全原始記錄制度

原始記錄是指按照一定的格式和要求，對企業生產經營活動的具體事實所做的最初的直接書面記錄。它是反應企業經濟活動的一種基礎性資料。例如，在實踐中，生產工人每天生產產品的數量、品種、質量、生產時間等情況都需要記錄在一定的憑證上，這種直接記載具體生產事實的憑證就是一種原始記錄。每一個企業都應當根據本企業生產經營活動的內容與特點和經營管理的需要，建立起一套嚴格的原始記錄制度。這種制度對加強成本管理，正確計算產品成本，具有十分重要的意義。

企業原始記錄的種類很多，與成本相關的原始記錄主要有以下幾個方面：

(1) 反應物資消耗情況的原始記錄。物資消耗的原始記錄主要是反應物資入庫、領取、使用、退庫等情況的原始記錄，如收料單、自製材料入庫單、領料單、限額領料單、領料登記表、補料單、切割單、退料單、廢料繳庫單、代用材料單、材料耗用匯總表、材料盤點報告單等。

(2) 反應人工消耗情況的原始記錄。人工消耗情況的原始記錄主要是反應職工人數、職工調動、考勤情況、工時利用、工資結算等情況的原始記錄，如職工錄用通知單、職工調動通知單、工資卡、職工考勤記錄、產量記錄、工時記錄、停工記錄、加班記錄、工資單等。

（3）反應設備使用情況的原始記錄。設備使用情況的原始記錄主要是反應設備交付使用、設備開動和運轉、設備維修、設備事故、安全生產等情況的原始記錄，如設備交付使用單、固定資產卡片、固定資產登記簿、設備運轉記錄、事故登記表、設備報廢清理單等。

（4）反應費用支出情況的原始記錄。費用支出方面的原始記錄主要是反應企業在水、電、氣、勞務以及日常零星開支等情況的原始記錄，如各種發票、帳單等。

（5）反應生產情況的原始記錄。生產方面的原始記錄主要是反應在產品、自製半成品轉移、產品質量檢查、產品入庫等情況的原始記錄，如產成品交庫單、半成品入庫單、廢品通知單、在產品臺帳、工序進程單、工作通知單等。

不同種類的原始記錄，儘管記錄的具體內容和格式有較大的差異，但它們一般都必須具備以下幾項基本內容：

（1）原始記錄的名稱；
（2）填製的日期、地點和編號；
（3）經濟活動的內容；
（4）經濟活動的計量單位和數量；
（5）填製單位和經辦人員的簽名或蓋章。

反應企業經濟活動的原始記錄應按照規定的方法和要求填製，其內容、時間、金額、簽章等都必須完整、準確無誤。

實踐中，有部分原始記錄可能為幾個部門所需要。例如，倉庫保管部門、材料採購部門和財務部門都需要掌握材料入庫單上的有關信息。對於幾個部門都需要掌握的原始記錄，可以採取一式多份的形式。

為了適應各種內部管理的需要，企業應健全各種原始記錄制度，統一規定各種原始記錄的內容、格式、填製方法、份數和存檔保管制度；應根據成本計算和內部控制制度的要求，規定各種原始記錄的傳遞時間、地點、流程和方式，明確內部各個部門、單位、崗位、職工在原始記錄中的經濟責任，提高原始記錄的利用效率，充分發揮其作用。

總的來說，建立、健全原始記錄制度既要滿足企業內部控制制度的需要，又要簡便易行，應做到數字真實、內容完整、手續齊備、要素齊全、責任明確。

（二）建立、健全計量、驗收、盤存制度

原始記錄為企業管理工作提供所需的各項數據，這些數據主要是從數量上反應企業生產經營活動中各項資源的消耗和變動情況。計量工作是確定這些數量的依據，如果沒有準確的計量，就不能準確確定數量，也就無法據以進行管理。另外，在企業生產經營過程中消耗和庫存的各種資源，其質量、品種、規格是否符合生產技術的要求，關係到產品質量及其經濟效果，需要經過檢驗，帳實是否相符，也需要進行盤點。因此，在企業中建立健全計量、驗收、盤點制度具有十分重要的意義。

計量是指利用一定的器具對各種物資按其特點（長短、大小、輕重等）測量其數量的工作。企業物資的收發不計量，或者計量不準確，或者計量器具不齊備，都不可能為企業管理提供可靠的數據。據此計算的成本就不可能是正確的，據此確定

的財產物資的變動和結存數量也是不準確的，必然會給企業的財產物資管理造成極大的混亂，給企業造成大量的損失和浪費。因此，計量工作作為一項企業管理的基礎工作要想做好，首先必須提高廣大職工對此項工作重要性的認識，其次應設立專門負責質量檢驗的機構，輔之以群眾性的質量管理活動，形成專職機構與群眾檢查相結合，以專職機構為主的質量檢驗制度。做到不符合技術質量、規格的物資不入庫，不符合質量要求的零部件不交庫，不符合質量標準的產品不入庫、不發貨。企業應針對不同的計量對象，配置必要的計量器具。此外，企業應建立起對計量器具的實物管理和定期校驗制度，以保證計量器具始終處於良好的運轉狀態。

驗收是指對各種物資（如材料、在產品、半成品、產成品等）的收發和轉移進行數量和質量檢查的制度。驗收時，要看是否與發票、運單、在產品臺帳、入庫單等所記錄的數量相符，是否與協議、合同、派工單等所規定的品種、規格、數量、質量等級要求相符，以防止亂領、亂用現象的發生，明確生產經營各個環節的經濟責任。在實踐中，驗收和計量常常是同時進行的，在驗收的同時必然會涉及計量問題。

盤點制度也稱「財產清查制度」，是指根據帳簿記錄對各項財產物資進行實地清點、核對，以查明企業實有財產數字的一種內部管理制度。通過定期或不定期地對財產物資進行清查，可以確定企業各項物資的實有數同帳面數是否有差異，發現財產管理制度上的漏洞，以保證會計核算資料的真實性、可靠性，加強對財產物資的管理，挖掘財產物資的使用潛力。

上述三項基礎工作，計量制度是保證原始記錄正確無誤的有效措施，也是確定原始記錄數量的依據，沒有準確的計量，就不可能提供準確的數量，也就無法據以正確計算成本；驗收制度是保證企業生產經營中所需物資的質量、規格合乎既定的標準，是產品或服務質量的有效保證；盤點制度是通過對財產的清查，檢查企業是否帳實相符，是否存在材料、物資積壓、浪費、貪污、盜竊等現象，以保證企業財產物資的安全、完整。

（三）建立、健全定額管理制度

定額是指企業在正常的生產經營條件下，對人力、物力、財力的利用標準。定額管理是指企業利用定額形式，合理地安排使用現有經濟資源的一種內部控制制度。建立、健全定額管理制度，可以為企業計劃、預算的編製提供科學的基礎，也可以為開展成本控制、分析、考核提供客觀的依據，對於提高整個企業的成本管理水平具有十分重要的作用。

定額作為一種衡量工作數量和工作質量的客觀尺度，有各種各樣的形式，有勞動定額、物資消耗定額、設備利用定額、流動資金使用定額、管理費用定額等。定額按所規範的內容可以分為以下幾種：

（1）材料、動力、工具消耗定額。這一類定額有原材料消耗定額、材料利用率、材料損耗率等。

（2）勞動定額。這一類定額有工時定額、產量定額、停工率、缺勤率、加班加點率等。

（3）質量定額。這一類定額有產品合格率、品種抽查合格率、一級品率、廢品率、返修率等。

（4）固定資產利用定額。這一類定額有設備利用率、固定資產利用率、固定資產報廢率、固定資產閒置率等。

（5）費用定額。這一類定額有辦公費用定額、製造費用定額、差旅費定額、郵電費用定額、通信費用定額等。

企業定額的內容和形式不盡相同，其定額的制定方法也不完全相同。總的來說，一般常見的制定方法有三種：

（1）技術計算法，指根據某項工程、產品或勞務的技術設計和工藝要求計算企業定額。如材料消耗定額、工時定額的制定就屬技術計算法。這種制定方法的主要優點是比較準確，但比較複雜，或者需要系統的資料累積，或者需要投入大量的人力進行測算，因此比較適合於大量大批生產類型的企業使用。

（2）統計分析法，指根據過去生產同類產品或提供同類服務的統計資料，結合目前生產、技術、組織條件的變化等因素，經過統計分析研究制定各種定額的方法。這種制定方法的優點是簡便易行，但它對構成定額的各種因素缺乏仔細分析、計算，容易受過去平均數的影響。

（3）經驗估計法，指根據人們的生產技術和工作經驗，結合設計圖紙、工藝規範分析以及使用的設備與工具、生產組織等實際情況確定定額的方法。這種制定方法的主要優點是簡便易行，花費的時間較少，但它對構成定額的各種因素沒有進行深入的技術經濟分析和計算，容易受估計人員主觀因素的影響。

以上三種基本方法各有利弊。在一個企業中應採用什麼方法，要從該企業實際出發，根據需要和條件來確定，也可以將三種方法結合起來使用。總的原則是定額既要先進，又要切實可行。

定額一旦制定，應注意保持穩定，否則不利於調動大家完成定額的積極性。當然，隨著企業生產經營技術條件的變化和管理要求的提高，定期對定額進行修訂也是十分必要的，否則定額將無法起到應有的激勵作用。

定額是企業在生產經營過程中各種消耗的「標準」。企業應按照定額組織全體職工從事生產經營活動，這是定額管理的核心。為動員全體職工執行定額，首先，企業應切實貫徹執行各項必要的技術組織措施和管理制度，從客觀上為完成定額提供必要的條件。其次，為保證定額的完成，為定額制定和修訂提供可靠的資料，企業應加強對定額完成情況的核算、檢查和分析工作。應有一定的專職機構負責定額管理，並負責對定額執行情況定期進行考評和獎懲。

（四）建立、健全內部結算制度

內部結算制度是指對企業內部各單位、部門之間的材料、半成品、產成品流轉以及相互提供的勞務採用貨幣形式進行核算和管理的制度。它屬於一種內部控制制度。建立、健全內部結算制度，有利於明確各單位、部門之間的經濟責任，正確考核各單位的工作業績，也有利於成本計劃和成本控制工作的開展。

建立內部結算制度應著重搞好內部結算價格的制定、內部結算方式和內部結算

組織形式的確定三個方面的工作。

(1) 內部結算價格及其制定。內部結算價格是指企業內部各單位、部門之間相互提供產品或勞務時採用的一種價格。由於該價格是企業自行制定的，只適用於企業內部往來結算，相對於企業外部市場交易的價格，稱為內部結算價格。內部結算價格可以採用計劃單位成本、計劃成本加成（即在計劃成本的基礎上加一定的內部利潤）、協議價格、模擬市場價格（即根據產品或勞務的現行市場價格確定內部結算價格）。採用內部結算價格會使企業內部各個單位都感受到市場壓力，促使其加強經營管理，適應市場競爭機制的需要。內部結算價格應由財務部門牽頭，在計劃部門、勞動部門、生產工藝部門、設備管理部門的協作下制定。制定內部結算價格是一項技術性較強的工作，涉及內部各單位之間的經濟利益，應力求準確、合理。內部結算價格一經制定，不宜隨意變動，因為經常變動不利於內部結算與考核。內部結算價格的調整一般以一年一次為好，遇有特殊情況可針對個別價格進行臨時調整。內部結算價格制定後應裝訂成冊，統一頒布實施。

(2) 內部結算方式。內部結算方式主要有廠幣結算、內部支票結算和內部轉帳結算三種基本方式。企業應在滿足資金管理和內部控制制度要求的前提下，選擇簡潔、實用的內部結算方式。

(3) 內部結算組織形式。企業不管採用哪一種內部結算方式，都需要在一定的內部結算組織機構內進行。中國企業中較為常見的內部結算組織形式是內部結算中心和內部結算銀行。內部結算中心是指在財務部門設立一個專門處理內部結算業務的中心，由它負責企業內部各單位、部門之間的往來結算。該中心職能範圍較小，一般不具有資金管理的職能。核算工作比較單一，一般運用於規模較小的企業。內部結算銀行的職能範圍較廣，具有內部結算、信貸、控制等職能。核算工作比較複雜，一般運用於規模較大、內部單位較多、管理基礎工作較好的企業。

企業要搞好成本會計工作，除了做好以上四個方面的基礎工作之外，還必須努力提高全體員工的成本意識和職業素質。不僅成本會計人員要具備成本意識，其他管理人員、工程技術人員也應增強成本意識和素質，注意將成本管理與技術經濟管理結合起來。

總之，良好的成本意識、靈活的企業經營機制、優秀的管理團隊、先進的工藝技術與設備、嚴格的內控制度、健全的基礎工作都是搞好成本會計工作不可缺少的基本條件。

第四節　成本會計組織工作與組織環境

一、成本會計的組織工作

為了建立正常的成本會計工作秩序，充分發揮其應有的作用，必須科學、合理地組織成本會計工作。成本會計的組織工作包括設置成本會計機構、配備成本會計人員和建立成本會計制度。

（一）設置成本會計機構

成本會計機構是指企業內部負責組織、領導和從事成本會計工作的單位。它的設置應與企業生產經營規模的大小、業務的繁簡、內部管理體制和成本管理要求相適應。設立成本會計機構應堅持分責分工與協作相結合、統一領導與分級管理相結合、專業管理與群眾管理相結合的原則。

1. 成本管理領導機構

按照經濟與技術相結合的原則，企業的成本管理領導機構應由企業的廠長或總經理、財務總監或總會計師、總工程師組成。其中：廠長或總經理是企業成本工作的最高領導者，並對企業的成本負完全責任；財務總監或總會計師和總工程師則從經濟和技術方面具體負責組織、領導、實施企業的成本經營戰略計劃和方針。企業成本管理領導機構主要負責以下工作：

（1）制定企業成本管理工作的基本目標、戰略方針和任務，動員各單位、各部門努力完成既定的成本目標和任務；

（2）批准由財務總監或總會計師和總工程師負責擬定的企業成本管理制度（含成本會計制度）；

（3）建立、健全企業成本管理的組織機構，負責協調各單位、各部門成本管理中出現的矛盾和問題；

（4）審定企業的目標利潤和目標成本，批准企業的成本計劃和費用預算，綜合研究和決定企業各項重大的降低成本措施和方案；

（5）組織、領導企業各項重大的成本問題調查與分析工作，決定對有關人員的重大獎勵和懲罰；

（6）組織、領導企業成本管理人員學習業務理論和業務技術，不斷更新專業知識，並對其進行培訓和定期考核，決定中層成本管理人員的任用和調配。

2. 成本會計職能機構

成本會計職能機構是處理成本會計工作的職能單位。企業經營規模不同，經營特點不同，內部管理體制不同，成本會計職能機構的設置也有一定的差異。

在大中型企業，一般應設置專門的成本會計機構，具體設置方式可以根據內部控制制度和分工的需要來選擇。可以在企業廠部或公司一級財務會計部門中單獨設置成本會計科、股、組或室，也可以在總會計師或財務副總經理的直接領導下，在廠部或公司一級設置獨立的成本會計機構，如成本會計處、科、股或室。前者使成本會計機構隸屬於企業財務會計部門，後者強調成本會計機構的獨立性，是與財務會計機構平行的職能單位。在實踐中，前一種設置方式較為普遍。

在小型企業，受生產經營規模的限制，一般只在企業廠部或公司一級財務部門內設置成本組或專職、兼職的成本核算員，負責完成整個企業的成本會計工作。

成本會計職能機構內部可以按照成本會計職能，將成本會計科（股）分為成本預測決策組、成本計劃組、成本核算組和成本分析考核組，也可以按成本會計對象分工，如分為材料組、工資組、成本計算組、經營管理費用組、專項成本組。為了科學地組織成本會計工作，應按照分工協作的原則建立成本會計崗位責任制，使每

一個成本會計機構和人員都有明確的責任和工作內容。

3. 成本會計機構的組織分工方式

企業內部成本會計機構之間的組織分工是與企業內部的管理體制密不可分的。一般有集中工作和非集中工作兩種組織方式。

集中工作方式是指企業成本會計中的預測、決策、計劃、控制、核算、分析、考核等各方面工作都由廠部或公司一級成本會計機構集中進行，車間、部門一級的成本會計機構或會計人員只負責在業務發生時登記原始記錄，填製原始憑證，並對它們進行初步的審核、整理和匯總，為廠部或公司一級成本管理工作提供資料。採用集中工作方式，廠部或公司一級成本會計機構可以比較及時地掌握企業有關成本方面的全部信息，便於使用電子計算機進行成本數據處理，可以減少成本會計機構的層次和成本會計人員的數量，但不利於實行內部責任成本核算，不便於直接從事生產經營活動的各單位和職工掌握本單位的成本信息，不利於調動各單位控制成本的積極性。

非集中工作方式也稱為分散工作方式，是指將成本會計工作中的一部分計劃、控制、核算、分析工作分給車間或部門一級成本會計機構或人員分別進行，成本考核工作由上一級成本會計機構對下一級成本會計機構逐級進行。廠部或公司一級成本會計機構主要負責對各下級成本會計機構或人員進行業務指導和監督，對整個企業成本進行綜合預測、決策、計劃、控制、分析、考核以及匯總核算，編製公司或全廠的成本報表。非集中組織工作方式的優缺點與集中工作方式的優缺點剛好相反。

企業應當根據生產經營規模的大小、業務的繁簡、內部各單位經營管理的要求以及成本會計人員的素質和會計電算化程度，從有利於充分發揮成本會計工作的作用出發，確定採用哪一種組織工作方式。企業也可以將兩種方式結合起來，對某些內部單位採用集中工作方式，對另一些單位採用非集中工作方式。一般來說，大型企業由於組織機構龐大，生產經營管理實行分權制，比較適合採用非集中工作方式；中小型企業由於生產經營規模較小，為減少管理層次，比較適合採用集中工作方式。

由於成本內容豐富、涉及面廣、業務性強，除了專門的成本會計機構之外，其他職能部門也應對成本的控制和管理承擔一定的責任。如：生產計劃部門應負責制定生產定額，編製生產進度計劃，組織均衡生產，提高工時利用率，力求科學、合理地縮短生產週期，減少在產品、半成品的資金占用；技術部門應負責制定各種材料消耗定額，從產品設計到工藝技術流程上保證產品質量，提高材料利用率；勞動部門應負責人力資源的合理組織和安排，制定勞動定額，控制工資費用、福利和獎金支出；質量管理部門應負責企業全面質量管理工作，提高優質品率，減少不合格品和廢品率；物資供應和儲備部門應負責制定物資儲備定額，合理組織物資採購、運輸和倉儲，節約採購費用、保管費用；設備管理部門應制定設備使用定額，提高設備完好率和利用率，努力降低設備維修、保養成本。

以上這些職能部門雖不是企業成本管理的專職機構，但它們的工作質量好壞與企業整個成本水平高低有著直接或間接的關係，成本會計機構必須與這些職能部門相互協調，通力合作，才能做好成本管理工作，全面提高企業的經濟效益。

(二) 配備成本會計人員

成本會計人員是指企業內部專門從事成本會計工作的專業技術人員。在企業中配

備必要的成本會計人員，是順利開展成本管理工作，充分發揮成本會計作用的關鍵。

　　企業應根據生產經營規模大小、業務內容繁簡、內部管理對成本信息的需要以及會計工作分工的要求，配備成本會計人員，專門從事成本會計管理工作。通常在公司、廠部、車間設專職的成本會計人員，在班組一級設兼職的成本核算員，以開展班組經濟核算。班組經濟核算是中國多年來行之有效的一種基層核算，它提供的材料消耗定額和工作定額完成情況的成本資料，是工人直接參與企業成本管理的重要形式，也是推行成本崗位責任制的基礎。

　　為了對成本會計人員實行行業管理，提高其執業水平和社會地位，許多國家成立了專門的行業協會。例如，在英國，為了適應第一次世界大戰後工業發展的需要，在1919年成立了「成本會計師協會」，負責全國成本會計人員的教育和管理工作。以後，由於成本會計的職能從單一核算發展到規劃、控制、分析等，該協會在1972年更名為「成本和管理會計師協會」。1986年，協會再次更名為「特許管理會計師協會」。在中國，沒有專門的成本會計人員行業管理組織。成本會計人員和財務會計人員不加區分，統稱會計人員，由各級財政部門進行行業管理，並按照國家規定參加統一的會計人員任職資格考試，取得初級、中級、高級會計技術職稱。

（三）建立成本會計法規和制度

　　成本會計法規和制度是組織和從事成本會計工作的規則，是會計法規和制度的一個重要組成部分。制定和執行成本會計法規和制度，對於規範企業成本管理行為，保證成本信息質量，具有十分重要的作用。

　　1. 制定成本會計法規和制度的原則

　　成本會計法規和制度應按照統一領導和分級管理相結合的原則來制定。凡全國性成本會計法規、制度，應由國務院和財政部門統一制定；每一個企業的成本會計制度和管理辦法，應由企業根據國家有關規定，結合企業生產經營特點和內部管理的需要，在符合簡便易行、實用有效的原則下制定。

　　成本會計法規和制度的制定，既要滿足企業成本管理和生產經營管理的要求，又要滿足國家宏觀經濟管理的要求。同時，應適當簡化手續，力求做到簡明、實用、有效，以便在實踐中具有可操作性。此外，成本會計法規和制度應隨著中國經濟的發展，企業經營機制的轉變，以及會計法規、制度的改革進行相應的改革。成本會計法規和制度改革，應注意吸收國外的先進經驗，與國際慣例接軌，同時要考慮到中國國情，從企業實際情況出發。

　　2. 成本會計法規和制度的種類

　　與成本會計工作有關的法規和制度，可以分為以下幾個層次：

（1）《中華人民共和國會計法》（以下簡稱《會計法》）

　　《會計法》是中國會計工作的根本大法，有關會計，包括成本會計的一切法規、制度都要按照它的要求制定。它確定了會計工作的地位和作用，可以提高整個社會對會計工作的認識，端正人們對待會計工作的態度。它明確了會計人員的職責、權限，並保證會計人員的職權不受侵犯，是保證會計工作按正常秩序進行的基本法律依據。

（2）財政部發布的《企業財務通則》《企業會計準則》《企業產品成本核算制度》

《企業財務通則》《企業會計準則》（簡稱「兩則」）是在《會計法》的基礎上經國務院批准，由財政部發布的。「兩則」的制定和實施，可以使企業的財務、成本、會計工作規範化、標準化，並與國際慣例接軌。財政部在「兩則」的基礎上還陸續頒布了一系列具體會計準則，以進一步規範各類經濟業務的會計處理程序和方法。其中與成本有關的具體準則，也是規範成本會計工作的重要法規。

　　除此之外，為了推動企業管理會計在實務中發展，財政部發布《關於全面推進管理會計體系建設的指導意見（徵求意見稿）》，對企業管理會計工作建設提出設想與要求；財政部發布的《企業產品成本核算制度（試行）》，則是企業在產品成本核算實務中必須遵守基本準則。這兩個制度都是建立企業內部成本會計管理制度需要遵守的行政法規。

　　（3）本企業的會計制度和成本管理制度

　　本企業的會計制度是指各個企業根據「兩則」和國家統一的具體會計準則要求，結合本企業生產規模、生產經營特點和管理需要自行制定的會計制度。企業的成本核算工作是企業整個會計工作的重要組成部分。因此，成本管理工作也應符合本企業會計制度的有關規定和要求。

　　企業成本管理制度是組織和從事成本控制工作的具體規範，是企業整個管理制度的一個組成部分。各個企業為了詳細規範本企業的成本控制行為，應當根據上述各種法律、行政法規要求，結合本企業的生產經營特點和內部控制需要，具體制定本企業的成本管理制度，以此作為本企業開展成本控制的直接依據。

　　企業成本管理制度應涵蓋對成本預測、決策、計劃、控制、核算、分析、考核等做出的規定，它應當包括以下幾方面的規定或方法：

①關於成本預測、決策的制度；
②關於成本定額、成本計劃編製的制度；
③關於成本控制的制度；
④關於成本核算的制度；
⑤關於成本報表編製的制度；
⑥關於成本分析、評價的制度；
⑦關於內部結算價格制定和結算的制度；
⑧其他有關成本管理的規定和制度。

　　制定本企業的成本管理制度是一項工作量大、技術性強的工作，在制定之前應深入實際，進行廣泛的調查研究，反覆試點，總結經驗教訓。成本管理制度一經制定，應認真、嚴格執行，保持相對的穩定性。只有在企業的生產經營環境和工藝技術條件發生明顯變化的情況下，才能進行補充、修訂和調整，使之不斷完善，適應新的管理要求。

二、成本會計的組織環境

　　成本會計機構、成本會計人員和成本會計法規、制度都是在一定的經營環境下產生和運行的，它們與企業的生產經營組織結構有著密切的關係，瞭解它們所處的

組織環境，有利於深入認識它們的作用和職能。

就現代企業制度而言，其組織結構如圖 1-2 所示：

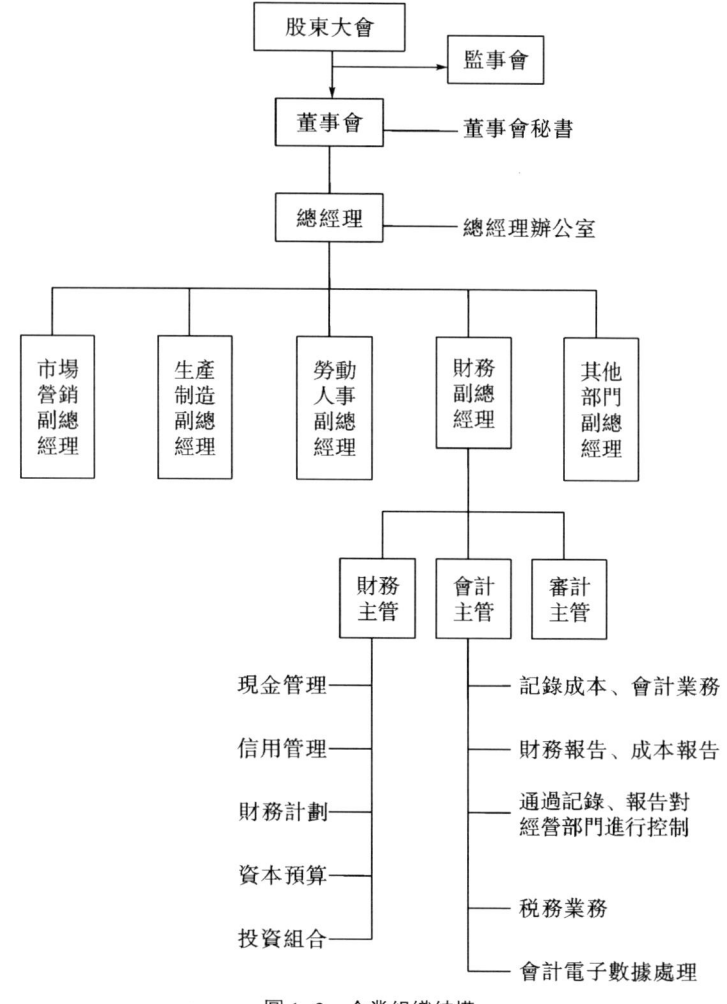

圖 1-2　企業組織結構

董事會提出公司的基本發展戰略和經營方針，經股東大會表決通過後形成公司的正式發展規劃，並授權公司的執行機構具體籌劃和執行。公司的執行機構由高層執行官員總經理、副總經理等組成，這些執行官員受聘於董事會，在董事會的授權範圍內擁有公司的管理權和代理權，負責公司日常經營事務。執行機構的負責人有時稱為首席執行官（CEO），通常由總經理擔任，有時也由董事長擔任。首席執行官的主要職責是：執行董事會決議；主持公司日常業務活動；經董事會授權，對外簽訂合同或處理業務；任免經理人員；定期向董事會報告業務情況，並提交年度工作報告。

財務副總經理，許多企業又叫財務總監、首席財務官（CFO），在中國企業中，

特別是國有控股公司中由總會計師直接擔任。財務副總經理直接向總經理負責。他的主要工作是負責公司內部控制活動，公司財務、成本計劃的編製與控制，公司資金籌集和使用調度，公司稅務活動，公司內部審計活動等。財務副總經理應協助總經理做好企業的規劃、決策、控制，實現董事會確定的目標和任務。按照分工協作的原則，在規模比較大的企業集團中，為便於進行專業化管理，財務副總經理可以在自己所轄範圍內設立財務主管、會計主管和審計主管，分別負責專職管理工作。在規模不大的企業，可以將財務工作和會計工作合二為一，只設財務主管。具體形式應視企業經營規模和內部管理要求而定。

在實行財務與會計分設的企業中，財務主管主要負責公司的現金管理、信用管理、應收款項管理、財務計劃制定、資金籌集、對外投資、外幣交易管理等工作；會計主管主要負責成本、會計業務記錄，財務報告和成本報告編製，通過記錄、報告對生產經營部門進行控制，稅務及政府關係協調，會計電子數據處理等工作。日常的成本會計工作主要劃歸會計主管負責，有關的成本計劃、控制、業績評價和分析等工作則直接接受財務副總經理的領導。

審計主管主要負責企業內部的審計業務和諮詢服務，包括審查內部控制制度，審查供內部使用的財務成本和會計數據，協助外部審計師即註冊會計師審查本企業的對外財務會計報告等工作。審計部門的負責人有時向財務副總經理匯報，當他們與財務副總經理在會計數據和財務報告上發生爭議或矛盾時，也可以直接向財務副總經理的上一級主管部門報告，他們通常有權直接向董事會報告。

本章小結：

作為本書首章，主要是回答讀者最關注的問題，比如：什麼是成本，什麼是費用，成本與費用是什麼關係，什麼是成本會計，成本會計有哪些內容，成本會計與財務會計是什麼關係等。

成本是商品經濟的產物，人們為了交換，就需要定價，而對商品定價，就必須知道商品或勞務的成本。成本的內涵和外延是隨著社會經濟發展而變化的，廣義的成本是指人們為了實現一定的目的（目標）而付出的代價，這種代價常常表現為社會資源的耗費，它可以是有形資源耗費，也可以是無形資源耗費。狹義的成本，常常是指產品或勞務的生產成本，也就是成本核算上計算的成本。在微觀經濟管理中，根據管理的目的不同，人們可以將企業發生的成本作不同的劃分，從而適應不同管理要求。

費用有廣義和狹義理解，狹義的費用根據中國企業會計準則規定，是指企業為銷售商品、提供勞務等日常生產經營活動所發生的經濟利益的總流出，這種經濟利益流出實質上也就是企業資源的流出和耗費。廣義的費用包括損失在內，將損失也視為一種費用。費用根據人們管理和核算的目的不同，可以按照經濟內容進行分類，也可以按照經濟用途對其進行分類。前者有利於費用總量和費用結構分析和編製費用預算，後者有利於成本計算和管理。

相對於成本概念的產生，成本會計作為一門管理科學產生得較晚，是工業革命的產物。從19世紀下半期到目前為止，隨著社會經濟生產力的變化，成本會計職能在不斷地拓展和延伸，一般在理論上將成本會計發展粗略地分為早期成本會計、標準成本會計制度、現代成本會計、作業會計與戰略成本管理四個階段。成本會計一般應當包括：成本的預測、決策、計劃、控制、核算、分析、考核與評價等方面的內容。這其中，成本核算是最基礎內容，成本控制是核心。可以將成本預測、決策、計劃視為事前控制，成本核算與日常管理視為事中控制，成本分析、考核與評價視為事後控制。實踐中，這個事前、事中、事後過程往復循環。

成本屬於企業的商業秘密，這決定了成本會計與財務會計不同，其主要是對內提供服務，為管理層的重大決策提供相關的成本信息。

成本會計工作涉及內容多、工作量大、環節多，為了及時正確提供成本信息給有關部門和人員，企業必須高度重視成本會計基礎工作。成本會計基礎工作包括：建立健全原始記錄制度，建立健全計量、驗收、盤存制度，建立健全定額管理制度，建立健全企業內部結算制度。這四項基礎工作彼此相互聯繫，相互影響，並直接決定一個企業成本信息的客觀性、準確性、及時性，從而影響企業的整體經營管理水平高低。

總之，良好的成本意識，靈活的經營機制，優秀的管理團隊，先進的工藝技術，加上健全的成本會計基礎工作和嚴格的成本內控制度，決定了一個企業市場競爭力和可持續經營的能力。

本章思考與拓展問題：

1. 什麼是成本？聯繫自己親身經歷和體會說明成本在日常生活中的重要性。
2. 什麼是費用？費用有哪些分類方法，各種分類方法用途是什麼？
3. 成本有哪些分類方法？各種分類方法有什麼作用？
4. 成本與費用是什麼關係，舉例加以說明。
5. 什麼是費用要素？什麼是成本項目？二者是什麼關係？
6. 怎樣理解：成本會計的職能隨著社會經濟發展而不斷拓展和延伸。
7. 成本會計包括哪些基本內容？各內容彼此是什麼關係？
8. 你認為成本會計基礎工作與成本管理是什麼關係？聯繫某一案例說明成本會計基礎工作重要性。
9. 成本會計基礎工作包括哪些方面內容？舉例說明某項基礎工作的制定方法和過程。

第二章
成本核算原則、要求與程序

【導入案例】

　　吉祥農機公司是一家農機配件生產製造企業，有鑄造、金工、裝配等生產車間。年終財務決算會議上，公司經理提出以下 2 項調整事項建議：

　　1. 公司總部為辦公室購買 3 臺合計 2.56 萬元的電腦已調入鑄造車間使用，應將已計入公司總部固定資產調整成鑄造車間製造費用計入成本。

　　2. 現在三個生產車間期末在產品成本計算方法太複雜，建議期末在產品成本只計算消耗原材料費用，其他費用均計入完工入庫產品成本，可以大量減少成本計算工作量，提高工作效率。

　　問題：你認為公司總經理提出的調整方法是否正確？

學習目標：

　　前已述及，成本會計的基礎內容是成本核算，從本章開始我們將進入成本核算內容。在具體討論成本核算方法之前，需要對成本核算的基本要求與程序進行闡述，以便為後面要素費用和綜合費用歸集分配的學習打下理論基礎。

　　本章主要以製造業為背景，分析成本核算應當遵守的基本要求。為了保證成本信息質量，企業現代成本管理上對成本核算的要求是：企業應當遵守成本開支範圍規定，正確劃分各種費用界限，正確選擇成本計算方法等要求。

　　成本會計核算的程序是指生產經營過程中費用計入產品成本的基本順序和步驟，也就是從生產費用發生開始，經過一定順序的費用歸集分配，最終計算出產品總成本和單位成本的過程。

　　本章學習應當注意：

　　1. 掌握管理上對成本核算的基本要求，以及每方面要求的具體內容與特點。

　　2. 掌握成本核算的基本程序，以及各程序流程相互之間的關係。

本章難點提示：

　　1. 為了保證成本計算結果的正確性，弄清在成本核算過程中需要劃分的費用界限問題。

　　2. 在成本核算過程需要設置哪些成本核算帳戶，這些帳戶彼此如何聯繫起來，完成整個成本核算過程。

第一節　成本核算基本原則與要求

成本核算是指對生產費用發生和產品成本形成進行的核算，也就是以一定的產品或勞務為對象，對生產費用進行歸集和分配，以確定產品或勞務的實際總成本和單位成本的程序和方法。成本核算是成本會計的基礎內容。

一、成本核算的基本原則

成本核算原則是指企業在成本核算過程中應當遵循的準則，它是保證成本信息質量的基本會計技術要求。不同企業，雖然所處行業、生產性質、生產規模不同，產品成本或服務的核算各有特點，但在進行成本核算時，都應遵守一些基本原則。這些基本原則是：分期核算原則、一貫性原則、重要性原則、歷史成本原則、受益原則、適應性原則等。

（一）分期核算原則

企業的生產經營活動是連續不斷進行的，為了取得一定時期內的成本信息，掌握產品或勞務的成本狀況，就必須將連續不斷的生產經營活動劃分為若干個相等的核算期，分期計算產品或勞務的成本。通常成本核算期應當與會計報告期（月、季、年）相一致，以利於各項成本核算工作的開展，便於為財務報表編製提供成本數據，但它不一定與成本計算期相一致。

成本計算期是指計算完工產品成本的週期，即間隔多少時間計算一次完工產品成本。可以是定期計算，如每個月、每個季度或每個年度，也可以是不定期計算。不同行業，成本計算期差異很大。例如，修建一條鐵路或一座電站，可能要等幾年或十幾年才能計算完工產品成本，而一般性的工業產品，可能每隔一個月或一個季度就可以計算一次完工產品成本。

成本核算期主要是指生產費用歸集和分配的週期，它與生產類型和生產週期沒有直接關係，不管生產什麼產品，一般在管理上都需要定期進行費用的歸集、匯總和分配，它同會計報告期相一致。

（二）一貫性原則

一貫性原則是指企業各項生產費用歸集和分配的程序和步驟，以及成本計算的具體方法前後期應盡量保持連貫，從而保證成本資料的可比性。

每一個企業在進行成本核算時，都應當根據本企業的生產經營特點和成本管理要求，選擇相應的成本計算方法和程序。成本計算方法和程序一經確定，如果沒有特殊情況發生，一般不宜經常變動。在成本核算中採用一貫性原則，其目的是保證多個時期的成本數據和資料在內容和口徑上相一致，具有可比性，並在一定程度上避免人們利用成本計算方法的不斷改變人為地調節各期成本水平，達到操縱各期利潤的目的。

成本核算的一貫性原則，並不排斥企業在必要時對所採用的成本計算方法和程

序進行適當的調整和改變。當企業生產經營類型發生較大變動，生產的產品種類發生較大改變，如企業轉產、新產品試製投產，以及內部管理要求改變或國家有關成本核算政策發生較大變化時，其核算程序和方法也可以進行調整和改變。但是，這種調整和改變對企業成本水平的影響數，以及對企業財務狀況、經營損益的影響數都必須在會計報告中予以明確披露和說明。

(三) 重要性原則

重要性原則是指進行成本核算時，應視其內容和對象的重要程度，採用不同的成本計算程序和方法。在成本核算中採用重要性原則，能夠使企業在全面、完整反應企業生產經營狀況和成本水平的基礎上，加強對經濟活動和經營決策有重大影響的關鍵性成本內容和對象的核算，達到事半功倍的效果。同時，有助於簡化某些內容的核算，節約人力、物力、財力，提高核算工作效率。

重要性原則要求：凡是企業的主要產品或勞務，應重點進行成本核算，計算出每一種主要產品或勞務的單位成本和總成本，以及多個成本項目的數字；凡是對成本影響比較大的費用，如產品在生產過程中直接消耗的原材料、燃料、動力、工資等費用，應作為主要費用，單獨設置成本項目或費用項目進行核算和列示；凡是次要產品或非主要費用，在不影響成本真實性的前提下，可以適當簡化核算程序和方法。

重要性原則的運用，涉及對重要性的判斷問題。對於不同行業和不同企業來說，重要還是不重要是相對的。某一成本內容或事項的重要性在很大程度上取決於成本會計人員的職業判斷。從質的方面講，只要該成本內容或事項的發生對企業成本水平、成本結構有重大影響，就屬於重要事項和內容；從量的方面講，當某一成本內容或事項的發生達到一定數量界限時，就可以被視為重要事項或內容。如：某一產品是企業經常生產的產品，在全部產品中所占比重比較大，達到10%（含10%）以上，則應將其視為企業的主要產品，重點進行成本核算；某一項費用占總成本的比重達到10%（含10%）以上，則應將其視為主要費用，設置單獨的成本項目或費用項目進行核算。總之，成本會計人員在判斷某一成本內容或事項的重要性時，應聯繫企業生產經營規模、產品或服務結構、管理上對成本信息的要求等因素進行綜合判斷。

(四) 歷史成本原則

歷史成本原則又稱實際成本原則，是指對生產經營中發生的資源耗費都應當按照它們取得時的歷史成本計價核算。按照歷史成本核算，一方面是由於歷史成本是實際發生的消耗，具有客觀性，另一方面是由於歷史成本的數據比較容易取得。

歷史成本原則要求對企業生產耗費的原材料、燃料、動力、工資、折舊費用、修理費用等，都應當按歷史成本計算。具體來說，對於生產過程中耗用的原材料、燃料、動力，在數量上應按照實際消耗量計算；在價格方面可以採用實際價格，也可以採用計劃價格，但在計算產品成本時，必須對計劃價格與實際價格的差異造成的成本差異數進行調整，產品成本中的原材料、燃料、動力費用最終必須是實際成本。對於固定資產折舊費，必須根據固定資產歷史成本和預計使用年限等因素計算。

對於生產單位發生的辦公費、保險費、修理費、勞動保護費、郵電費等，都應當按照費用實際支出計價核算。對於完工產品、自制半成品、在產品的計價，最終也必須反應它們的實際成本。

按照歷史成本原則核算，能夠客觀地反應企業的生產經營消耗，但也有局限性。在物價變動幅度比較大的情況下，它不能確切地反應資產的現值，會帶來會計信息失真、盈虧計算不實等弊病。為了反應物價變動的影響，人們可以根據「物價變動會計」方法對企業資產價值和損益情況進行帳外調整和披露。

(五) 受益原則

受益原則是指在成本核算過程中，應當按照誰受益誰承擔、誰多受益誰多承擔的基本原則分配生產費用，計算產品成本，以真實地反應企業各種產品或勞務的成本水平。

企業在生產過程中發生的一些費用，常常與若干種產品發生聯繫，這種費用在發生時不便於直接歸集到每一種產品上，需要經過一定的分配之後才能計入各種產品成本。在分配時，分配對象的確定應根據誰受益誰承擔的原則來確定，在分配標準的選擇上應體現誰受益多誰多承擔、誰受益少誰少承擔的原則。

企業在選擇若干種產品共同受益的費用分配標準時，應注意分配標準的共性，應以各受益對象共有的因素作為分配標準；其次，應注意分配標準的科學性與合理性，所選分配標準必須與費用的發生存在一定的因果關係或直接聯繫。只有這樣，分配結果才能做到公平、合理。此外，分配標準的選擇，還應注意所選分配標準的資料是否容易收集，分配計算過程是否容易操作。總之，分配標準的選擇既要保證分配結果的正確性和合理性，又要使操作簡便易行。這是一項技術性很強的工作，直接影響到成本信息的質量。

(六) 適應性原則

適應性原則是指企業的成本計算必須與企業的生產經營特點和管理要求相適應。

會計上可供企業選擇的成本計算制度很多，有實際成本計算制度、標準成本計算制度、變動成本計算制度和作業成本計算制度。就實際成本計算制度而言，又有品種法、分批法、分步法、分類法等方法。企業究竟選擇哪一種或哪幾種計算方法，必須根據實際情況做出選擇。即使是同一行業的企業，由於生產規模不同，內部管理體制不同，管理水平和要求不同，其實際成本計算方法也存在許多差異。會計人員不應完全照搬其他企業的成本計算方法，而應在分析本企業生產經營類型、工藝技術流程特點的前提下，設計出適應本企業管理需要的成本計算程序和方法。

在實踐中，不僅是基本財務報表編製要求企業計算產品或勞務的實際成本，企業為了適應管理上的需要，也要計算固定成本、變動成本、可控成本、相關成本、機會成本、責任成本、質量成本等，以滿足企業經營決策或規劃與控制的要求。

以上是成本核算的一些基本原則，也是衡量成本核算信息質量高低的重要標準。從理論上講，成本核算是會計核算的組成內容之一，凡是涉及評價會計核算信息質量的一般性原則和涉及資產確認、計量的一些原則，都應當遵守。分期核算原則、受益原則、適應性原則是針對成本核算內容的特殊性提出的特定原則。成本核算原

則究竟列出幾條最為恰當，見仁見智，目前在成本會計學界還有爭議，沒有形成統一的認識。

二、成本核算的基本要求

成本核算正確與否，不僅直接影響企業損益，對企業的生產經營決策也有重大影響。成本核算過程既是對企業生產經營過程中發生的各種生產耗費進行如實反應的過程，也是為滿足企業管理要求進行成本信息反饋的過程，是對企業成本計劃的執行情況進行檢查和控制的過程。為了充分發揮成本核算的作用，不斷改進企業生產經營管理水平，成本核算應做到：

（一）嚴格執行規定的成本開支範圍

成本開支範圍是明確成本構成內容，劃清成本支出界限，統一成本補償標準的規定。從理論上講，成本開支範圍應以成本的經濟內容為依據。但在實踐中，成本經濟內容包括的範圍廣泛，情況複雜，為了統一成本所包含的內容，規範企業成本補償標準，保持成本指標的可比性，防止亂擠亂攤成本現象，保證企業損益計算的正確性，除金融保險業的企業外，製造業、農業、批發零售業、建築業、房地產業、採礦業、交通運輸業、信息傳輸業、軟件及信息技術服務業、文化業以及其他行業的企業均應按照財政部發布的《企業產品核算制度（試行）》執行。

在製造業中，按照國家規定列入產品成本開支範圍的應有以下內容：

（1）企業生產單位為生產產品所實際消耗的原材料、輔助材料、備品備件、外購半成品、燃料、動力、包裝物、低值易耗品等費用；

（2）企業生產單位為生產產品所發生的固定資產折舊費、修理費和租賃費用；

（3）企業生產單位支付給職工的工資、津貼、獎金、補貼、福利費等；

（4）企業生產單位因生產原因引起的廢品修復費用或報廢損失，季節性停工、修理期間停工所支付的工資與福利費；

（5）企業生產單位為組織和管理生產所支付的辦公費、差旅費、運輸費、保險費、水電費、設計製圖費、試驗檢驗費、勞動保護費、郵電費用等。

在實踐中，企業有的時候基於降低經營風險和保全資本的需要，從謹慎性原則出發，在具體確定本企業成本開支範圍和標準時，可能與國家的統一規定有一些出入。比如，生產單位使用的某類機器設備，假設國家統一規定要求按直線法分10年計提折舊，而企業自行規定按加速折舊法分5年計提折舊。一旦出現本企業規定與國家統一規定不一致的情況，應在計算應納所得稅和編製納稅申報表時進行調整，並在會計報表附註中說明其對企業財務狀況和損益計算的影響。一般情況下，企業成本開支範圍和標準應當盡量與國家統一規定相一致，以便使同類企業的成本具有可比性，企業不同時期的成本具有可比性。

（二）正確劃分成本、費用的界限

成本核算涉及的內容廣泛，技術性很強。為了正確核算產品成本，保證成本真實、可靠，在確定成本開支範圍的同時，還必須注意正確劃分以下幾個界限：

1. 分清計入產品成本和不計入產品成本的費用界限

企業在生產經營過程中發生的費用很多，並非全部能計入產品成本。企業在生

產經營中發生的資本性支出，如購置或建造固定資產、無形資產支出，不應列入產品成本，而應先資本化，作為資產價值處理。企業在生產經營中發生的營業外支出是一種與生產活動無直接關係的支出，也不能計入產品成本。對於收益性支出，只有與產品生產活動有直接聯繫，要麼構成產品實體，要麼有助於產品實體的形成，才能計入產品成本，否則應根據發生的地點和用途作為期間費用等處理。

2. 分清計入本報告期成本和計入若干報告期成本的費用界限

企業在生產過程中發生的一些費用，有時候雖然可以計入產品成本，但按照權責發生制記帳基礎，需要計入若干會計報告期產品成本。比如：企業生產車間使用的固定資產發生的大修理費用其受益期限應當是固定資產大修理週期，許多大型機械設備大修理週期有可能超過一個會計年度，企業需在幾個會計年度分期攤銷大修理費，將其分期計入產品成本，以便合理地反應生產車間修理資源消耗，避免各會計報告期產品成本較大的波動。

當然，如果企業使用的固定資產大修理週期均在一個會計年度內，可以在發生大修理費用時直接將其費用數計入當期的成本和期間費用，以便簡化大修理費用會計處理。

3. 分清計入各種產品成本的費用界限

企業通常生產若干種產品，對於計入本期產品成本的費用，在進行成本核算時還需要分清計入每一種產品成本的費用界限。產品在生產中直接消耗的材料和人工，應在費用發生原始憑證上明確填寫清楚是哪一種或哪一批產品消耗的，是哪一個生產環節或步驟消耗的，然後直接計入每一種產品成本。對於生產中發生的間接性費用，如固定資產折舊費、大修理費、辦公費、郵電費、機物料消耗等，在發生時一般不易分清是哪一種產品耗用的，為簡化核算工作，應先歸集在一起，然後在期末按照受益性原則，選擇一定的分配標準，分配之後計入各種產品成本。

從實踐來看，只有分清不同產品的成本界限，才能將它們的實際成本與計劃成本、標準成本相互比較，發現生產中的超支或節約情況，加強對生產耗費的控制。

4. 分清在產品成本和完工產品成本的界限

一定時期結束之後，各種產品所歸集的費用還需要在完工產品和期末在產品之間進行分配，才可能計算出完工產品成本。對於需要計算在產品成本的某些產品，會計上根據產品數量的多少，各月在產品數量的波動，各項費用占成本比重的大小，以及定額管理水平，選擇恰當的方法，將生產費用在完工產品和期末在產品之間進行合理分配，不得人為地任意壓低或提高在產品成本，以保證成本計算的可靠性和真實性。

應當指出，以上四個界限的劃分過程實際上就是生產費用不斷歸集和分配的過程，也就是產品成本計算過程。為了保證成本計算的完整性，上述四個界限劃分有嚴格的順序，不能隨意顛倒，否則就無法正確計算產品成本。

（三）搞好成本核算的基礎工作

成本核算是成本會計的基礎內容，涉及面廣，內容多，工作量大，在劃清以上四個成本、費用界限的前提下，還必須十分重視成本核算的基礎工作。

按照成本管理的要求，企業應建立、健全有關成本核算的原始記錄和憑證制度，制定必要的材料消耗定額，建立、健全材料計量、驗收、領發、盤存制度，制定內部結算價格和結算方法。這些基礎工作中，原始記錄和計量、驗收、領發實際上是為費用界限的劃分提供原始依據，為費用分配提供標準；定額消耗制度和內部結算價格制度可以為控制生產費用的發生提供控制手段和制度保證。因此，成本核算的基礎工作實際上同費用的界限劃分緊密相關，直接影響到成本計算的正確性。沒有健全的基礎工作，成本核算就不能順利進行，也就無法達到核算的目的。

（四）選擇恰當的成本計算方法

成本計算方法是指生產費用計入產品或勞務成本，並在各種產品或勞務之間、完工產品與在產品之間進行分配，計算出每一種產品或勞務的總成本和單位成本的方法。

在不同的成本計算制度下，產品或勞務成本的計算內容和方法是不同的。就實際成本計算制度即全部成本計算模式而言，有品種法、分批法、分步法、分類法等方法。這些方法各有特點，適用的企業各不相同。企業在進行成本核算時，應根據具體情況，選擇適合本企業特點的方法。

一般來說，成本計算方法的選擇，首先應考慮本企業行業類型和工藝技術流程特點，考慮生產組織方式和方法，其次還應考慮管理上對成本計算資料的需求。在同一個企業中，可以採用一種成本計算方法，也可以採用多種成本計算方法；在同一產品的不同生產環節可以採用不同的成本計算方法；對同一產品的不同成本項目，基於管理要求，也可以採用不同的成本計算方法。成本計算方法的選擇是一項技術性很強的工作，它同成本核算的基礎工作一樣也會影響成本核算的正確性和合理性。企業必須根據生產經營特點和管理要求做出恰當的選擇。一旦選定，不宜經常改變，應保持一定的穩定性。

第二節　成本核算基本程序

成本核算的基本程序是指生產經營過程中費用計入產品成本的基本順序和步驟，也就是從生產費用發生開始，經過一定的歸集和分配，最終計算出產品總成本和單位成本的過程。成本核算過程總是通過一定的帳戶進行的，為此，我們首先介紹產品成本核算需要設置的帳戶。

一、產品成本核算帳戶的設置

進行產品成本總分類核算，應設置「生產成本」總帳。同時，為了分別核算基本生產成本和輔助生產成本，還應在該總帳下分別設置「基本生產成本」和「輔助生產成本」兩個二級帳戶。為了減少二級帳戶，簡化會計分錄，也可以將「基本生產成本」（簡稱「基本生產」）和「輔助生產成本」（簡稱「輔助生產」）兩個二級帳戶直接設置為成本總帳。

(一)「基本生產」帳戶

基本生產是指為實現企業主要生產目的而進行的商品生產。「基本生產」總帳是為了歸集進行基本生產活動所發生的各種生產費用和計算基本生產產品成本而設置的。基本生產所發生的各項費用記入該帳戶的借方，完工入庫的產品成本記入該帳戶的貸方，該帳戶的餘額就是基本生產在產品成本，也就是基本生產在產品占用的資金。在該總帳下，應按照產品品種、產品生產批別等成本計算對象設置基本生產明細帳。基本生產明細帳也叫產品成本計算單，該明細帳中應按成本項目分設專欄或專行，登記各產品每個成本項目的月初在產品成本、本月發生的生產費用、本月完工產品成本和月末在產品成本。其基本格式和內容參見表 2-1 和表 2-2。

表 2-1　　　　　　　　　　　基本生產明細帳
　　　　　　　　　　　　　　　201×年 7 月

車間：第一車間
產品：A 產品　　　　　　　　　　　　　　　　　　　　　　　　單位：元

月	日	憑證	摘　要	產量(件)	直接材料	直接人工	製造費用	成本合計
7	31	略	本月生產費用		125,000	11,300	78,900	215,200
7	31		本月完工產品成本	100	125,000	11,300	78,900	215,200
7	31		完工產品單位成本		1,250	113	789	2,152

表 2-2　　　　　　　　　　　基本生產明細帳
　　　　　　　　　　　　　　　201×年 7 月

車間：第一車間
產品：B 產品　　　　　　　　　　　　　　　　　　　　　　　　單位：元

月	日	憑證	摘　要	產量(件)	直接材料	直接人工	製造費用	成本合計
6	30	略	在產品成本		45,700	4,140	37,200	87,040
7	31		本月生產費用		381,000	32,100	269,000	682,100
7	31		生產費用累計		426,700	36,240	306,200	769,140
7	31		本月完工產品成本	200	343,500	28,300	240,900	612,700
7	31		完工產品單位成本		1,717.50	141.50	1,204.50	3,063.50
7	31		在產品成本		83,200	7,940	65,300	156,440

表 2-1 和表 2-2 的基本生產明細帳中雖然沒有直接標明借方、貸方和餘額，但其基本結構不外乎這三部分。其中，月初（即上月末）在產品成本為月初借方餘額，系上月末所記；本月發生的直接材料、直接人工、製造費用是根據本月各種生產費用分配表登記的，為本月借方發生額；本月完工產品成本為貸方發生額；月末在產品成本為月末借方餘額。本月完工產品成本和月末在產品成本是將生產費用累

計數按照一定的分配方法分配之後得出的。如果產品的計劃成本或定額單位成本和單位成本差異也在明細帳中進行登記，還可以為成本計劃或定額的分析和考核提供一定的數據。

產品種類較多的企業，為了按照成本項目（或者既按車間又按成本項目）匯總反應全部產品總成本，以便於核對帳目，還可以在「基本生產」總帳下設「基本生產二級帳」。該二級帳的基本格式和內容參見表2-3。

在設有基本生產二級帳的情況下，對於基本生產總帳、基本生產二級帳和基本生產明細帳，都要按照會計上的平行登記原則進行登記。這樣基本生產二級帳就可以作為基本生產總帳和基本生產明細帳之間核對帳目的仲介。在按車間和成本項目設置基本生產二級帳的情況下，該二級帳還可以配合車間成本核算與管理，為分析和考核各車間成本狀況提供資料。

表 2-3　　　　　　　　　　基本生產成本二級帳
201×年7月

車間：第一車間　　　　　　　　　　　　　　　　　　　　　　　　單位：元

月	日	憑證	摘　要	成本項目			合　計
				直接材料	直接人工	製造費用	
6	30	略	在產品成本	45,700	4,140	37,200	87,040
7	31		本月生產費用	506,000	43,400	347,900	897,300
7	31		生產費用累計	551,700	47,540	385,100	984,340
7	31		本月完工產品成本	468,500	39,600	319,800	827,900
7	31		在產品成本	83,200	7,940	65,300	156,440

（二）「輔助生產」帳戶

輔助生產是指為基本生產服務的產品生產和勞務提供，如工具、模具、修理用備件等產品的生產和修理，運輸、供水、供電等勞務的提供。輔助生產提供的產品或勞務，有時也對外服務，但這不是它的主要目的。輔助生產發生的各種費用，應記入「輔助生產」總帳借方；完工入庫產品成本或分配轉出的勞務費用，應記入該帳戶貸方；該帳戶餘額一般在借方，即輔助生產在產品成本，亦即輔助生產占用的資金。

「輔助生產」總帳下，應按輔助生產車間和生產的產品、勞務分設明細帳，明細帳中再按輔助生產成本項目或費用項目分設專欄或專行進行登記。輔助生產明細帳的基本格式和內容可參見表2-4。

表 2-4　　　　　　　　　　　　　輔助生產明細帳

車間名稱：××輔助車間　　　　　201×年 7 月　　　　　　　　　　單位：元

月	日	憑證號數	摘要	工資	職工福利費	折舊費	水電費	修理費	機物料消耗	其他	合計	轉出	餘額
7	31	略	歸集工資和福利費	9,600	1,344						10,944		
			歸集折舊費			19,200					19,200		
			歸集水電費				1,120				1,120		
			歸集修理費					7,680			7,680		
			歸集機物料消耗						3,200		3,200		
			歸集低值易耗品攤銷						4,800		4,800		
			歸集保險費							2,000	2,000		
			歸集其他製造費用							3,000	3,000		
			合計	9,600	1,344	19,200	1,120	7,680	8,000	5,000	51,944		
			本月轉出									51,944	—

(三)「製造費用」帳戶

「製造費用」總帳用來核算企業各生產單位（車間、分廠）為組織和管理生產活動而發生的各項費用，包括生產單位發生的管理人員工資、福利費、折舊費、修理費、辦公費、水電費、機物料消耗、勞動保護費、設計制圖費、試驗檢驗費、季度性和大修理期間的停工損失等。生產單位發生的各項製造費用，記入該帳戶借方；分配結轉產品成本的製造費用，記入該帳戶貸方；除季節性生產企業外，該帳戶一般月末無餘額。

「製造費用」總帳應按照各具體生產單位設置明細帳，帳內按製造費用項目設專欄進行明細核算。製造費用明細帳的基本格式和內容與輔助生產明細帳相似，不再舉例。

(四)「廢品損失」帳戶

凡是內部成本管理上要求單獨反應和控制廢品損失的企業，會計上可以設置專門的「廢品損失」帳戶。該帳戶用於核算生產單位發生的各種廢品帶來的經濟損失，包括可修復廢品損失和不可修復廢品的淨損失。該帳戶的借方歸集不可修復廢品成本和可修復廢品的修復費用，貸方反應廢品殘值、賠償款以及計入合格品成本的淨損失，期末一般無餘額。

「廢品損失」明細帳戶應按生產車間分產品設置，按廢品損失構成進行反應。為了簡化核算工作，通常輔助生產車間不單獨核算廢品損失。

如果企業的廢品率較低，內部成本管理上不要求提供廢品損失專門數據和資料，則會計上可以不單獨設置「廢品損失」帳戶，發生廢品所帶來的經濟損失即廢品已消耗的材料費用、人工費用等與正品消耗的生產費用混在一起，最終計入正品成本，提高正品的單位生產成本。

(五)「停工損失」帳戶

凡是需要單獨核算「停工損失」的企業，可以設置「停工損失」帳戶。該帳戶

用於核算企業生產車間由於計劃減產或者由於停電、待料、機器設備發生故障等而停止生產所造成的損失。該帳戶借方記錄停工期間工資與福利費、維護保養設備消耗的材料費用、應負擔的製造費用等，貸方反應分配結轉的停工損失，期末一般無餘額。如果跨月停工，則可能出現借方餘額。

「停工損失」明細帳戶應按車間設置，帳內最好分別按計劃內停工和計劃外停工進行記錄，以便明確責任，正確計算產品成本。

同廢品損失一樣，如果企業不單獨核算生產車間停工期間發生的經濟損失，則停工期間的各種消耗就會同正常生產期間的耗費混在一起，計入成本。

以上成本核算帳戶之間的關係可以參見成本核算帳務處理程序圖（圖2-1）。

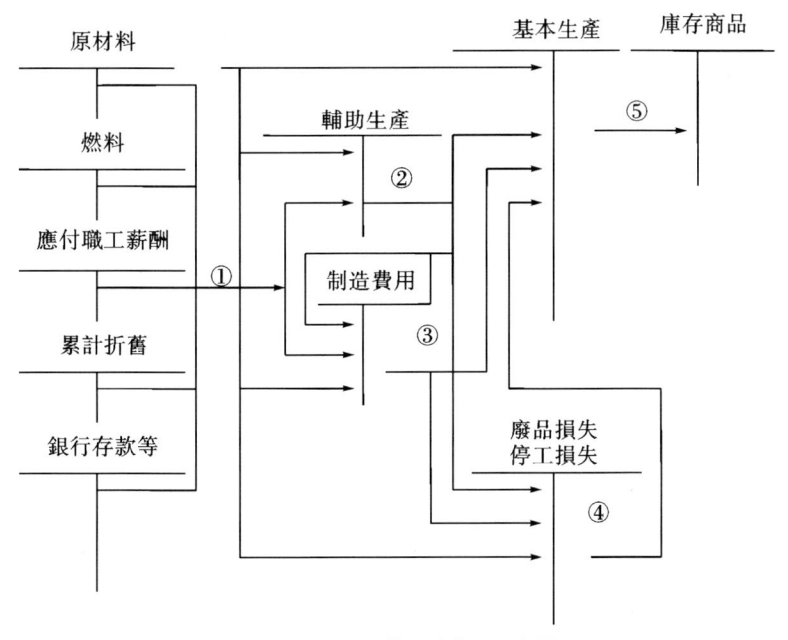

圖2-1　成本核算帳務處理程序圖

成本核算帳務處理程序圖（圖2-1）的說明：
（1）分配材料、人工、折舊等要素費用；
（2）分配輔助生產費用；
（3）分配製造費用；
（4）分配廢品損失、停工損失等生產損失費用[1]；
（5）將生產費用在完工產品和在產品之間進行分配，結轉完工入庫產品成本。

二、產品成本核算的一般程序

產品成本核算包括生產費用核算和產品成本計算兩個方面。企業在具體進行生

---

[1]　生產損失帳務處理比較繁瑣，圖2-1中只是簡單列出，以免圖過於複雜。生產損失的詳細帳務處理過程參見本書第四章第四節相關內容。

產費用歸集、分配和產品成本計算之前,除了要考慮設置哪些成本核算帳戶之外,還必須做好其他一些前期準備工作。

(一) 產品成本核算的前期準備工作

要想保證產品成本核算質量,提高核算工作效率,實現正確計算成本的目的,必須做好以下幾項前期準備工作:

1. 正確劃分成本核算環節

所謂正確劃分成本核算環節,就是首先應當在會計上將企業生產單位根據生產目的、職能劃分為兩種類型:一種是直接從事產品生產的基本生產單位;另一種是服務於產品生產的輔助生產單位。前者是產品成本核算的基本環節,後者則具有過渡性質,最終需要將輔助生產單位的費用分配給基本生產環節。

不同企業,成本核算環節的劃分是有差別的,主要根據其生產目的進行劃分。

2. 確定成本計算對象,選擇成本計算方法

企業應當根據自身的生產特點,結合成本管理要求,確定具體的成本計算對象。

所謂成本計算對象,就是歸集生產費用,積聚成本的對象,也就是生產費用的最終承擔者。在實務中,成本計算對象的確定是開設基本生產明細帳的前提條件。

成本計算對象的確定,有賴於成本計算方法的選擇。不同成本計算方法下,其成本計算對象是不同的。因此,企業必須根據生產類型及管理上對成本核算數據的要求選擇成本計算方法。基本的成本計算方法有品種法、分批法、分步法,輔助成本計算方法有分類法、標準成本計算法等。

3. 確定各種產品的成本項目

各種成本計算對象所消耗的生產費用很多,對它們必須按照一定的成本項目進行歸集和計算,以便反應產品成本的基本構成情況。企業應當根據會計制度的規定,根據生產特點和管理上的要求考慮本企業產品的成本項目設置問題。

成本項目設置與會計核算工作量有著直接聯繫,不宜設置得太細、太多,應以滿足成本管理為限。在後面章節的舉例中,我們一般設置「直接材料」「直接人工」「製造費用」三個成本項目,但這並不等於說只能設置這三個項目,應根據產品成本構成,按照重要性原則設置。

(二) 產品成本核算的一般程序

在具體進行產品成本核算時,首先應對生產過程中發生的各項費用進行嚴格的審核和控制。審核時可以企業制定的成本計劃、費用消耗定額、費用預算等為依據,以防止生產過程中不必要的超支和浪費,對於損失和浪費嚴重的行為應當追究有關責任者的經濟責任。在加強費用審核控制的同時,應分清計入產品成本的費用界限和不計入產品成本的費用界限。凡不能計入產品成本的費用,應根據費用性質和用途、地點計入相關帳戶。其次應依據有關費用憑證,將應計入產品成本的費用按照費用用途進行歸集和分配,在分清本期、非本期成本及各種產品成本界限的基礎上,將費用計入各種產品成本中的成本項目。期末如果既有完工產品又有在產品,還需將該產品各成本項目生產費用合計數在完工產品與在產品之間進行分配,計算出完工入庫產品總成本和單位成本。

第二章　成本核算原則、要求與程序

綜上所述，產品成本核算的一般程序可以歸納為以下幾個步驟：

1. 對發生的各項生產要素費用進行審核和控制，編製各種要素費用分配表

在對各項生產費用進行審核和控制時，首先是確定這些費用是否符合本企業成本管理制度規定的成本開支範圍和標準，哪些費用可以計入產品成本，哪些費用不應計入產品成本。其次，為明確費用發生責任，應加強對生產費用的事前約束和監督。

企業在生產過程中發生的要素費用有材料、燃料、動力、工資、折舊等費用。在加強費用審核和控制的前提下，應按照成本計算對象和費用發生的用途、地點、部門，填製實際發生的各項費用的原始憑證，如領料單、工資結算單、折舊計算表等，然後根據費用發生的原始憑證或原始憑證匯總表，採用一定的分配標準編製各種要素費用分配表，如原材料費用分配表、動力費用分配表、工資費用分配表、折舊費用分配表等，據以記入「基本生產」「輔助生產」「製造費用」等帳戶。

通過要素費用的歸集和分配，可以將本期發生的各項生產費用中屬於產品受益的部分記入成本核算帳戶，非產品受益的部分記入「管理費用」「銷售費用」「在建工程」等帳戶，從而分清計入產品成本和不計入產品成本的費用界限。

2. 分配輔助生產費用

由於輔助生產是為基本生產提供產品或服務的，為了計算基本生產車間各種產品的成本，必須先對輔助生產車間、單位發生的費用進行分配。

對歸集於各輔助生產明細帳的費用，除了應將本月完工入庫自制材料、自制工具的生產成本轉為存貨成本之外，在月末還應根據提供產品或勞務的數量編製「輔助生產費用分配表」，將所發生的輔助生產費用分配給受益的產品、車間或部門，記入「基本生產」「製造費用」等總帳及其明細帳戶。

在分配輔助生產費用時，如果各輔助生產車間之間彼此提供的產品或勞務可以相互抵消，通常不進行交互分配，只分配給除輔助生產車間之外的受益對象。如果輔助生產車間相互提供的產品或勞務懸殊較大，為準確起見，應進行交互分配。

3. 分配製造費用

各基本生產車間的製造費用歸集完畢之後，應分別按不同車間在應負擔的產品之間進行分配，記入產品成本中的「製造費用」成本項目。

若某基本生產車間只生產一種產品，可以將該車間歸集的製造費用直接結轉計入該種產品成本；若該車間生產多種產品，則需要採用一定的分配方法，編製「製造費用分配表」之後計入各種產品製造費用成本項目。

4. 分配生產損失

生產損失是指企業在產品生產過程中或由於生產方面的原因發生的各種損失，主要包括廢品損失和停工損失。

凡是不單獨核算生產損失的企業，一旦出現廢品和停工現象，其發生的消耗就與正品和非停工期間的生產耗費混在一起，包括在「直接材料」「直接人工」「製造費用」成本項目中，增加正品的單位成本，當然也就不會形成一個單獨的產品成本核算環節和步驟。

凡是需要單獨核算生產損失的企業，可以設置「廢品損失」「停工損失」帳戶歸集生產過程中廢品發生的消耗、停工期間發生的消耗，提供這方面的專門數據，以加強對生產損失的控制。在單獨核算生產損失的情況下，就存在一個生產損失的歸集和分配問題，形成一個獨立的產品成本核算步驟。關於廢品損失和停工損失的具體會計處理將在後面介紹，此處不再詳述。

5. 在完工產品和在產品之間分配生產費用

通過上述生產費用的一系列歸集和分配，本月發生應計入產品成本的各種生產費用均已記入各個基本生產明細帳（又叫產品成本計算單）。在沒有月末在產品或在產品較少的企業，基本生產明細帳上所歸集的生產費用就是完工產品的實際總成本。實際總成本除以產量，即為完工產品單位成本。但在大批量生產企業，月末一般都有一定數量的在產品，還需要將產品本月發生的生產費用和月初在產品成本之和在完工產品與月末在產品之間進行分配，計算出本月完工產品實際總成本和單位成本，並將完工入庫產品成本從「基本生產」帳戶轉入「庫存商品」帳戶。

從以上討論中可以看出，產品成本核算的一般程序實際上就是生產費用不斷歸集、分配、再歸集、再分配的過程，也就是不斷劃清幾個費用界限的過程，對應的帳務處理程序參見圖 2-1。

本章小結：

成本核算是成本會計的基礎內容，本章主要是對成本核算中應滿足的基本要求和成本核算標準流程作分析討論，以便初學者能夠對本書第三章、第四章各部分內容的安排予以理解。

成本核算是指對生產費用發生和成本形成進行的計算，也就是以一定的產品或勞務為對象，對生產費用進行歸集和分配，以確定產品或勞務的實際總成本與單位成本的程序和方法。

為了保證成本核算信息的可靠性、相關性、可比性，我們在本章提出成本核算應當達到的基本要求是：嚴格執行《企業財務通則》《企業所得稅法》規定的成本開支範圍規定，正確劃分成本費用界限，搞好成本核算的基礎工作，選擇恰當的成本計算方法。

成本核算的基本流程是長期成本計算實踐工作的總結，它已經是成本計算的基本規律。教材中我們將成本核算標準流程歸納為以下五步驟：對產品或勞務生產過程中發生的各種要素費用（原材料、燃料、動力、人工費用等）進行歸集與分配，對輔助生產費用進行歸集與分配，對製造費用進行歸集與分配，對生產損失進行歸集與分配，在完工產品與期末在產品之間分配生產費用。實務中，在一些企業中如果內部控制上不要求財務部門提供生產損失成本數據，也可以省掉這一步驟（但不等於這些企業沒有生產損失，只是將生產損失與正常生產消耗都混在一起核算），其他步驟是所有製造企業都必需的步驟，否則無法正確計算出產品總成本和單位成本。

本章思考與拓展問題：

1. 企業是否必須按照《產品成本核算制度（試行）》規定的成本開支範圍計算產品或勞務的實際成本？
2. 判斷是否計入產品或勞務成本的標準是什麼？
3. 你認為成本核算基礎工作對成本核算信息的影響是什麼？請舉一案例予以說明。
4. 成本核算的基本流程是否可以調整其順序性？為什麼？
5. 什麼是成本計算對象？什麼是成本計算項目？

第三章
要素費用歸集與分配

【導入案例】

　　長城汽車配件廠主要生產與長城、啓亞轎車配套的Ⅰ型前驅軸和Ⅱ型前驅軸兩種產品。該企業生產過程有以下幾個階段：下料與清洗階段、初加工與熱處理階段、打磨與精加工階段、組裝階段、檢驗階段，每個階段由一個基本生產車間完成，企業還設有機修車間和配電車間，對全廠提供設備修理維護和生產電力配送服務。

　　長城汽車配件廠自動化程度較高，各生產步驟機器工時有完整記錄；原料領取以產品消耗定額為依據；生產時間以定額工時為依據；生產工人工資採用基本工資與計件工資相結合，計件工資是與加工軸承數量掛勾；其他管理人員工資是基本工資加企業績效工資。

　　問題：該企業原材料費用應當採用什麼方法分配是符合成本核算原則的?
　　　　　該企業工人和管理人員工資費用應當採取什麼方法分配?
　　　　　該企業輔助生產車間費用怎樣分配?
　　　　　該企業製造費用怎麼分配?
　　解決長城汽車配件廠上述各種費用分配問題，正是本章討論的內容。

學習目標：

　　任何企業在做成本核算時首先應當對生產經營過程中發生的各項費用進行審核與控制，在保證費用符合企業內部控制規範的前提下，按照費用發生時間、地點、用途進行歸集，編製各種要素費用的分配表，將其計入產品或勞務成本。按照這一思路，本章主要是討論各種要素費用歸集分配的方法即材料、燃料、動力、職工薪酬、折舊費用等費用在發生時如何作具體歸集，然後怎樣計入產品或勞務成本。

　　本章同時又是下一章綜合費用歸集分配的基礎，在學習過程中應當注意：

　　1. 瞭解材料收發憑證種類與填製要求，明確企業材料分類方法和材料收發計價方法，掌握原材料費用分配方法和原材料費用分配表的編製及其帳務處理。

　　2. 瞭解動力費用構成，以及動力費用分配表的編製方法與帳務處理。

　　3. 瞭解企業職工薪酬構成及其原始記錄憑證的種類；掌握工資費用計算方法；掌握工資費用分配表的編製方法和帳務處理。

　　4. 明確企業折舊費用的計算方法；掌握折舊費用分配表的編製方法和帳務

處理。

5. 瞭解利息費用、稅費支出、其他支出發生後會計處理方法。

本章難點提示：

1. 原材料按計劃成本計價時，發出材料費用分配表的編製和帳務處理。
2. 工資費用計時制和計件制下，具體應付工資和實發工資計算問題。

第一節　材料費用歸集與分配

在討論產品成本核算的一般序程序時，我們將其歸納為五個步驟，起點是要素費用歸集與分配，其中材料費用是任何製造企業費用要素中最主要的費用要素，在許多製造企業中材料費用占產品成本比例一般都在50%以上。

一、材料的內容與分類

材料是製造企業生產過程中的勞動對象，是生產過程中不可缺少的物資要素。凡在生產過程中直接取之於自然界的勞動對象（如各種礦石、原棉等），一般叫原料；以經過工業加工的產品作為勞動對象（如各種鋼材等）的，一般叫材料。在實際工作中有時把兩者合併起來，叫原材料。

材料在產品生產過程中所起的作用是不同的，有的經過加工後構成產品的主要實體，這種材料叫主要材料；其餘各種材料只在生產過程中起輔助作用，稱之為輔助材料。

在實踐中企業使用的材料名目繁多，如果簡單地將其歸為上述兩種，既不利於材料管理，也不利於加強材料核算。為此，一般將材料按其用途分為以下幾大類：

（一）原料及主要材料

原料及主要材料是指經過加工後構成產品主要實體的各種原料和材料。如機械製造業中的金屬材料、煉鐵企業使用的礦石以及紡織企業使用的原棉和棉紗等。外購半成品對於購入企業來說，同原材料一樣都是勞動對象，在繼續加工過程中構成產品的主要實體，從理論上講也應列入此類別。但是，有些企業為了加強外購半成品專項管理和核算，將外購半成品作為材料的一個獨立類別。

（二）輔助材料

輔助材料是指在生產中不構成產品主要實體，只起一定輔助作用的各種材料。輔助材料在生產中的具體作用不同，有的與產品的主要材料相結合有助於產品形成，如染料、漂白粉和油漆等；有的供勞動資料消耗，如起潤滑、防護作用的潤滑油和防銹劑等；有的為正常勞動提供條件，如各種清潔用具和照明燈具等。

（三）燃料

燃料是指生產過程中用來燃燒發熱的各種材料，包括固體燃料、液體燃料和氣

體燃料，如煤、油、天然氣等。燃料在生產過程中的作用也不同，有的直接用於工藝技術過程，如鑄造車間用的燃料；有的用於生產動力，如發電車間用的燃料；有的用於一般用途，如取暖用的燃料；等等。

（四）修理用備件

修理用備件是指為修理本企業機器設備和運輸工具所專用的各種備品備件，如齒輪、軸承、閥門、輪胎等。修理用的一般零件屬於輔助材料一類。

（五）包裝物

包裝物是指為包裝本企業產品，隨同產品一起出售或者在銷售產品時租給、借給購貨單位使用的各種包裝物品，如桶、瓶、壇、袋、盒等包裝容器。各種包裝用材料，如紙張、繩子、鐵絲、塑料袋等，不屬於包裝物，而應列入輔助材料一類。

（六）低值易耗品

低值易耗品是指單項價值在規定限額以下，或使用期限不滿一年，不能作為固定資產管理的各種物品，如工具、管理用具、勞動保護用品等。

上述各類材料還可以按其性質、技術特徵和規格等標準進一步分類，以滿足實物管理的需要和會計核算的要求。

企業材料的品種、規格、數量很多，為了保證材料名稱在使用時的一致性，避免相互混淆，出現差錯，簡化核算，可以編製材料目錄。

材料目錄應列明各種材料的類別、編號、名稱、規格、性能、計量單位和計劃單價等項目。材料目錄應根據技術管理要求，由材料供應部門和財務部門共同制定。

二、材料的計價

為了正確反應產品成本中的材料費用，原則上最終必須按實際成本對材料進行計價。但就每一個企業來說，在日常材料核算中，可以採用實際成本計價方式，也可以採用計劃成本計價方式。

（一）按實際成本計價

按實際成本計價是指材料的收發結存金額都按照材料在採購（或委託加工、自制）過程中發生的實際成本進行計算。採用這一計價方式，可以比較準確地核算產品成本中的材料費用和材料資金實際占用數。

材料來源不同，其實際成本構成略有差異。

1. 外購材料的實際成本

外購材料的實際成本一般包括：

（1）材料買價。外購材料應根據發票金額確定買價。如果材料購入時發生現金折扣，可能出現發票金額與實際付款數不一致的情況。在這種情況下，應按發票金額確定外購材料買價，由於提前付款而享受的現金折扣作為企業理財收益，衝減當期財務費用。

（2）運雜費。運雜費包括運輸費、裝卸費、保險費、包裝費等費用。按照規定，一般納稅人外購材料所支付的運輸費可以按照運輸費結算單據所列金額的一定比例計算進項稅額。因此，外購材料支付的運輸費中準予扣除的進項稅額，不應再

計入外購材料的實際成本。

（3）運輸途中的合理損耗。運輸途中發生的合理損耗，計入外購材料實際成本；非合理損耗則應要求有關責任者賠償，正式賠償之前先轉為「其他應收款」處理。

（4）入庫前的整理、挑選費用。

（5）稅費。稅費應區別不同情況進行處理：凡是進口原材料支付的關稅，計入材料實際成本；小規模納稅人外購材料支付的增值稅，計入材料實際成本；一般納稅人外購材料支付的增值稅，凡取得專用發票的，不計入材料實際成本，否則應計入材料實際成本。

2. 委託加工材料的實際成本

委託加工材料的實際成本包括所耗原材料或半成品成本、往返運輸費、裝卸費、保險費以及加工費和稅費。

委託加工材料中應支付的增值稅，凡委託方是一般納稅人的，計入「進項稅額」，不計入委託加工材料成本；凡委託方是小規模納稅人的，則應計入材料成本。委託加工材料應負擔的消費稅，凡委託加工材料收回後不再繼續加工而直接用於銷售的，應計入材料成本；凡收回後用於繼續生產應稅消費品的，則應作為當期應交消費稅抵減處理，待繼續生產完畢再銷售時，重新確定應交消費稅。

3. 自制材料的實際成本

自制材料的實際成本應按照自制過程中各項實際支出計價。包括自制過程中發生的材料費用、工資費用和其他費用。

（二）按計劃成本計價

企業在計算產品成本時，材料成本是按實際成本計算的。但是，由於各種原因（如買價不同、購買地點不同等），往往每一批別材料實際成本相差較大，如果按實際成本進行材料明細核算，則日常計價工作量比較大。為了簡化日常核算工作，在材料品種、規格較多的企業，可以按計劃單位成本進行計價核算，即材料收、發、結存都按預先確定的計劃單價計價。

制定材料計劃單價時，其成本計算口徑應與材料實際單位成本相一致。可以參照以往實際成本資料，結合材料市場供求情況加以制定。材料計劃單價的制定一般應在上一年的第四季度進行，一旦確定，在一個會計年度中如無特殊原因不再做修改。

在材料計價問題上，企業可以根據管理與核算的需要靈活運用。可以將上述兩種計價方式結合起來，如對採購成本經常發生較大變動的少數主要材料可以按照實際成本計價，而對其餘多數材料則按計劃成本計價。這樣既能正確地計算材料成本，又能簡化日常材料計價、核算工作。

三、材料領用憑證及其控制

（一）材料領用憑證

企業在生產過程中領用的材料品種、規格、數量很多，為明確各單位的經濟責

任，便於分配材料費用，在領用材料時，應辦理必要的領料手續。

生產單位或其他部門領用材料時，應由專人負責審核，只有經過有關人員簽字審核之後，才能辦理領料手續。在實踐中，領料憑證一般有以下幾種：

1. 領料單

領料單是一種一次性使用的領料憑證，通常用於未制定有消耗定額或不經常使用的材料。領料單可以一單一料，也可以一單多料。領料單的主要內容有領用部門、領用日期、用途及材料名稱、規格、計量單位、數量、單價、金額等。領料單的一般格式參見表3-1：

表 3-1　　　　　　　　　　　　領料單
　　　　　　　　　　　　　201×年 7 月 3 日

領料部門：第一車間　　　　　　　　　　　　　　　　編號：72056
用途：生產甲產品　　　　　　　　　　　　　　　發料倉庫：鋼材倉庫

材料類別	材料編號	材料名稱	規格	計量單位	請領數量	實發數量	單位	金額
型 鋼	10021	圓 鋼	8cm	千克	1,000	1,000	2.40	2,400

生產部門負責人：王慶　　　　　領料人：陳兵　　　　　發料人：李敏

領料單由領料單位根據用料計劃填製，填明所需材料的名稱、數量、用途並由負責人簽字後交倉庫發料。倉庫發料後，要把實發數填入領料單。領料後，領發雙方都要簽字。領料單一般一式三聯，一聯留領料單位備查，一聯由倉庫據以記錄材料明細帳，另一聯交財會部門用來進行材料發出總分類核算。

2. 領料登記表

對於一些經常領用的消耗性材料，可以不必每次都填製領料單，每次都經過審批，只要每次領用時在領料登記表中登記即可。領料登記表是一種多次使用的領料憑證，通常在一個月內連續使用，月末匯總記帳。

領料登記表的一般格式參見表3-2：

表 3-2　　　　　　　　　　　　領料登記表
　　　　　　　　　　　　　201×年 7 月 1 日

領料部門：第一車間　　　　　　　　　　　　　　　　發料倉庫：油庫

材料類別	材料編號	材料名稱	規 格	計量單位
油 料	40260	潤滑油	5 號	千克
日 期	領用數量	累計領用數量	領料人	發料人
7月1日	30	30	胡平	王明
7月8日	20	50	周飛	王明
7月18日	20	70	吳健	王明
7月27日	30	100	劉琦	王明
材料單價	2.50		合計金額	250

領料登記表一般一式兩聯，平時由倉庫保管，領料時由領料人在該表上簽收，月末匯總金額後，一聯倉庫自留，另一聯交財會部門作為材料發出總分類核算的依據。

3. 限額領料單

限額領料單是一種多次使用的累計領料憑證，在有效期內只要領用數不超過限額，就可以連續領料。限額領料單適用於經常使用且有領用限額的材料發出業務。限額領料單的一般格式參見表 3-3：

表 3-3   限額領料單

201×年 7 月   編號：75498

產品名稱：乙產品

領料部門：第一車間   計劃產量：1,000 只
發料倉庫：鋼材倉庫   單位消耗定額：9 千克

材料類別	材料編號	材料名稱	規格	計量單位	全月領用限額	全月實領數量	單價	金額	備註
型鋼	10026	圓鋼	10cm	千克	9,000	8,880	2.50	22,200	

領料日期	請領數量	實發數量	限額結餘數量	領料人簽章	發料人簽章
7 月 1 日	4,002	4,002	4,998	陳兵	李敏
7 月 12 日	3,196	3,196	1,802	陳兵	李敏
7 月 22 日	1,682	1,682	120	陳兵	李敏

供應部門負責人：陳紅   生產部門負責人：王慶

限額領料單應由企業生產計劃部門或供應部門根據產品生產計劃和材料消耗定額等資料填製。限額領料單一般一式三聯，一聯由供應部門或生產計劃部門簽發後留存備查，一聯交給材料領用單位據以領料，另一聯則由材料倉庫保管並據以發料。每次領用時，應在限額內填寫實發數量並結出限額餘額。月末應計算出全月實領數量和結餘額，並計算出金額，將其轉交給財務部門，作為發出材料核算的依據。

採用限額領料單時，若發生超限額領料或變更規定材料的情況，應區別對待。若超限額領料是由於企業增加產品產量或發生廢品而補領的材料，應按規定辦理手續，經有關部門批准後，另行填製領料單，採用領料單領料。若限額領料單中規定的材料沒有，而領用其他代用材料時，應經有關部門批准後，另外填寫領料單，據以領料，在材料倉庫發出代用材料後，應在限額領料單內填寫代用材料的數量，並相應地扣除限額數量，結出限額餘額。

企業部分材料有時需送往外單位加工，制成另一種材料，以滿足生產需要，此時應填製「委託加工材料出庫單」。該出庫單在發出材料時，由企業供應部門根據加工合同填製，經審核後據以發料。委託加工材料出庫單一般一式兩聯，一聯由供應部門留存備查，一聯由倉庫用來發料記帳，記帳後送轉財務部門記帳。

採用上述各種領料憑證領到車間或部門的材料，月末如果未用完，應辦理退料手續。對於下一月份不再使用的材料，應填寫「退料單」，將材料退回倉庫；對於

下一月份還要繼續使用的材料,可辦理假退料手續,即填製本月份的「退料單」與下一月份的「領料單」,並在倉庫辦理退料和領料手續,但材料仍在原車間、部門,並不退回倉庫。

(二) 材料領用控制

材料領用涉及材料的使用單位和材料倉庫,為了明確經濟責任,加強對材料發出的管理和核算,應做好以下控制工作:

1. 健全發出材料計量制度和領用憑證制度

會計實務中,庫存材料數量計量,可以採用兩種方法:一種是永續盤存制;另一種是實地盤存制。

永續盤存制是指根據材料日常收入、發出的有關憑證,按其數量在材料明細帳中逐筆登記,以實際發出數量作為消耗量的一種方法。採用永續盤存制,可以隨時根據帳面記錄算出每一種材料的收入、發出、結存數量。永續盤存制是製造企業材料消耗量計量的基本方法。

實地盤存制是指在收入材料時在材料明細帳上登記,發出材料時不在材料明細帳上登記,期末根據實際盤存數,倒算出本期發出材料數量的一種方法。

材料發出數量的控制是通過簽發各種領料憑證進行的,在健全材料收發計量制度的同時,還必須建立各種領料憑證制度與之相配套。前已述及,材料領用憑證主要有領料單、限額領料單、領料登記表等,它們適應不同材料管理的要求。企業在建立領料憑證制度時應注意:

(1) 一切領料憑證都要經過專人審批、簽字。

(2) 應根據材料領用數量、次數和材料管理要求正確選擇領料憑證的種類。

(3) 領料憑證設計應能體現不相容職務分工負責原則。憑證上應設置填製人、用途、審核人、批准人及憑證份數等內容,以利於監督和控制領料業務,體現內部控制制度的要求。

(4) 倉庫保管和材料記帳應由不同部門或人員進行。

(5) 財會部門應定期對領料憑證進行復核,同時應定期進行材料帳帳、帳卡、帳實核對,以保證領料記錄的真實性和正確性。

2. 健全材料退庫和盤點制度

許多企業雖然建立了領料憑證制度,但對月終已領未用材料的核查和材料盤點工作不夠重視,影響了核算的正確性。

月終凡是車間部門已領未用材料,應辦理退料手續,以便正確計算本期材料消耗。

倉庫保管的各種材料經過一段時間後,由於自然損耗、收發時的清點差錯、登記差錯以及發生貪污、盜竊等,可能會產生帳面數與實存數不符的情況。為了保證核算資料的正確性,需要對庫存材料結存數量進行盤點。材料盤點有定期全面盤點和不定期輪流盤點兩種。盤點時若發現帳實不符確屬於發料差錯造成的,經過批准,可以按規定更改;如果是其他原因造成的,應按規定程序報經批准後進行會計處理。

3. 制定材料消耗定額,加強發料控制

材料消耗定額是指在一定的生產技術、組織管理條件下生產單位產品消耗的材

料數量標準。制定材料消耗定額是加強材料費用控制的主要方法。

材料消耗定額制定的原則是先進可行。

材料消耗定額是有效控制材料使用的一種手段。利用材料消耗定額，可以查明生產過程中材料實際消耗量與定額之間差異的產生原因，明確責任。同時，材料消耗定額的制定，有利於實行例外管理原則，將管理重點放在差異較大的材料上，從而加強對材料費用的控制，降低產品成本。

做好以上三個環節的工作，一方面可以強化對材料費用的管理，另一方面可以為材料費用的歸集和分配創造良好的條件。

四、發出材料成本的確定

企業對材料的計價方法不同，發出材料成本的具體確定方法也不同。

（一）實際成本計價下發出材料成本的確定

當材料按照實際成本計價時，由於每一次取得的材料單價（即單位成本）可能不一樣，需要採用不同的方法確定發出材料的單價，進而計算發出材料的實際成本。發出材料實際成本的確定可以採用以下幾種方法：

（1）先進先出法；

（2）後進先出法；

（3）移動加權平均法；

（4）全月一次加權平均法；

（5）分別計價法或分批計價法。

以上發出材料計價方法由於在「基礎會計」或「財務會計」課程中已有所介紹，此處不再逐一舉例說明具體操作方法。這裡需要指出的是，選擇適當的發出材料計價方法，對於真實地反應材料價值，正確計算產品成本及企業損益是十分重要的。在成本會計實務中，選擇以上計價方法時應注意：

（1）適用性。應在會計制度允許的範圍內，根據材料數量、種類、收發批次等因素，結合材料管理的需要，選擇適合本企業的計價方法。一般而言，只要所選擇的計價方法計算出來的結果是真實、可靠的，該方法就是適用可行的方法。

（2）謹慎性。在會計制度允許的前提下，盡量選擇多計發出材料成本、少計期末結存材料成本的方法，這有利於降低企業經營風險，實現資本保全。

（3）一致性。計價方法一旦確定，不能隨意變動。若需變動，應在會計報表附註中予以說明，並揭示其影響數。

（4）簡便性。發出材料的計價方法很多，各有利弊，在滿足材料管理要求的前提下，應當選擇簡便易行的方法，以提高工作效率。例如，許多企業在物價穩定條件下為了減少計價工作量，常常選擇全月一次加權平均法。

（二）計劃成本計價下發出材料成本的確定

當材料按計劃成本計價時，發出材料是按計劃價計算的，需要將發出材料的計劃成本調整為實際成本，以便於產品實際成本的計算。為此，需要首先確定入庫材料成本差異額和本月材料成本差異率。計算公式為：

入庫材料成本差異額＝入庫材料實際成本－入庫材料計劃成本

$$本月材料成本差異率=\frac{月初結存材料成本差異額+本月入庫材料成本差異額}{月初結存材料計劃成本+本月入庫材料計劃成本}$$

$$上月材料成本差異率=\frac{月初結存材料成本差異額}{月初結存材料計劃成本}\times100\%$$

材料成本差異率一般應按材料類別分別計算確定。如果企業當月消耗的材料主要是期初庫存材料，也可以採用上月材料成本差異率，以適應成本計算的要求。企業應根據材料的具體情況，選擇本月或上月材料成本差異率進行計算。一旦確定，不應隨意變動。

根據發出材料計劃成本和材料成本差異率，可以將本月發出材料計劃成本調整為實際成本。計算公式為：

發出材料計劃成本＝發出材料數量×材料計劃價

發出材料應負擔的材料成本差異額＝發出材料計劃成本×材料成本差異率

發出材料實際成本＝發出材料計劃成本＋發出材料應負擔的材料成本差異額

【例3-1】友利機械廠月初結存原材料計劃成本100,000元，本月入庫原材料計劃成本200,000元，本月發出原材料計劃成本147,500元。月初結存原材料成本差異2,000元（節約額），本月入庫原材料成本差異5,000元（超支額）。則：

$$本月原材料成本差異率=\frac{-2,000+5,000}{100,000+200,000}\times100\%=1\%$$

發出原材料應負擔的材料成本差異額＝147,500×1%＝1,475（元）

發出原材料實際成本＝147,500＋1,475＝148,975（元）

不管材料是按照實際成本計價核算，還是按照計劃成本計價核算，對於發出材料成本一般都是根據各種領料憑證進行歸類匯總，然後編製「材料費用分配表」，據以進行發出材料的分配核算。

五、材料費用的分配

企業耗用的材料，不管是外購材料，還是自製材料，其費用分配都應當以審核合格的領料憑證為原始依據，按照材料的具體用途進行匯總：將其中直接用於產品生產的材料費用，記入各種產品成本的有關項目；將用於產品銷售以及組織和管理生產的材料費用，記入企業「銷售費用」和「管理費用」的有關費用項目；將用於建造固定資產的材料費用，記入「在建工程」支出等。

（一）原材料費用的分配方法

凡直接用於產品生產、構成產品實體的原料和主要材料，如冶煉用礦石、紡織用原棉和機械製造用鋼材等，一般分產品領用，屬於直接費用，應根據領料憑證直接記入該種產品基本生產明細帳的「直接材料」成本項目。原料和主要材料如果是由幾種產品共同耗用的，不能分清某一種產品消耗多少，如化工生產中為幾種產品共同耗用的原料，則應採用適當的分配方法，分配之後記入有關產品成本中的「直接材料」成本項目。

凡直接用於產品生產且有助於實體形成的輔助材料，如果能分清是哪一種產品耗用的，應直接記入該種產品成本中的「直接材料」成本項目；如果難以分清，則應採用一定的分配方法分配之後記入有關產品成本中的「直接材料」成本項目。當然，如果輔助材料用量較少、金額較小，也可以簡化核算方法，將其全部記入「製造費用」帳戶，期末隨「製造費用」一次性分配後計入產品成本。

對於多種產品共同耗用的原材料，分配標準很多。可以按產品重量、體積和產量進行分配，也可以按材料定額消耗量比例或材料定額成本比例進行分配。企業應根據具體情況選擇與原材料發生有密切關係的因素作為分配標準。幾種產品共同耗用的原材料費用的分配公式為：

$$原材料費用分配率 = \frac{產品共同耗用原材料費用總額}{各種產品分配標準數額之和} \times 100\%$$

某種產品應分配的原材料費用 = 該種產品分配標準數額 × 原材料費用分配率

一般情況下，生產企業對各種產品都要制定材料消耗定額，因此採用定額耗用量比例法進行分配較為普遍。下面我們舉例說明採用這一方法的具體分配過程。

【例3-2】友利機械廠201×年7月份生產甲、乙兩種產品，共同耗用原材料24,875千克，每千克計劃價為4元，共計99,500元。甲、乙產品的產量分別是1,450件和900件，甲、乙產品的單位定額耗用量分別是10千克和6千克。

（1）產品定額消耗量
甲產品定額消耗量 = 1,450×10 = 14,500（千克）
乙產品定額消耗量 = 900×6 = 5,400（千克）
合計　　　　　　　　　　　19,900（千克）

（2）原材料消耗量分配率

$$分配率 = \frac{24,875}{19,900} = 1.25$$

（3）產品應分配共同耗用原材料數量
甲產品耗用量 = 14,500×1.25 = 18,125（千克）
乙產品耗用量 = 5,400×1.25 = 6,750（千克）

（4）產品應分配共同原材料費用
甲產品原材料費用 = 18,125×4 = 72,500（元）
乙產品原材料費用 = 6,750×4 = 27,000（元）

上述計算方法有利於考核產品原材料消耗定額的執行情況，便於加強材料成本管理。為了簡化計算程序，也可以按材料定額費用比例分配計算。仍以上例資料為例，計算過程如下：

$$原材料費用分配率 = \frac{99,500}{19,900} = 5$$

產品應分配共同耗用的原材料費用：
甲產品應分配原材料費用 = 14,500×5 = 72,500（元）
乙產品應分配原材料費用 = 5,400×5 = 27,000（元）

(二) 原材料費用分配表的編製及帳務處理

在實際工作中，上述原材料費用的分配是通過編製「原材料費用分配表」進行的。該表應分車間、部門，按材料類別，根據審核、歸類後的領退料憑證和有關資料編製。其中，退料憑證的數額應當從相應的領料憑證的數額中扣除。

原材料費用分配表的內容和格式參見表 3-4：

表 3-4　　　　　　　　　　　　原材料費用分配表

企業名稱：友利機械廠　　　　201×年 7 月　　　　　　　　　　單位：元

應借帳戶		成本(費用)項目	直接計入（計劃成本）	分配計入（計劃成本）			合計（計劃成本）	差異額（差異率為 1%）	實際成本
				分配標準	分配率	金額			
基本生產	甲產品	直接材料	24,000	14,500	5	72,500	96,500	965	97,465
	乙產品	直接材料	13,000	5,400	5	27,000	40,000	400	40,400
	小計		37,000	19,900	5	99,500	136,500	1,365	137,865
輔助生產	機修車間	直接材料費	8,200				8,200	82	8,282
	運輸車間	材料費	1,600				1,600	16	1,616
	小計		9,800				9,800	98	9,898
製造費用		機物料消耗	2,500				2,500	25	2,525
管理費用		其他	2,700				2,700	27	2,727
銷售費用		包裝費	3,000				3,000	30	3,030
合計			55,000			99,500	154,500	1,545	156,045

在表 3-4 中，直接計入的費用應根據領料憑證，按照材料費用的用途歸類後填列，分配計入的費用應根據用於產品生產的領料憑證和上述分配公式計算之後填列。

根據原材料費用分配表（表 3-4）編製原材料費用分配會計分錄如下：

(1) 按計劃成本結轉發出原材料成本

借：基本生產——甲產品　　　　　　　　　　96,500
　　　　　　——乙產品　　　　　　　　　　40,000
　　輔助生產——機修車間　　　　　　　　　8,200
　　　　　　——運輸車間　　　　　　　　　1,600
　　製造費用　　　　　　　　　　　　　　　2,500
　　管理費用　　　　　　　　　　　　　　　2,700
　　銷售費用　　　　　　　　　　　　　　　3,000
　　貸：原材料　　　　　　　　　　　　　　154,500

(2) 調整發出原材料的計劃成本

借：基本生產——甲產品　　　　　　　　　　965
　　　　　　——乙產品　　　　　　　　　　400
　　輔助生產——機修車間　　　　　　　　　82

——運輸車間	16
製造費用	25
管理費用	27
銷售費用	30
貸：材料成本差異——原材料	1,545

(三) 燃料費用的分配

燃料也是材料，因而燃料費用分配程序和方法與上述原材料費用分配程序和方法應當是相同的。

凡是直接用於產品生產的燃料，如果是分產品領用的，應根據領料憑證進行歸類匯總，直接記入該種產品成本中的「直接材料」成本項目；如果不分產品領用，則應採用適當分配方法分配後記入各有關產品的「直接材料」成本項目。燃料分配標準一般有產品產量、重量、體積以及產品的燃料定額消耗量或定額費用等。

在有些企業中，燃料費用占產品成本比重可能較大，按照重要性原則，為加強對燃料費用的管理和核算，單獨反應其消耗情況，會計上可以專門設置「燃料」總帳，不將燃料並入「原材料」帳戶進行核算。同時，也可以設置「燃料與動力」這一成本項目，單獨反應產品成本中燃料與動力的消耗情況，便於分析產品成本結構。

對於車間管理部門、廠部行政管理部門和產品銷售部門使用的燃料，按其用途分別記入「製造費用」「管理費用」「銷售費用」等帳戶，一般不需要採用數學方法分配之後再記入。

(四) 低值易耗品的分配

低值易耗品是指不作為固定資產核算的各種勞動手段，包括工具、管理用具、玻璃器皿以及在生產經營過程中週轉使用的包裝容器等各種用具、物品。

為了進行低值易耗品收入、發出、結存的總分類核算，應設置「低值易耗品」總帳，並比照材料的明細核算方法，按照低值易耗品的類別、品種、規格進行數量金額明細核算。

低值易耗品相對於固定資產價值比較小，易手損壞，更換頻繁，根據這一特徵，在領用時其價值一次性計入成本、費用。用於生產車間的低值易耗品應記入「製造費用」帳戶，用於企業組織、管理生產經營活動的低值易耗品則應記入「管理費用」帳戶。

低值易耗品採用計劃價計價時，結轉領用低值易耗品材料成本差異，借記「製造費用」「管理費用」「銷售費用」等帳戶，貸記「材料成本差異——低值易耗品成本差異」帳戶。在低值易耗品報廢時，應將報廢的殘值作為當月成本、費用的減少，借記「原材料」等帳戶，貸記「製造費用」「管理費用」「銷售費用」等帳戶。凡在本月領用低值易耗品次數較多的企業，可以根據領用憑證歸類匯總，先編製「低值易耗品分配表」，然後據以進行帳務處理。

(五) 包裝物和修理用備件費用的分配

包裝物是指為了包裝本企業產品而儲備的各種包裝容器，如桶、箱、瓶、壇、袋等。包裝物屬於材料範疇，它的領發手續和實物管理與其他材料相同，但是它在

核算上有一定的特殊性。

企業發出的包裝物，應根據領料憑證上列明的領用部門和用途進行歸類匯總，編製「包裝物費用分配表」進行分配，其格式可參照「原材料費用分配表」。對於基本生產車間在生產過程中領用的包裝物，應作為產品成本組成部分，若能分清是哪一種產品的包裝物，則直接記入該產品的「直接材料」成本項目；若干種產品共同使用的包裝物，應採用一定的分配方法分配之後記入各種產品的「直接材料」成本項目。對於銷售部門領用的隨同產品出售而不單獨計價的包裝物，應記入「銷售費用」帳戶；對於銷售部門領用隨同產品銷售需單獨計價的包裝物，應記入「其他業務支出」帳戶；對於出租、出借的包裝物，應記入「其他業務支出」「銷售費用」帳戶。

材料中的修理用備件，一般不是生產產品的直接耗用，而是供維修設備使用的，屬於生產過程中的間接費用。生產車間領用的修理用備件，記入「製造費用」「輔助生產」帳戶；維修廠部管理部門、銷售部門的設備使用的部分，記入「管理費用」「銷售費用」帳戶。如果耗用的修理用備件較多，應根據領用憑證編製「修理用備件分配表」，據以進行帳務處理。

第二節　動力費用歸集與分配

動力費用是指企業耗用的電力、蒸汽等費用。動力費用可以分為自制和外購兩種情況，自制動力費用分配屬於輔助生產費用分配的內容，這一節只涉及外購動力費用的歸集與分配。

一、外購動力費用的歸集

外購動力一般是由動力供應單位（如供電局）根據動力計量表上反應的耗用量和計價標準開列帳單向企業收取的。動力費用是先用後支付，也就是說本月發生的動力費用要等到下個月才支付，而企業進行成本計算的會計期間是以月份為基礎的，應以本月實際消耗的動力費用為基準。因此，根據權責發生制和配比原則，企業必須在月末自行派員抄錄計量表上反應的動力耗用數量，以此確定本月發生的動力費用，作為當期分配的基準數。

如果動力供應單位每月的抄表日期固定，且每月的抄表日到月末的耗用量相差不多，則在這種情況下，為簡化會計核算工作，也可以以當月實際支付的動力費用作為當月動力費用分配的基準數。

二、外購動力費用的分配

外購動力，有的直接用於產品生產，如生產工藝用電力；有的間接用於產品生產，如生產車間照明和辦公用電；有的用於經營管理，如行政管理部門照明和辦公用電。這些動力費用的分配，在有儀表記錄的情況下，應根據儀表所顯示的耗用量

以及動力的單價計算；在沒有儀表記錄的情況下，可以按照生產工時比例、機器工時比例或定額耗用量等標準進行分配。在實務中，各車間、部門的動力用電和照明用電一般都分別裝有電表，因此，外購電力費用在各車間、部門分配時，一般應按用電度數進行分配。車間的動力用電，一般不會按產品分別安裝電表記錄，因而車間動力用電費應在各種產品之間，以產品生產工時、機器工時、定額耗電量或其他標準為依據進行分配。分配公式為：

$$動力費用分配率 = \frac{生產車間動力費用總額}{各種產品動力費用分配標準之和} \times 100\%$$

某種產品應分配的動力費用 = 該產品動力分配標準數 × 分配率

【例3-3】友利機械廠生產車間直接用於甲、乙兩種產品生產的外購動力（電力）費用為10,380元。該企業規定以生產工時比例為標準進行分配。其中，甲、乙兩種產品的生產工時分別為20,600小時、14,000小時。則其動力費用分配計算如下：

$$動力費用分配率 = \frac{10,380}{20,600+14,000} = 0.30$$

甲產品應分配的動力費用 = 20,600 × 0.30 = 6,180（元）

乙產品應分配的動力費用 = 14,000 × 0.30 = 4,200（元）

凡是基本生產車間直接用於產品生產的外購動力費用，在按照一定標準分配後，記入基本生產明細帳中的「直接材料」成本項目，或記入單獨設置的「燃料與動力」成本項目；基本生產車間照明和辦公等耗用的動力費用，應記入「製造費用」明細帳；輔助生產車間耗用的動力費用記入「輔助生產」明細帳；其他單位或部門耗用的動力費用記入「管理費用」「銷售費用」等帳戶。

外購動力費用的分配，在期末應按照上述規則編製「外購動力費用分配表」。該分配表的內容和格式參見表3-5：

表3-5　　　　　　　　　　**外購動力費用分配表**

企業名稱：友利機械廠　　　　201×年7月　　　　　　　　　單位：元

應借帳戶		成本（費用）項目	直接計入	分配計入			合計
				生產工時	分配率	分配金額	
基本生產	甲產品	直接材料		20,600	0.30	6,180	6,180
	乙產品	直接材料		14,000	0.30	4,200	4,200
	小計			34,600	0.30	10,380	10,380
輔助生產	機修車間	電費	3,000				3,000
	運輸車間	電費	1,800				1,800
	小計		4,800				4,800
製造費用		電費	1,200				1,200
管理費用		電費	2,400				2,400
銷售費用		電費	1,000				1,000
合計			9,400			10,380	19,780

根據表 3-5 編製動力費用分配的會計分錄如下：
借：基本生產——甲產品　　　　　　　　　　　　　　6,180
　　　　　　——乙產品　　　　　　　　　　　　　　4,200
　　輔助生產——機修車間　　　　　　　　　　　　　3,000
　　　　　　——運輸車間　　　　　　　　　　　　　1,800
　　製造費用　　　　　　　　　　　　　　　　　　　1,200
　　管理費用　　　　　　　　　　　　　　　　　　　2,400
　　銷售費用　　　　　　　　　　　　　　　　　　　1,000
　貸：應付帳款　　　　　　　　　　　　　　　　　　19,780

外購動力需要變壓後才能使用的企業，應通過「輔助生產」帳戶進行核算，將外購動力費用與變壓過程中發生的各項費用之和作為所供動力成本進行上述分配。

第三節　工資費用的歸集與分配

一、企業工資費用的構成與控制

(一) 工資費用構成

工資費用，也就是企業支付的職工薪酬，是指企業為獲得職工提供的服務或解除勞動關係而給予的各種形式的報酬。按照中國企業會計準則第 9 號規定，職工薪酬主要包括短期薪酬、離職後福利、辭退福利和其他長期職工福利。企業提供給職工配偶、子女、受贍養人、已故員工遺屬及其他受益人等的福利，也屬於職工薪酬。

中國企業會計準則所指的職工：一是指與企業訂立勞動合同的所有人員，含全職、兼職和臨時職工；二是指未與企業訂立勞動合同，但由企業任命的企業治理層和管理層人員，如董事會成員、監事會成員等；三是在企業的計劃和控制下，未與企業訂立勞動合同或未由其正式任命，但向企業所提供服務與職工提供服務類似的人員，也屬於職工的範疇，包括企業與勞務仲介公司簽訂用工合同而向企業提供服務的人員。

企業職工薪酬即工資費用由以下內容具體組成：

1. 短期薪酬

短期薪酬是指企業在職工提供相關服務的年度報告期間結束後需要全部予以支付的職工薪酬。包括：職工工資、獎金、津貼和補貼，職工福利費，醫療保險費，工傷保險費，生育保險費等社會保險費，住房公積金，工會經費與職工教育經費，短期帶薪缺勤，短期利潤分享計劃，其他短期薪酬。

2. 離職後福利

離職後福利，是指企業為獲得職工提供的服務而在職工退休或與企業解除勞動關係後，提供的各種形式的報酬和福利，短期薪酬和辭退福利除外。離職後福利計劃，是指企業與職工就離職後福利達成的協議，或者企業為向職工提供離職後福利制定的規章或辦法。企業應當將離職後福利計劃分類為設定提存計劃和設定收益

計劃。

3. 辭退福利

辭退福利，是指企業在職工勞動合同到期之前解除與職工的勞動關係，或者為鼓勵職工自願接受裁減而給予職工的補償。

4. 其他長期職工福利

其他長期職工福利，是指除短期薪酬、離職後福利、辭退福利之外所有的職工薪酬，包括長期帶薪缺勤、長期殘疾福利、長期利潤分享計劃等。

在進行工資費用核算時，應當注意企業支付給職工的勞動保護費、出差伙食補助、獨生子女補助等雖然隨同工資發放給了職工，但它們不屬於工資費用的範疇。

（二）工資費用的控制

工資是企業產品成本的重要組成部分，為了有效控制產品成本和期間費用，應對工資費用進行多方面的控制。對工資費用的控制主要包括以下幾方面的內容：

（1）根據生產經營規模和國家有關企業工資及福利費構成的規定，選擇適合本企業經營特點的工資制度，編製企業會計報告期的工資費用計劃。

（2）控制工資費用的增長幅度。企業工資費用的增長幅度應低於經濟效益的增長幅度，職工平均實際收入的增長幅度應低於勞動生產率的增長幅度。

（3）實行定員、定崗責任制，合理安排勞動力，盡量減少非生產人員，實行勞動崗位的優化組合。

（4）接受當地勞動行政部門的監督，支付給職工的工資不得低於當地勞動部門規定的最低生活標準。

（5）按照國家稅法的規定，代職工繳納個人所得稅。

二、工資費用的原始記錄

為了正確計算職工工資，進行工資費用的核算，必須做好工資費用核算的原始記錄。企業應根據管理需要和生產工藝特點，科學、合理地確定工資費用核算所需的原始記錄種類、格式及記錄方式。工資費用核算的原始記錄主要有考勤記錄、產量和工時記錄。

（一）考勤記錄

考勤記錄是指登記職工出勤和缺勤時間及情況的原始記錄。考勤記錄既為企業計算計時工資、加班加點工資、中夜班津貼提供了依據，又為企業加強勞動管理和勞動紀律，提高出勤率和工時利用率發揮了重要的作用。考勤記錄主要有考勤簿和考勤卡兩種形式。

1. 考勤簿

考勤簿可以根據企業的具體情況，按車間、部門或班組分月設置，由考勤員根據每個職工每天的出勤和缺勤情況，逐日進行登記，月末根據考勤記錄統計每個職工出勤、缺勤時間和缺勤的原因，作為計算應發計時工資、加班加點工資及中夜班津貼的依據。考勤簿的格式參見表3-6：

表 3-6　　　　　　　　　　　　　考勤簿

車間或部門：行政管理　　　　　201×年 7 月　　　　　　　考勤員：宋敏

編號	姓名	職務或工種	工資等級	出勤和缺勤情況					出勤分類				缺勤分類				備註
				1	2	30	31	合計 || 計時工作	計件工作	夜班	加班加點	遲到早退	公假	工傷	病假	事假	
								出勤	缺勤										
1	王玲	辦事員	3	√	病	√	√	20	2								2		
2	劉江	辦事員	4	√	√	√	√	22	0										
3	陳平	辦事員	5	事	√	事	√	19	3									3	

2. 考勤卡

考勤卡應按每個職工設置，每人每月一張。考勤卡的內容與考勤簿基本相似。每個職工上班時，將考勤卡交給考勤員記錄考勤，下班時再由考勤員發還給職工本人。企業和車間如果設有考勤機，職工上下班時，可以自行將考勤卡插入考勤機內，由考勤機自動打上職工上下班的時間。

(二) 產量和工時記錄

產量和工時記錄是指登記工人或生產班組在出勤時間內完成的產品數量、質量和生產這些產品所耗費的工時數量的原始記錄。產量和工時記錄不僅是計算職工計件工資的依據，也是分配直接工資費用和其他與工時有關費用的重要依據。此外，企業還可以憑藉產量和工時記錄，檢查生產作業計劃和工時定額的完成情況，考核企業勞動生產率水平的高低。生產車間工藝過程和生產組織的特點不同，產量和工時記錄的內容、格式和登記程序也各不相同。企業採用的產量和工時記錄通常有工作通知單、工序進程單和工作班產量記錄等。

1. 工作通知單

工作通知單又稱工票，是指以每個工人或生產班組所從事的每項工作或每道工序為對象所簽發的，用以分派生產任務，記錄產量和工時的原始記錄。工作通知單由生產調度部門根據生產作業計劃的安排，在工作開始之前簽發給工人或生產班組，工人或生產班組按照單內規定的生產任務領取材料，進行加工。加工完成後，將加工產品數量和實用工時填入單內，連同產品一併送交質量檢驗員驗收，由其將驗收結果填入單內，並簽章後才能據以計算計件工資。工作通知單的格式參見表 3-7。

由於工作通知單只能反應加工產品在個別工序上的加工過程，而不能反應加工產品連續的、整個加工過程，因此它只適用於單件、小批生產的企業或車間，以及個別的、一次性的作業。

表 3-7　　　　　　　　　　　　　工作通知單

編號：703

生產車間：金工生產班組　　　　　　　　　　　　　　　工人姓名：王山
設備名稱：車床
設備編號：185　　　　　　　201×年 7 月 5 日　　　　　　工號：50

產品型號或定單號	零件名稱	零件編號	工序名稱	工序編號	工作等級	計量單位	單位定額工時（分）	生產任務	
								數量	定額工時
7211	齒輪	75	車	25	4	只	30	15	7:30

任務完成情況						交驗結果						
開工時間			完工時間			實用工時	交驗數量	合格品數量	定額工時	返修數量	工廢數量	料廢數量	短缺數量	檢驗員	廢品通知單號
月	日	時	分	月	日	時	分										
7	5	7	30	7	5	15	10	7:10	15	13	6:30	1		1		趙名	56

計件工資					備註：
計件單價	合格品工資	廢品工資	工資合計		
1.60	20.80	1.60	22.40		

2. 工序進程單

工序進程單又稱加工路線單，是指以每一批加工產品的整個工藝流程為對象簽發的，用以分派生產任務，並記錄每道工序產量和工時的原始記錄。工序進程單由生產調度部門根據車間生產計劃、工藝技術規程、生產批別和定額消耗等資料填製簽發，用以分派生產任務。工序進程單的格式參見表 3-8：

表 3-8　　　　　　　　　　　　　工序進程單

生產車間：金工
工段：2　　　　　　　　　　　201×年 7 月 5 日　　　　　　　　　編號：666

產品型號或定單號	產品或零件			投入材料或半成品			
	編號	名稱	計量單位	編號	名稱	計量單位	數量
998	75	底盤	件	1,018	毛坯	件	30

機床編號	生產任務				任務完成情況				交驗結果					
	工序	單位定額工時（分）	工作等級	工人姓名	加工數量	加工日期	完工日期	實用工時	交驗數量	合格品數量	定額工時	返修數量	工廢數量	料廢數量	短缺數量	驗收日期	檢驗員
01	1	6	4	陳江	30	7/5	7/5	2:40	30	30	3:00					7/5	2
02	2	8	5	毛紅	30	7/5	7/5	3:45	30	29	3:52	1				7/5	2
03	3	5	5	李山	29	7/5	7/5	2:30	29	28	2:20		1			7/5	2

工序進程單根據產品或零件的整個加工過程，按順序登記各道工序的實際產量和工時以及各零件的交接手續。設置工序進程單，有利於監督產品生產過程，正確執行規定的工藝流程，控制各道工序加工產品的數量，保證成批、均衡地組織生產。它適用於成批生產的企業或車間。

在實踐中，一批產品在加工過程中往往要經過幾個生產班組及車間。這樣，一張工序進程單內就要記錄幾個生產班組或車間工人的產量和所用的工時，並且一個生產班組往往會同時加工幾種零件，一個生產班組的產量和耗用的工時又分別記錄在幾張工序進程單內，從而顯得散亂。為了集中反應一個生產班組的產量和所耗用的工時，便於計算計件工資，還必須編製工作班產量記錄。

3. 工作班產量記錄

工作班產量記錄又稱工作班報告，是指按生產班組設置的、反應一個班組的工人在一個工作班內所生產的產品數量和所耗用工時的原始記錄。工作班產量記錄應按班組的工人分行登記。工作班開始工作前，由有關人員將工序進程單連同領用的材料、零件、半成品等一併交給操作工人，操作工人據以進行生產，工作班產量記錄則由檢驗人員保存。操作工人完成工作任務後，將完工產品和工序進程單交班組長查點，然後轉由檢驗員驗收，並將檢驗結果登記在工序進程單和工作班產量記錄中。在工作班結束後，由班組長註明實際工時，經工段長和檢驗員簽名後，作為統計產量、工時和計算計件工資的依據。工作班產量記錄的格式參見表3-9：

表3-9　　　　　　　　　　工作班產量記錄

生產車間：金工　　　　　　　　　　　　　　　　編號：120
工段：4　　　　　　201×年7月5日　　　　　　班組：2
　　　　　　　　　　　　　　　　　　　　　　　檢驗員：張山

姓名	進程單號數	產品型號或定單號	零件編號	零件名稱	工序名稱	交驗數量	交驗結果 合格數量	返修數量	工廢數量	料廢數量	短缺數量	單位定額工時	完成定額工時	實際工時	計件工資 計件單價	合格品工資	廢品工資	合計
陳江	666	998	75	底盤	1	30	30					0:06	3:00	2:40	0.42	12.60		12.60
毛紅	666	998	75	底盤	2	30	29		1			0:08	3:52	3:45	0.60	17.40		17.40
李山...	666	998	75	底盤	3	29	28				1	0:05	2:20	2:30	0.35	9.80	0.35	10.15

三、工資費用的計算

工資費用的計算是企業進行工資費用歸集和分配的基礎，也是企業與職工之間進行工資結算的依據。工資費用的計算與企業實行的工資制度密切相關，不同工資制度下，工資費用的計算方法有一定的差別。實務中，企業的基本工資制度有計時和計件兩種形式。

（一）計時工資的計算

計時工資是根據每位職工規定的工資標準和考勤記錄計算的。它又分為月薪制

與日薪制兩種。

1. 月薪制

月薪制是根據每位職工的月標準工資和出勤情況計算計時工資的方法。採用月薪制時，不論各月節假日是多少，職工只要是全勤，都可以取得全月的標準工資。如果職工缺勤，就應按月標準工資扣除缺勤的工資。

應付職工計時工資＝月標準工資－缺勤應扣工資

缺勤應扣工資＝缺勤天數×日標準工資×扣款比例

計算缺勤應扣工資，缺勤天數是通過考勤記錄獲得，缺勤扣款比例是按照每家企業內部勞動工資管理制度中對曠工、事假、病假等的規定比例操作，關鍵是計算日標準工資。

日標準工資＝月標準工資÷平均每月工作日數。每個月工作日數有兩種計算方法：一種是按法定工作日計算：（360－104－10）／12＝20.92天；另一種按日曆天數計算：360／12＝30天。按日曆天數即30天計算，由於休假日、節假日也含有工資，當連續缺勤期間含有休假日、節假日時，也應按缺勤日數計算，予以扣發工資。兩種計算方法，按法定工作日計算更為合理、簡便，在實務中採用得比較普遍。

【例3-4】友利機械廠行政管理部門職工陳紅的月標準工資為450元，王江的月標準工資為540元。7月份的考勤記錄反應陳紅病假2天，王江事假3天。陳紅的病假應扣工資折扣率為20%。該企業按法定工作日計算日標準工資。計算應付職工計時工資。

陳紅的日標準工資＝450／20.92＝21.51（元）

應付陳紅計時工資＝450－21.51×2×20%＝441.40（元）

王江的日標準工資＝540／20.92＝25.81（元）

應付王江計時工資＝540－25.81×3＝462.57（元）

日標準工資除了用於計算職工缺勤應扣工資外，還用於計算職工的加班加點工資。

按月薪制計算應付職工計時工資時，是採用缺勤扣款的方法計算的，由於多數職工為全勤，因此計算起來較為簡捷。

2. 日薪制

日薪制是根據每位職工的日標準工資和出勤情況計算計時工資的方法。計算公式如下：

應付職工計時工資＝日標準工資×出勤天數＋缺勤應得工資

按日薪制計算應付職工計時工資時，由於各個月份的實際天數不同，職工的出勤天數也不同，因此各個月份都要計算，工作量較大，中國企業中較少採用日薪制。

（二）計件工資的計算

計件工資是根據工作班產量記錄或工作通知單登記的產量，乘以規定的計件單價計算的工資。由於產量中既有合格品又有廢品，需要對廢品進行分析。

廢品按照產生原因有料廢和工廢兩種。料廢是指因原材料質量不合格所產生的廢品。很顯然料廢是客觀原因造成的，因此對於加工完畢後在檢驗時發現的料廢可

以同合格品一樣計算計件工資；對於加工過程中發現的料廢，則應根據生產工人完成的定額工時計算其計件工資。

工廢是指因工人操作不當等過失原因而產生的廢品。很顯然工廢是主觀原因造成的，不但不能計算計件工資，還應當根據具體情況對當事人處以罰款。

計件單價是根據加工單位產品的定額工時乘以該加工產品的加工等級計算的小時標準工資得出的。

【例 3-5】友利機械廠甲產品規定車工的加工等級為 3 級，3 級車工小時標準工資為 2.76 元。甲產品單位定額工時為 10 分鐘。工人陳林 7 月份加工甲產品 1,100 件，其中合格品 1,086 件，料廢 8 件，工廢 6 件。料廢中有 5 件是加工完成後檢驗時發現的，3 件是加工過程中發現的。3 件料廢共完成定額工時 15 分鐘。則計算甲產品的計件單價和應付陳林 7 月份計件工資如下：

甲產品計件單價 = 2.76×10/60 = 0.46（元）
應付陳林 7 月份計件工資 =（1,086+5）×0.46+15/60×2.76
　　　　　　　　　　= 502.55（元）

四、工資費用的歸集與分配

（一）工資費用的歸集

1. 工資費用的結算

企業在分別計算應付每位職工計時工資或計件工資後，應根據已確定的每個職工工資性津貼和補貼、獎金等，計算每位職工的應發工資。計算公式如下：

應發工資 = 應付計時工資 + 應付計件工資 + 工資性津貼和補貼等 + 獎金 + 其他工資

企業在向職工支付工資薪酬時，還要隨同工資支付給職工非工資性的津貼，如房貼、車貼等，並扣除職工應交的住房公積金、養老保險金等代扣款項。因此，工資費用的結算就是企業與職工之間以工資為主的有關費用與代扣款項的結算。在結算時應根據有關資料，計算職工的實發工資金額。計算公式如下：

實發工資 = 應發工資 + 非工資性津貼 - 各種代扣款項

在實際工作中，企業是通過編製「工資結算表」來結算工資費用的。工資結算表是分車間或部門編製的，一式三聯。一聯裁成「工資條」，連同實發金額一併發給職工，便於其進行核對；一聯經職工簽收後作為工資費用結算和發放的原始憑證，由財會部門入帳；一聯由勞動工資部門留存，作為統計勞動工資的依據。「工資結算表」的格式參見表 3-10。

2. 工資費用的歸集

工資結算表是按車間或部門編製的。為了全面反應企業工資結算情況，便於進行工資費用分配，需要將各車間或部門編製的工資結算單進一步匯總後編製「工資結算匯總表」。該表的格式參見表 3-11。

表 3-10　　　　　　　　　　　　　　　**工資結算表**

車間或部門：行政管理部門　　　　201×年7月31日　　　　　　　　　　　　　　　單位：元

姓名	計時工資 標準工資	病假 天數	病假 扣款率	病假 應扣金額	事假 天數	事假 應扣金額	應計時工資	計件工資	工資性津貼和補貼 中夜班津貼	工資性津貼和補貼 食品補貼	獎金	應發工資	非工資性津貼 車貼	非工資性津貼 房貼	代扣款項 住房公積金	代扣款項 養老保險金	實發金額	簽章
丁紅	450	2	20%	6			444			50	120	614	40	3.60	43	30.70	583.90	
王蘭	500						500			50	110	660		4	46.20	33	584.80	
王芳	540				3	54	486			50	105	641	40	4.40	44.90	32.10	608.40	略
黃浩	600						600			50	125	775		4.70	54.30	38.70	686.70	
李新	660						660			50	150	860	60	5	60.20	43	821.80	
...	...	...	...	...	...	...	...		...	...	...	...	...	...	...	...	...	
合計	4,950	5	—	16	3	54	4,880			400	920	6,200	240	32	434	310	5,728	

表 3-11　　　　　　　　　　　　　　　**工資結算匯總表**

企業名稱：×××企業　　　　　201×年7月31日　　　　　　　　　　　　　　　單位：元

車間或部門	職工類別	應發計時工資	計件工資	工資性津貼和補貼 中夜班津貼	工資性津貼和補貼 食品補貼	獎金	應發工資	非工資性津貼 車貼	非工資性津貼 房貼	代扣款項 住房公積金	代扣款項 養老保險金	實發金額
基本生產車間	生產工人	18,000	29,840	1,360	4,500	9,500	63,200	3,000	360	4,410	3,150	59,000
	管理人員	2,150			200	450	2,800	120	16	196	140	2,600
修理車間	全部人員	2,530			250	520	3,300	160	20	231	165	3,084
運輸車間	全部人員	2,000			200	400	2,600	100	18	150	110	2,458
銷售部門	銷售人員	1,620			150	330	2,100	80	12	147	105	1,940
行政管理部門	管理人員	5,430			450	1,020	6,900	280	36	483	345	6,388
合計		31,730	29,840	1,360	5,750	12,220	80,900	3,740	462	5,617	4,015	75,470

(二) 工資費用的分配

企業歸集的工資費用應按工資費用發生的車間、部門及人員進行分配。

基本生產車間工人工資中，計件工資屬於直接計入費用，應直接記入「基本生產」帳戶所屬明細帳戶；計時工資、工資性津貼和補貼、獎金以及特殊情況下支付的工資等屬於間接計入費用，需要按生產工時比例等分配標準分配後再記入「基本生產」帳戶所屬各明細帳戶；歸集的基本生產車間管理人員的工資應記入「製造費用」帳戶；歸集的輔助生產車間人員的工資應記入「輔助生產」帳戶；歸集的銷售

部門人員的工資應記入「銷售費用」帳戶；歸集的行政管理部門人員的工資應記入「管理費用」帳戶。工資費用的分配一般是在「工資結算匯總表」的基礎上，通過編製「工資費用分配表」進行的。

對基本生產車間工人工資中間接計入產品成本的工資費用進行分配時，可以採用實際生產工時比例分配法，也可以採用定額工時比例分配法。企業可以根據具體情況選用。間接計入產品成本的工資費用分配的計算公式如下：

$$生產工人工資費用分配率 = \frac{各種產品應負擔的生產工人工資費用總額}{各種產品實際生產（定額）工時之和} \times 100\%$$

$$某種產品應分配的生產工人工資 = 該種產品實際生產（定額）工時 \times 生產工人工資費用分配率$$

【例3-6】友利機械廠7月份的工資結算匯總表如表3-11所示。該表中基本生產車間生產甲、乙兩種產品，其計件工資為29,840元，其中用於甲產品19,560元，用於乙產品10,280元。應發計時工資、工資性津貼和補貼、獎金等屬於間接工資費用，按產品的實際生產工時分配。甲產品耗用8,000工時，乙產品耗用4,000工時。

(1) 計算間接工資費用分配率：

間接工資費用 = 18,000 + 1,360 + 4,500 + 9,500 = 33,360（元）

$$間接工資費用分配率 = \frac{33,360}{8,000 + 4,000} = 2.78$$

(2) 編製工資費用分配表如表3-12所示：

表 3-12　　　　　　　　**工資費用與職工福利費分配表**

企業名稱：友利機械廠　　　　201×年7月31日　　　　　　　　單位：元

應借帳戶		成本或費用項目	直接計入工資費用	間接計入工資費用			工資費用合計	職工福利費分配數
				生產工時	分配率	分配金額		
基本生產	甲產品	直接人工	19,560	8,000	2.78	22,240	41,800	5,852
	乙產品	直接人工	10,280	4,000	2.78	11,120	21,400	2,996
	小計		29,840	12,000		33,360	63,200	8,848
輔助生產	機修車間	直接人工	3,300				3,300	462
	運輸車間	直接人工	2,600				2,600	364
	小計		5,900				5,900	826
製造費用		工資	2,800				2,800	392
銷售費用		銷售機構經費	2,100				2,100	350
管理費用		公司經費	6,900				6,900	1,250
合計			47,540			33,360	80,900	11,660

(3) 根據表3-12工資費用合計欄數字作如下會計分錄：

借：基本生產——甲產品　　　　　　　　　　　　　　　41,800
　　　　　　——乙產品　　　　　　　　　　　　　　　21,400
　　輔助生產——機修車間　　　　　　　　　　　　　　3,300

——運輸車間	2,600
製造費用	2,800
銷售費用	2,100
管理費用	6,900
貸：應付職工薪酬——工資	80,900

五、職工福利費的分配

職工福利費是指企業用於職工醫療、衛生、生活困難補助和集體福利設施等方面的費用。職工福利費是企業根據國家規定除了支付給職工個人工資以外，還必須承擔的職工福利方面的義務，是對職工勞動補償的輔助形式。

企業發生職工福利費時，同工資費用一樣應按照職工所在工作崗位分配計入產品成本和期間費用。凡生產車間工人的，可以參照生產車間工資費用大小分配給各種產品，記入「基本生產」帳戶；凡生產車間管理人員的，應記入「製造費用」帳戶；凡輔助生產車間人員的，應記入「輔助生產」帳戶；凡行政管理人員的，應記入「管理費用」帳戶。

由於發生的職工福利費同工資費用一樣，最終都要計入企業的成本、費用，而且都是在會計報告期末分配計入，為了簡化費用分配表編製，也可以將工資費用分配表和職工福利費用分配表合二為一編在一張分配表，其格式參見表3-12。

根據表3-12中「職工福利費分配數」這一欄目的數字，可作職工福利費分配的會計分錄如下：

借：基本生產——甲產品	5,852
——乙產品	2,996
輔助生產——機修車間	462
——運輸車間	364
製造費用	392
銷售費用	294
管理費用	1,250
貸：應付職工薪酬——福利費	11,660

第四節　折舊費用歸集與分配

折舊費用是指固定資產由於使用、磨損而轉移到產品成本和期間費用中的價值，在自動化程度比較高的製造企業中，機器設備、房屋建築物的折舊都比較多，需要正確、合理選擇折舊方法，計算折舊費用。

一、折舊費用的計算

（一）計提折舊的範圍

中國《企業會計準則第4號——固定資產》規定，除以下情況外，企業應對所

有固定資產計提折舊：

(1) 已提足折舊但仍繼續使用的固定資產；

(2) 按照規定單獨估價作為固定資產入帳的土地。

(二) 折舊計算方法

折舊的計算方法很多，由於折舊方法的選擇會直接影響企業成本、費用的計算，也會影響企業的利潤和納稅，因此企業應選擇適當的折舊方法。折舊方法一經確定，不得隨意變更。

常用的折舊方法有以下四種：

1. 平均年限法

平均年限法又稱直線法，是將固定資產的應計折舊額均衡地分攤到預計使用年限各期的一種折舊方法。計算公式如下：

$$月折舊額 = \frac{固定資產原值 \times (1-預計淨殘值率)}{預計使用年限 \times 12}$$

在實踐中，為了簡化計算，可採用分類折舊率計算法，將物理特徵相似、使用年限大致相同的固定資產歸為一類，計算其分類折舊額。計算公式如下：

$$年分類折舊率 = \frac{全年應提該類固定資產折舊額}{該類固定資產原值總額} \times 100\%$$

$$分類固定資產月折舊額 = 該類固定資產原值總額 \times 年分類折舊率 \times \frac{1}{12}$$

採用平均年限法，各年（月）的折舊費用是相等的。該方法一般適用於經常使用、使用程度較均衡的固定資產。

2. 工作量法

工作量法是根據實際工作量計提折舊額的一種折舊方法。計算公式如下：

$$單位工作量折舊額 = \frac{固定資產原值 \times (1-預計淨殘值率)}{預計工作總量}$$

某項固定資產月折舊額 = 該項固定資產當月實際工作量 × 單位工作量折舊額

採用該方法，各期的折舊費用是不相等的。該方法一般適用於各期使用程度不均衡的固定資產。

3. 雙倍餘額遞減法

雙倍餘額遞減法是根據各年期初固定資產帳面淨值和雙倍的直線法折舊率（不考慮殘值）計提各年折舊額的一種折舊方法。計算公式如下：

$$年折舊率 = \frac{2}{預計使用年限} \times 100\%$$

年折舊額 = 固定資產期初帳面淨值 × 年折舊率

月折舊額 = 年折舊額 ÷ 12

採用這種方法計提折舊，應在固定資產預計使用年限最後兩年內平均分攤應計折舊額與累計已提折舊額的差額。

採用雙倍餘額遞減法，在固定資產使用的早期多提折舊，後期少提折舊，折舊費用逐年遞減，這種方法屬於加速折舊法。在中國，加速折舊法一般在電子工業、

汽車工業、生產「母機」的機器製造業等行業內使用得較多。

4. 年數總和法

年數總和法是將固定資產的原值減去預計淨殘值後的淨額乘以一個逐年遞減的分數（即折舊率）來計算各年折舊額的一種折舊方法。這個分數的分子代表固定資產尚可使用年數，分母代表使用年數的各年數字總和。計算公式如下：

$$年折舊率 = \frac{尚可使用年數}{預計使用年限的年數總和} \times 100\%$$

或

$$= \frac{折舊年限 - 已使用年限}{折舊年限 \times (折舊年限 + 1) \div 2} \times 100\%$$

年折舊額 =（固定資產原值 - 預計淨殘值）× 年折舊率

這種方法與雙倍餘額遞減法相似，也屬於加速折舊法。

（三）本月應提折舊額的具體計算

企業在具體計提固定資產折舊時，應以月初應提折舊的固定資產帳面原值為依據。即：當月增加的固定資產，當月不提折舊，從下月起計提折舊；當月減少的固定資產，當月仍提折舊，從下月起停止計提折舊。因此，企業各月計提折舊時，可以在上月計提折舊的基礎上對上月固定資產的增減變動情況進行調整後計算本月應計提的折舊額。本月應提折舊額的計算用公式表示為：

本月應提折舊額 = 上月計提折舊額 + 上月增加固定資產應計提的折舊額 - 上月減少固定資產應計提的折舊額

二、折舊費用的分配

折舊費用應按固定資產使用的車間、部門分別記入「輔助生產」「製造費用」「管理費用」「銷售費用」等明細帳的「折舊費」費用項目。

企業折舊費用的分配一般通過編製「折舊費用分配表」進行，其格式參見表3-13。

表3-13　　　　　　　　　　　折舊費用分配表

企業名稱：友利機械廠　　　　　　　201×年7月　　　　　　　　　　　　單位：元

應借帳戶	車間部門	6月份固定資產折舊額	6月份增加固定資產折舊額	6月份減少固定資產折舊額	7月份固定資產折舊額
輔助生產	機修車間	12,100	1,500	800	12,800
	運輸車間	9,300	1,200		10,500
	小計	21,400	2,700	800	23,300
製造費用	基本生產車間	29,700	6,600	2,400	33,900
銷售費用	行政管理部門	11,400	2,300	1,100	12,600
管理費用	銷售部門	7,500	1,000	700	7,800
	合計	70,000	12,600	5,000	77,600

根據「折舊費用分配表」（表 3-13）中 7 月份的折舊額，可以作折舊費用分配的會計分錄如下：

借：輔助生產——機修車間　　　　　　　　　　12,800
　　　　　　——運輸車間　　　　　　　　　　10,500
　　製造費用　　　　　　　　　　　　　　　　33,900
　　管理費用　　　　　　　　　　　　　　　　12,600
　　銷售費用　　　　　　　　　　　　　　　　 7,800
貸：累計折舊　　　　　　　　　　　　　　　　77,600

第五節　其他要素費用歸集與分配

在製造企業中，除材料、燃料、動力、工資與福利費、折舊費用之外，其他要素費用還應包括利息費用、稅費支出和其他費用。

一、利息費用歸集與分配

製造企業要素費用中的利息費用，不是產品成本的組成部分，而是企業財務費用的一個費用項目。

按照中國企業會計準則規定，企業在生產經營期間發生的各種借款利息，除了為購建固定資產的專門借款所發生的借款利息外，其他借款利息均應在發生當期確認為費用，直接計入當期損益。企業為購建固定資產而借入的專門借款所發生的借款利息，應在滿足資本化條件後，在所購建的固定資產達到可使用狀態前發生的，應予以資本化計入所購建固定資產成本，在達到可使用狀態後發生的，應當於發生時直接計入財務費用。

實務中，短期借款的利息一般按季度結算支付，在實際支付時，借記「財務費用」「在建工程」等帳戶，貸記「銀行存款」帳戶。長期借款利息一般是到期連同本金一起支付，按照權責發生制，應當分期計提應付利息，計提利息時，借記「財務費用」「在建工程」等帳戶，貸記「長期借款」帳戶。

二、稅費支出的歸集與分配

製造企業要素費用中的稅費支出，是指計入管理費用的各種稅費，包括房產稅、車船使用稅、土地使用稅和印花稅等。這部分稅費支出也不是產品成本的組成部分。

在這些稅費中，有的稅費，如印花稅可以用銀行存款等貨幣資金直接交納。交納時，借記「管理費用」總帳和所屬明細帳（在明細帳中記入「印花稅」等費用項目），貸記「銀行存款」等帳戶。

有的稅費，如房產稅、車船使用稅和土地使用稅需要預先計算應納金額，然後交納。這些稅費應該通過「應交稅費」帳戶核算。算出應交稅費時，應借記「管理費用」總帳和所屬明細帳（在明細帳中記入「房產稅」「車船使用稅」和「土地使

用稅」費用項目），貸記「應交稅費」帳戶；在交納稅費時，借記「應交稅費」帳戶，貸記「銀行存款」帳戶。

三、其他費用的歸集與分配

要素費用中的其他費用，是指除了前面所述各要素費用以外的費用，包括郵電費、租賃費、印刷費、圖書、資料、報刊、辦公用品訂購費、試驗檢驗費、排污費、差旅費、誤餐補助費、交通費補貼、保險費、職工技術培訓費等。

這些費用都沒有專門設立成本項目，應該在費用發生以後，根據有關付款憑證等，按照費用發生的車間、部門和用途進行歸類、匯總，編製「其他費用匯總表」，據以登記有關帳戶。

【例3-7】友利機械廠201×年7月支付差旅費、辦公費、外部運輸費、廣告費、租賃費等費用，根據有關支出憑證歸類、匯總後編製的「其他費用匯總表」見表3-14。

根據表3-14，編製如下會計分錄：

```
借：輔助生產——機修車間          4,246
          ——運輸車間           2,920
    製造費用                   9,205
    管理費用                  11,200
    銷售費用                   9,340
  貸：銀行存款                         36,956
```

表 3-14　　　　　　　　　　其他費用匯總表
企業名稱：友利機械廠　　　　201×年7月　　　　　　　　單位：元

應借帳戶	車間或部門	間接計入工資費用						合計
		辦公費	差旅費	外部運輸費	廣告費	租賃費	其他	
輔助生產	機修車間	245	1,000	300		1,901	800	4,246
	運輸車間	320	1,100			800	700	2,920
	小計	565	2,100	300		2,701	1,500	7,166
製造費用	基本生產車間	5,050	1,200	400		600	2,000	9,205
管理費用	行政管理部門	1,000	5,800	600		1,000	2,800	11,200
銷售費用	產品銷售部門	340	2,900	2,100	2,800		1,200	9,340
合　計		6,955	12,000	3,400	2,800	4,301	7,500	36,956

製造企業各種要素費用經過以上分配，已經按照費用的用途分別記入「基本生產」「輔助生產」「製造費用」「管理費用」「銷售費用」等帳戶的借方。其中記入「基本生產」帳戶借方的費用，已經分別記入各有關產品成本明細帳的「直接材料」「直接人工」成本項目。這就是說，通過上述要素費用的歸集和分配，已經將計入產品成本的費用和不計入產品成本的費用界限劃分清楚。下一章將繼續討論其他三

個費用界限的劃分。

本章小結：

　　在製造企業中，材料費用占成本的比例一般在 40%～70%，加強對材料費用的核算與控制對成本升降有直接作用。原材料在出庫時，應填製領用憑證，履行有關審核簽字手續，做好會計計價工作，登記相關材料明細帳。期末，應根據領料單據編製材料費用分配表，將本期發生的原材料費用計入產品成本和期間費用等。燃料、動力費用會計處理與原材料費用分配方法基本一致。

　　工資及福利費的歸集與分配，應當注意：日常核算要做好工資費用核算原始記錄工作；期末按企業內部勞動工資管理制度，以各車間、部門為單位編製「工資結算單」，以整個企業為對象編製「工資結算匯總表」，然後再以「工資結算匯總表」為依據編製整個企業「工資費用分配表」，將生產工人、車間管理人員、企業管理人員、銷售人員等職能部門人員工資記入「基本生產」「輔助生產」「製造費用」「管理費用」「銷售費用」等帳戶。發生的職工福利費可與工資費用一起處理。

　　企業依據內部折舊制度，編製「折舊費用分配表」，將報告期發生的固定資產折舊費用計入產品成本和期間費用。

本章思考與拓展問題：

　　1. 原材料出庫時為什麼要採用不同憑證形式？
　　2. 企業原材料的計價方法有哪些？不同方法是否會影響成本計算的正確性？
　　3. 如果幾種產品共同耗用原材料，在成本核算上如何處理？
　　4. 實務中企業工資制度很多，除了計時、計件兩種基本制度外，還有哪些制度？不同工資制度對成本核算的影響是什麼？
　　5. 企業如何選擇自己的折舊方法？如果其選擇方法與國家產品成本核算制度不一致怎麼辦？

第四章
綜合費用歸集與分配

【導入案例】

先鋒機床廠主要生產車床與銑床兩種產品及配件。企業內部設有鑄造、機械加工、裝配等基本車間，設有修理車間、運輸部門兩個輔助生產單位。

本報告期修理車間領用原材料 300,000 元，人工及福利費費用 120,000 元，動力費用 20,000 元，折舊費用 15,450 元，車間辦公費用 4,550 元，提供修理工作量 20,000 小時，其中，為運輸部門服務 1,000 小時，為基本車間服務 19,000 小時。

本報告期運輸部門使用燃料 80,000 元，人工及福利費 130,000 元，折舊費用 25,000 元，其他辦公費用 20,000 元，提供的運輸服務量 30,000 千米，其中，為修理車間服務 3,000 千米，為基本車間服務 25,000 千米，為廠行政部門服務 2,000 千米。

問題：先鋒機床廠本會計報告期，修理車間每小時修理成本是多少？運輸部門每千米運輸費是多少？

學習目標：

所謂綜合性費用，是指由多種要素費用構成的費用，包括輔助生產費用、製造費用、生產損失性的費用等。這些費用由於不是企業原始形態的費用，而是一種間接性費用，因此在成本計算上不便在發生時直接計入產品或勞務的成本，而是需要經過一定程序，採用一定的方法分配之後計入產品或勞務的成本。

綜合費用的歸集與分配不會使企業產生新的費用支出，也不會增加企業費用的總規模，只是在企業成本核算帳戶之間進行一種「內部結轉」，其目的是明確成本費用的最終歸屬，分清各種產品成本費用界線，最終正確計算出產品或勞務的成本。

在學習本章的過程中應當注意：

1. 瞭解輔助生產費用概念、特點及其對產品成本計算的影響，掌握輔助生產費用分配方法的基本原理與流程，以及每種方法適用條件和帳務處理。

2. 瞭解製造費用概念與組成的內容，掌握製造費用分配的方法與流程，以及相關的帳務處理。

3. 瞭解生產損失性費用的組成內容與特點，以及生產損失性費用的會計處理基本原則。

本章難點提示：

1. 輔助生產費用一次交互分配法和計劃成本分配法，每種流程的具體操作程序，以及相應帳務處理方法。

2. 製造費用按計劃價格分配法時，計劃價怎樣制定，會計報告期末實際製造費用與計劃費用的差異如何調整。

第一節 輔助生產費用歸集與分配

一、輔助生產費用的歸集

（一）輔助生產、輔助生產費用及其對成本計算的影響

製造企業的輔助生產，是指為基本生產服務的產品生產和勞務供應。有的輔助生產只生產一種產品或提供一種勞務，如供電、供水、供風、運輸等；有的輔助生產則生產多種產品或提供多種勞務，如工具、模具、修理用備件的製造，機器設備的修理等。輔助生產提供的產品和勞務有時也對外銷售，但這不是它的主要任務和目的。

輔助生產車間發生的各項費用便構成輔助生產費用。它包括輔助生產車間消耗的材料、燃料、動力、工資等費用。這些費用實際上也構成了輔助生產產品或勞務的成本。

輔助生產產品和勞務成本的高低，對於基本生產產品成本和經營管理費用的水平有著很大的影響，而且只有輔助生產產品和勞務成本確定以後，才能計算基本生產的產品成本。因此，正確、及時地組織輔助生產費用的歸集和分配，對於節約費用、降低成本以及正確、及時地計算企業的產品成本都是十分重要的。

（二）輔助生產費用的歸集

輔助生產費用的歸集是通過「輔助生產」總帳進行的。該帳戶同「基本生產」帳戶一樣，一般應按輔助生產單位以及產品和勞務設立明細帳，帳中按照輔助生產成本的構成項目設立專欄或專行，進行明細核算。輔助生產發生的各項費用中，凡屬於直接計入費用，應直接計入該帳戶和所屬有關明細帳的借方；凡屬於間接計入費用，應分配記入該帳戶和所屬有關明細帳的借方。

輔助生產發生的製造費用，即輔助生產車間組織管理性費用，會計上有兩種處理方式。一種是先記入「製造費用」總帳和所屬輔助生產製造費用明細帳的借方進行歸集，然後在期末從其貸方直接轉入或分配轉入「輔助生產」總帳和所屬明細帳的借方。採用這種方式，可以單獨核算輔助生產車間的製造費用，以便將其實際數與預算數進行對比，考核輔助生產製造費用預算的執行情況。這種方式適合於輔助生產製造費用較大，並且實行預算管理的企業。另一種方式是不單獨在「製造費用」總帳下設置輔助生產製造費用明細帳，而是在費用發生時直接記入「輔助生

產」總帳和下屬的明細帳。這種方式適合於輔助生產製造費用較小,並且不實行預算管理的企業。

【例4-1】友利機械廠201×年7月份機修車間和運輸車間歸集的輔助生產費用可以列示成表4-1和表4-2:

表4-1　　　　　　　　　　輔助生產明細帳

輔助單位:機修車間　　　　201×年7月31日　　　　　　　　單位:元

月	日	憑證號數	摘要	原材料	動力	工資費	折舊費	差旅費	辦公費	其他	合計	轉出	餘額
7	31	略	原材料分配（表3-4）	8,282							8,282		
			動力費用分配（表3-5）		3,000						3,000		
			工資費用分配（表3-12）			3,762					3,762		
			折舊費用分配（表3-13）				12,800				12,800		
			其他費用分配（表3-14）					1,000	245	3,001	4,246		
			合計	8,282	3,000	3,762	12,800	1,000	245	3,001	32,090		
			本月轉出									32,090	—

表4-2　　　　　　　　　　輔助生產明細帳

輔助單位:運輸車間　　　　201×年7月31日　　　　　　　　單位:元

月	日	憑證號數	摘要	原材料	動力	工資費	折舊費	差旅費	辦公費	其他	合計	轉出	餘額
7	31	略	原材料分配（表3-4）	1,616							1,616		
			動力費用分配（表3-5）		1,800						1,800		
			工資費用分配（表3-12）			2,964					2,964		
			折舊費用分配（表3-13）				10,500				10,500		
			其他費用分配（表3-14）					1,100	320	1,500	2,920		
			合計	1,616	1,800	2,964	10,500	1,100	320	1,500	19,800		
			本月轉出									19,800	—

二、輔助生產費用的分配

歸集在「輔助生產」帳戶及其明細帳借方的輔助生產費用，由於輔助生產車間生產的產品和提供的勞務種類不同，其轉出分配的程序也不一樣。

工具和模具車間生產的工具、模具和修理用備件等產品成本，應在產品完工入庫時，從「輔助生產」帳戶及其明細帳的貸方分別轉入「低值易耗品」和「原材料」科目的借方。動力、機修和運輸等車間生產和提供的電力、修理和運輸等產品和勞務所發生的費用，要在各受益單位之間進行分配。

（一）輔助生產費用分配的特點

輔助生產提供的產品和勞務，主要是為基本生產車間和行政管理部門使用和服務的。同時，在某些輔助生產車間之間，也有相互提供產品和勞務的情況，如機修車間為運輸車間提供修理服務，運輸車間為機修車間提供運輸服務。這樣，為了計算修理成本，需要確定運輸成本；為了計算運輸成本，需要確定修理成本。因此，為了正確計算輔助生產產品和勞務的成本，並且將輔助生產費用正確地計入基本生產產品的成本，在分配輔助生產費用時，還應在各輔助生產車間之間進行費用的交互分配，這就是輔助生產費用分配的特點。

（二）輔助生產費用的分配方法

輔助生產費用的分配方法很多，主要有直接分配法、順序分配法、一次交互分配法、代數分配法和按計劃成本分配法。

1. 直接分配法

直接分配法就是將輔助生產車間發生的費用（成本）分配給除輔助生產車間之外的各個受益對象，而不考慮輔助生產車間相互分配費用的方法。

$$某輔助車間費用分配率 = \frac{該車間輔助生產費用總額}{該車間提供勞務量 - 其他輔助車間耗用量}$$

受益單位分配額 ＝ 該受益單位耗用量 × 分配率

【例4-2】友利機械廠有機修車間和運輸車間兩個輔助生產單位。201×年7月份機修車間直接歸集的輔助生產費用為32,090元（參見表4-1），運輸車間直接歸集的輔助生產費用為19,800元（參見表4-2）。這兩個輔助生產單位提供的勞務量見表4-3：

表4-3　　　　　　　　　　　輔助生產單位勞務供應表

201×年7月

供應對象		修理時數（小時）	運輸里程（千米）
輔助生產車間	機修車間		6,600
	運輸車間	3,209	
基本生產車間		9,627	16,500
行政管理部門		3,209	9,900
合計		16,045	33,000

根據以上資料，採用直接分配法編製「輔助生產費用分配表」，見表4-4：

表4-4 輔助生產費用分配表
（直接分配法）
201×年7月

輔助生產車間名稱			機修	運輸	金額合計
待分配費用			32,090	19,800	51,890
供應輔助生產以外單位的勞務數量			12,836	26,400	
費用分配率（單位成本）			2.5	0.75	
基本生產車間耗用	應借「製造費用」帳戶	數量	9,627	16,500	
		金額	24,067.5	12,375	36,442.5
行政管理部門耗用	應借「管理費用」帳戶	數量	3,209	9,900	
		金額	8,022.5	7,425	15,447.5
分配金額合計			32,090	19,800	51,890

輔助生產費用分配表（表4-4）中，由於輔助生產內部相互提供勞務不分配費用，因此其費用分配率（單位成本）應以待分配費用除以供應基本生產車間和行政管理部門的勞務數量之和計算。

根據輔助生產費用分配表（表4-4），可以編製如下會計分錄：
借：製造費用　　　　　　　　　　　　　　　36,442.50
　　管理費用　　　　　　　　　　　　　　　15,447.50
　　貸：輔助生產——機修車間　　　　　　　32,090
　　　　　　　　——運輸車間　　　　　　　19,800

採用直接分配法，各輔助生產車間的待分配費用只對除輔助生產車間以外的受益對象分配一次，計算工作簡單。但是，由於各輔助生產車間的費用不全，如上例中機修車間的費用中不包括所耗運輸費，運輸車間的費用中不包括所耗修理費，因而分配結果不夠準確。直接分配法一般適宜在輔助生產內部相互提供勞務不多、不進行費用的交互分配以及對輔助生產成本和企業產品成本影響不大的情況下採用。

2. 順序分配法

順序分配法是指各種輔助生產之間的費用分配應按照輔助生產車間受益的大小排列順序，受益少的排列在前，先將輔助生產費用分配出去，受益多的排列在後，後將輔助生產費用分配出去。採用順序分配法，關鍵是確定輔助生產車間彼此受益的大小，從而決定分配的順序。在分配時，前序輔助生產車間可以向後序輔助生產車間分配，但後序輔助生產車間不能向前序輔助生產車間分配。

前述【例4-2】中該企業只有機修車間和運輸車間兩個輔助生產車間，機修車間耗用運輸里程6,600千米，運輸車間耗用工時3,209小時。從耗用數量看，似乎機修車間受益多，運輸車間受益少。但是，機修車間和運輸車間的計量單位不同，不能相互比較。由於運輸車間的單位成本大大低於修理車間的單位成本，因而實際

上機修車間受益少，運輸車間受益多，機修車間應先分配，運輸車間後分配。

【例4-3】沿用前述【例4-2】的機修車間、運輸車間的資料，我們採用順序分配法編製「輔助生產費用分配表」，見表4-5：

表4-5　　　　　　　　　　**輔助生產費用分配表**

（順序分配法）

201×年7月

借方帳戶	輔助生產							製造費用			管理費用			分配金額合計
車間部門	機修車間			運輸車間			基本生產車間		行政管理部門				
	勞務數量	待分配費用	分配率	勞務數量	待分配費用	分配率	耗用數量	分配金額	耗用數量	分配金額			
	16,045	32,090		33,000	19,800								
分配機修費用	-16,045	-32,090	2	3,209	6,418		9,627	19,254	3,209	6,418			32,090
				運輸費用合計	26,218								
				分配運輸費用	26,400	-26,218	0.993,1	16,500	16,386.15	9,900	9,831.85		26,218
							分配金額合計		35,640.15		16,249.85		51,890

在輔助生產費用分配表（表4-5）中，「輔助生產」欄對應的勞務數量，對分配轉出的車間、部門來說，是本車間、部門供應其他單位的勞務數量；對分配轉入的車間、部門來說，則是本車間、部門耗用對方車間、部門的勞務數量。待分配費用包括原發生的費用和分配轉入的其他輔助生產費用，這些費用都應分配給排在後面的輔助生產車間和輔助生產以外的單位。

$$機修費用分配率 = \frac{32,090}{3,209+9,627+3,209} = 2$$

$$運輸費用分配率 = \frac{19,800+6,418}{16,500+9,900} = 0.993,1$$

根據輔助生產費用分配表（表4-5），可以編製如下會計分錄：

借：輔助生產——運輸車間　　　　　　　　　　　　　6,418
　　製造費用　　　　　　　　　　　　　　　　　　35,640.15
　　管理費用　　　　　　　　　　　　　　　　　　16,249.85
　　貸：輔助生產——機修車間　　　　　　　　　　　32,090
　　　　　　　　——運輸車間　　　　　　　　　　　26,218

上述會計分錄的借方或貸方金額58,308元比機修車間和運輸車間兩個輔助生產車間待分配費用之和51,890元多6,418元。這一差額是由輔助生產內部轉帳，即將機修費用分配計入運輸費用造成的。

上述輔助生產費用表（表4-5）的下部呈梯形，因而這種分配方法又稱為梯形分配法或半交互分配法。採用這種分配方法，各種輔助生產費用雖然也只分配一次，但它既分配給輔助生產以外的受益單位，又分配給排列在後面的其他輔助生產車間、部門，因此分配結果的準確性和計算的工作量有所增加。由於排列在前面的輔助生產車間、部門不負擔排列在後面的輔助生產車間、部門的費用，因此分配結果的準

確性仍然受到一定的影響。這種分配方法適宜各輔助生產車間、部門之間相互受益程度有明顯順序的企業採用。

3. 一次交互分配法

一次交互分配法是指先根據各輔助生產車間、部門相互提供勞務的數量和交互分配前的費用分配率（單位成本）進行一次交互分配，然後將各輔助生產車間、部門交互分配後的實際費用（即交互分配前的費用加上交互分配轉入的費用，減去交互分配轉出的費用）再按照提供勞務的數量，在輔助生產車間、部門以外的各受益單位之間進行分配。

【例4-4】仍沿用前述【例4-2】的機修車間、運輸車間資料，我們採用一次交互分配法編製「輔助生產費用分配表」見表4-6：

表4-6　　　　　　　輔助生產費用分配表

（一次交互分配法）

201×年7月

項目			交互分配			對外分配		
輔助生產車間名稱			機修	運輸	合計	機修	運輸	合計
待分配費用			32,090	19,800	51,890	29,632	22,258	51,890
勞務供應數量總額			16,045	33,000		12,836	26,400	
費用分配率（單位成本）			2	0.60		2.308,5	0.843,1	
輔助生產耗用	應借「輔助生產」帳戶	機修車間	數量		6,600			
			金額		3,960	3,960		
		運輸車間	數量	3,209				
			金額	6,418		6,418		
		金額小計		6,418	3,960	10,378		
基本生產車間耗用	應借「製造費用」帳戶	數量					9,627	16,500	
		金額					22,223.93	13,911.15	36,135.08
行政管理部門耗用	應借「管理費用」帳戶	數量					3,209	9,900	
		金額					7,408.07	8,346.85	15,754.92
分配金額合計						29,632	22,258	51,890

在輔助生產費用分配表（表4-6）中，「交互分配」欄中的待分配費用除以勞務供應數量總額，即為費用分配率。「對外分配」欄中的待分配輔助生產費用為：

機修車間待分配費用＝32,090+3,960-6,418＝29,632（元）

運輸車間待分配費用＝19,800+6,418-3,960＝22,258（元）

「對外分配」欄所依據的勞務供應數量總額為：

機修車間：9,627+3,209＝12,836（小時）

運輸車間：16,500+9,900＝26,400（千米）

根據輔助生產費用分配表（表4-6），可以編製如下會計分錄：

(1) 交互分配會計分錄

借：輔助生產——機修車間　　　　　　　　　　　　3,960
　　　　　　——運輸車間　　　　　　　　　　　　6,418
　貸：輔助生產——機修車間　　　　　　　　　　　　6,418
　　　　　　——運輸車間　　　　　　　　　　　　3,960

(2) 對外分配會計分錄

借：製造費用　　　　　　　　　　　　　　　　　36,135.08
　　管理費用　　　　　　　　　　　　　　　　　15,754.92
　貸：輔助生產——機修車間　　　　　　　　　　　29,632
　　　　　　——運輸車間　　　　　　　　　　　22,258

一次交互分配法除以上分配程序以外，還有一種分配程序：第一步，將輔助生產車間發生的直接費用在所有受益對象（包括輔助車間）之間進行分配；第二步，將各輔助生產車間第一步分配進來的費用在除輔助生產車間之外的各受益對象之間進行追加分配。這種分配程序比第一種分配程序的計算工作量相對要大一些。

採用一次交互分配法，由於對輔助生產車間內部相互提供的勞務全部進行了交互分配，因而提高了分配結果的合理性和準確性。但是，由於各種輔助生產費用都要計算兩個分配率，進行兩次分配，增加了分配計算工作量。這種方法適合於輔助生產車間之間相互提供產品或勞務數量大、無順序且不平衡的企業。

4. 計劃成本分配法

計劃成本分配法是指先按輔助生產車間產品或勞務的計劃單位成本（即計劃價）和實際耗用量進行分配，然後將計劃成本調整為實際成本的方法。

採用這種方法，具體分配程序是：先按計劃單位成本對各受益對象（包括輔助生產車間）進行分配，然後將輔助生產實際發生的費用（包括輔助生產交互分配轉入的費用）與計劃成本分配轉出的費用相比較，求出差額，再將差額追加分配給除輔助生產車間以外的各受益對象。

【例4-5】仍沿用前述【例4-2】機修車間、運輸車間的資料，假設機修車間的計劃單位成本為2.4元，運輸車間的計劃單位成本為0.80元。按照計劃成本分配方法，我們編製「輔助生產費用分配表」，見表4-7。

表4-7　　　　　　　　　　輔助生產費用分配表

（計劃成本分配法）

201×年7月

項目	計劃成本分配			調整分配			合計
	機修車間	運輸車間	小計	機修車間	運輸車間	小計	
待分配輔助生產費用	32,090	19,800	51,890	-1,138	1,101.60	-36.40	
產品或勞務供應量	16,045	33,000		12,836	26,400		
單位成本（分配率）	2.4	0.80		-0.088,7	0.041,7		

表4-7(續)

項目		計劃成本分配			調整分配			合計
		機修車間	運輸車間	小計	機修車間	運輸車間	小計	
機修車間	數量		6,600					
	金額		5,280	5,280				5,280
運輸車間	數量	3,209						
	金額	7,701.60		7,701.60				7,701.60
基本生產車間	數量	9,627	16,500		9,627	16,500		
	金額	23,104.80	13,200	36,304.80	−853.92	688.05	−165.87	36,138.93
行政管理部門	數量	3,209	9,900		3,209	9,900		
	金額	7,701.60	7,920	15,621.60	−284.08	413.55	129.47	15,751.07
合計			38,508	26,400	64,908	−1,138	1,101.60	−36.40	64,871.60

表 4-7 中,「調整分配」欄（即輔助生產實際成本與計劃成本差異的分配欄）待分配輔助生產費用為:

機修車間待分配費用＝32,090+5,280−38,508＝−1,138（元）
運輸車間待分配費用＝19,800+7,701.60−26,400＝1,101.60（元）

機修車間「調整分配」欄待分配數為負數,表示節約額；運輸車間「調整分配」欄待分配數為正數,表示超支額。

根據輔助生產費用分配表（表 4-7）,可以作如下會計分錄:

(1) 按計劃成本分配

借：輔助生產——機修車間　　　　　　　　　　5,280
　　　　　　——運輸車間　　　　　　　　　　7,701.60
　　製造費用　　　　　　　　　　　　　　　　36,304.80
　　管理費用　　　　　　　　　　　　　　　　15,621.60
貸：輔助生產——機修車間　　　　　　　　　　38,508
　　　　　　——運輸車間　　　　　　　　　　26,400

(2) 調整計劃成本與實際成本差異

借：製造費用　　　　　　　　　　　　　　　　165.87
　　管理費用　　　　　　　　　　　　　　　　129.47
貸：輔助生產——機修車間　　　　　　　　　　1,138
　　　　　　——運輸車間　　　　　　　　　　1,101.60

計劃成本分配法以事先制定的計劃單位成本作為分配率,既能簡化計算工作,又能加快分配速度。通過計劃成本與實際成本的比較,便於對輔助生產車間的業績進行評價和分析,有利於分析、考核各受益單位的經濟責任。但是如果計劃單位成本偏離實際成本太多,會產生較大的成本差異,影響到對輔助生產車間業績考核的準確性。因此,這種方法適用於輔助生產產品或勞務的計劃單位成本比較準確、穩定的生產企業。

5. 代數分配法

代數分配法是指運用代數中多元一次聯立方程組的原理，先計算出輔助生產產品或勞務的實際單位成本，再按照各受益車間、部門的實際耗用數量分配輔助生產費用的方法。

【例4-6】仍沿用前述【例4-2】機修車間、運輸車間的資料，設機修車間每小時修理成本為 x 元，運輸車間每千米運輸成本為 y 元，據以設立聯立方程組：

$$\begin{cases} 32,090 + 6,600y = 16,045x \\ 19,800 + 3,209x = 33,000y \end{cases}$$

通過解上述聯立方程組得出 x、y 的值：

$$\begin{cases} x = 2.340,5 \\ y = 0.827,6 \end{cases}$$

根據上述計算結果，我們採用代數分配法編製「輔助生產費用分配表」，見表4-8。

表4-8中，「金額合計」數 64,862.83 比兩個輔助生產車間的「待分配費用合計」數 51,890 多 12,972.83 元。這一差額是由於機修車間和運輸車間之間交互分配費用的輔助生產內部轉帳所致。

表4-8　　　　　　　輔助生產費用分配表
(代數分配法)
201×年7月

輔助生產車間名稱			機修	運輸	金額合計
待分配費用			32,090	19,800	51,890
勞務供應總量			16,045	33,000	
用代數分配法算出的實際單位成本			2.340,5	0.827,6	
輔助生產車間耗用	應借「輔助生產」帳戶	機修車間 數量		6,600	
		金額		5,462.16	5,462.16
		運輸車間 數量	3,209		
		金額	7,510.67		7,510.67
		分配金額小計	7,510.67	5,462.16	12,972.83
基本生產車間耗用	應借「製造費用」帳戶	耗用數量	9,627	16,500	
		分配金額	22,531.99	13,655.40	36,187.39
行政管理部門耗用	應借「管理費用」帳戶	耗用數量	3,209	9,900	
		分配金額	7,509.50	8,193.11	15,702.61
分配金額合計			37,552.16	27,310.67	64,862.83

根據輔助生產費用分配表（表4-8），可以編製如下會計分錄：

借：輔助生產 ——機修車間　　　　　　　　　　5,462.16
　　　　　　 ——運輸車間　　　　　　　　　　7,510.67
　　製造費用　　　　　　　　　　　　　　　　36,187.39
　　管理費用　　　　　　　　　　　　　　　　15,702.61

貸：輔助生產——機修車間　　　　　　　　　　37,552.16
　　　　　　——運輸車間　　　　　　　　　　27,310.67

採用代數分配法分配費用，分配結果最準確。但是，在分配之前要解聯立方程組，如果輔助生產車間、部門較多，計算比較複雜。因此，在計算工作已經實現電算化的企業中採用這種方法比較適宜。

通過輔助生產費用的歸集和分配，應計入本月產品成本的生產費用都已分別歸集在「基本生產」和「製造費用」兩個總帳和所屬明細帳的借方。其中，記入「基本生產」總帳借方的費用已在各產品成本明細帳的本月發生額中按有關的成本項目反應。

第二節　製造費用歸集與分配

一、製造費用的歸集

（一）製造費用的組成內容

製造費用是指製造企業各個生產單位（包括車間和分廠）為組織和管理生產而發生的各項費用，直接用於產品生產，但未專設成本項目的專項費用，以及間接用於產品生產的各項費用。

製造費用一般包括：

（1）車間、分廠用於組織和管理生產的費用。具體包括：車間或分廠管理人員的工資及福利費，車間或分廠管理用房屋和設備的折舊費、修理費、租賃費和保險費，車間或分廠管理用具攤銷費，車間或分廠管理用的照明費、水電費、取暖費、差旅費和辦公費等。

（2）直接用於產品生產，但未專設成本項目的費用。這些費用在管理上不要求單獨核算或者不便於單獨核算。具體包括：機器設備的折舊費、修理費、租賃費和保險費，生產工具攤銷費，設計制圖費和試驗檢驗費，以及未專設成本項目的生產工藝用動力費等。

（3）間接用於產品生產的費用。這部分費用具體包括：機物料消耗，車間和分廠生產用房屋及建築物的折舊費、修理費、租賃費和保險費，車間和分廠用照明費、取暖費、運輸費和勞動保護費等。

（二）製造費用的歸集

製造費用的歸集是通過設置「製造費用」帳戶進行的。該帳戶借方歸集月份內發生的製造費用，貸方反應費用的分配，除季節性生產企業外，月末一般無餘額。為了分別反應各車間、部門各項製造費用的支出情況，該帳戶還應按不同的車間、部門設置明細帳，帳內按照費用項目設立專欄或專戶。具體格式參見表4-9。

表 4-9　　　　　　　　　　　　　**製造費用明細帳**
車間：基本生產車間　　　　　　　201×年 7 月　　　　　　　　　單位：元

201×年 月	日	憑證號數	摘要	工資	折舊費	修理費	機物料消耗	水電費	辦公費	運輸費	其他	合計	轉出	餘額
7	31	略	原材料費用分配（表3-4）				2,525					2,525		
			動力費用分配（表3-5）					1,200				1,200		
			工資費用分配（表3-12）	3,192								3,192		
			折舊費用分配（表3-13）		33,900							33,900		
			其他要素費用分配（表3-14）						5,050	400	3,800	9,250		
			轉入輔助生產費用（表4-4）			24,067.50				12,375		36,442.50		
			本月合計	3,192	33,900	24,067.50	2,525	1,200	5,050	12,775	3,800	86,509.50		
			本月轉出										86,509.50	—

製造費用明細帳中的費用項目一般是按相同性質的費用合併設立的。如將車間、分廠生產用房屋、建築物的折舊費和機器設備的折舊費以及車間、分廠管理用房屋、設備的折舊費合併設立一個「折舊費」項目，而不論其是直接用於產品生產、間接用於產品生產還是用於組織和管理生產。這樣做是為了減少費用項目和簡化核算工作。

製造費用的項目一般應包括機物料消耗、工資及福利費、折舊費、修理費、租賃（不包括融資租賃）費、保險費、低值易耗品攤銷、水電費、取暖費、運輸費、差旅費、辦公費、勞動保護費、設計制圖費、試驗檢驗費等。

企業也可以根據費用大小及管理要求，另行設立費用項目或對上述費用項目進行合併或細分。費用項目一經確定，不得任意變更，以利於各期成本費用資料的比較。

由於製造費用大多與產品生產工藝無直接聯繫（即大多是間接生產費用），而且一般是間接計入費用，因而只能按車間、部門和費用項目編製計劃加以控制。

歸集製造費用時，應根據各種記帳憑證（付款憑證、轉帳憑證）和前述各種費用分配表（包括原材料費用、外購動力費、工資費用、折舊費用等要素費用分配表，以及待攤、預提費用分配表和輔助生產費用分配表）進行登記。

如果輔助生產車間發生的製造費用是通過「製造費用」帳戶核算的，則應比照基本生產車間發生的製造費用核算。

二、製造費用的分配

（一）製造費用分配對象的確定

製造費用的分配對象應是各車間（或分廠）本期所生產的各種產品和所提供的勞務。如果各車間（或分廠）在本期生產中產生廢品，則廢品也應負擔製造費用。

由於各車間（或分廠）的製造費用水平不同，且製造費用絕大部分是企業生產單位（車間、分廠）發生的，因此，製造費用的分配應按不同車間（或分廠）分別進行，在該車間（或分廠）所生產的各種產品（或所提供的各種勞務）之間進行分配，而不應將各車間（或分廠）的製造費用匯總起來在全廠分配。但是，製造費用中可能有一部分是廠部或總廠發生的，如設計制圖費和試驗檢驗費等，如果涉及全廠範圍內所生產的產品或所提供的勞務，則這部分製造費用在發生時由廠部或總廠歸集，並在全廠或總廠範圍內統一分配。

具體分配時，在只生產一種產品的車間（或分廠）中，製造費用是直接計入費用，應直接計入該種產品成本。在生產多種產品的車間（或分廠）中，如果各生產班組按產品品種分工，則各班組本身發生的製造費用也是直接計入費用，應直接計入各種產品的成本，而各班組共同發生的製造費用是間接計入費用，應採用適當的分配方法計入各種產品的成本；如果各生產班組按生產工藝分工，則全部製造費用都是間接計入費用，應採用適當的分配方法分別計入該車間（或分廠）各種產品的成本。

（二）製造費用的分配方法

製造費用的分配方法很多，常用的方法有以下幾種：

(1) 生產工時（實耗工時或定額工時）比例分配法；
(2) 生產工人工資比例分配法；
(3) 機器工時比例分配法；
(4) 年度計劃分配率分配法。

採用前三種方法，有關計算公式如下：

$$分配率 = \frac{製造費用總額}{各種產品生產工時(生產工人工資、耗用機器工時)總數} \times 100\%$$

某種產品應負擔的製造費用＝該產品生產工時（生產工人工資、耗用機器工時）×分配率

【例4-7】友利機械廠基本生產車間生產甲、乙兩種產品。該企業對所發生的製造費用採用生產工時比例分配法進行分配。201×年7月該基本生產車間歸集的製造費用總額為86,509.50元。本月甲產品耗用生產工時30,000小時，乙產品耗用生產工時20,000小時。則其分配計算過程如下：

$$分配率 = \frac{86,509.50}{50,000} = 1.730,19$$

甲產品應分配的製造費用＝30,000×1.730,19＝51,905.70（元）

乙產品應分配的製造費用＝20,000×1.730,19＝34,603.80（元）

上述計算過程一般是通過編製製造費用分配表進行的。該表的內容與格式參見表4-10：

表 4-10　　　　　　　　　　　　製造費用分配表

企業名稱：友利機械廠　　　　　　201×年 7 月

應借帳戶		生產工時	分配率	分配額
基本生產	甲產品	30,000	1.730,19	51,905.70
	乙產品	20,000	1.730,19	34,603.80
合計		50,000		86,509.50

根據表 4-10，可以編製製造費用分配的會計分錄如下：

借：基本生產——甲產品　　　　　　　　　　　51,905.70
　　　　　　——乙產品　　　　　　　　　　　34,603.80
　　貸：製造費用　　　　　　　　　　　　　　86,509.50

採用生產工時比例分配法和生產工人工資比例分配法，資料容易取得，核算比較簡便。但是，採用這兩種方法時，各種產品生產的機械化程度不能相差懸殊，否則製造費用中機器設備的折舊費、修理費將大部分由機械化程度低的產品來負擔，顯得不合理，不能真實反應各產品的成本水平。

機器工時比例分配法適用於機械化、自動化程度較高的車間，因為機器設備的折舊費、修理費等與機器運轉的時間密切相關，但製造費用並非都與機器設備的使用有關，一律按機器工時比例分配顯得不太合理。

為了提高分配結果的合理性，也可以對製造費用進行分類，分別按照機器工時和生產工時等分配。

採用計劃分配率分配法，是按照預先確定的全年度內的計劃分配率分配製造費用，不管各月實際發生多少製造費用，各月各種產品成本中的製造費用均按年度計劃分配率分配。假定以定額工時作為分配標準，則其計算公式如下：

$$年度計劃分配率 = \frac{年度製造費用計劃總額}{年度各種產品計劃產量的定額工時總數} \times 100\%$$

$$某月某種產品應負擔的製造費用 = 該月該種產品實際產量的定額工時數 \times 年度計劃分配率$$

【例 4-8】如果某車間全年製造費用計劃發生額為 600,000 元。全年各種產品的計劃產量為：A 產品 25,000 件，B 產品 10,000 件。單件產品工時定額為：A 產品 6 小時，B 產品 5 小時。1 月份實際產量為：A 產品 2,000 件，B 產品 800 件。1 月份實際發生的製造費用為 50,000 元。則年度計劃分配率和 1 月份製造費用分配計算如下：

$$製造費用年度計劃分配率 = \frac{600,000}{25,000 \times 6 + 10,000 \times 5} = 3$$

1 月份製造費用分配：

A 產品應分配製造費用 = 2,000 × 6 × 3 = 36,000（元）

B 產品應分配製造費用 = 800 × 5 × 3 = 12,000（元）

根據上述計算結果，編製 1 月份製造費用分配的會計分錄：

借：基本生產——A 產品　　　　　　　　　　　　　　36,000
　　　　——B 產品　　　　　　　　　　　　　　　　12,000
　貸：製造費用　　　　　　　　　　　　　　　　　　　　48,000

1月份「製造費用」帳戶有借方餘額2,000元。

採用計劃分配率分配法分配製造費用，「製造費用」帳戶月末可能有借方餘額，也可能有貸方餘額。借方餘額表示超過計劃的預付費用，屬於待攤性質費用，應列作企業的資產項目；貸方餘額表示按照計劃應付而未付的費用，屬於預提性質費用，應列作企業的負債項目。全年製造費用的實際發生額與計劃分配額的差額，通常應在年末調整。

【例4-9】承接【例4-8】，如果到年度結束，全年實際發生的製造費用為615,000元，至年末累計已分配製造費用620,000元（其中A產品已分配400,000元，B產品已分配220,000元），多分配5,000元。應按已分配比例調整衝回多分配的製造費用。其計算如下：

A產品應調減製造費用 $=5,000\times\dfrac{400,000}{620,000}=3,225.81$（元）

B產品應調減製造費用 $=5,000\times\dfrac{220,000}{620,000}=1,774.19$（元）

年末調整分配的會計分錄：

借：基本生產——A 產品　　　　　　　　　　　　　　3,225.81
　　　　——B 產品　　　　　　　　　　　　　　　　1,774.19
　貸：製造費用　　　　　　　　　　　　　　　　　　　　5,000

如果是超支差異（實際發生額大於計劃分配額的差額），則年終進行追加調整分配時，應編製藍字分錄（對應關係同上）。年終調整分配後，「製造費用」帳戶應無餘額。

按年度計劃分配率分配製造費用，核算工作較為簡便，特別適用於季節性生產的企業。因為在這種生產企業中，每月發生的製造費用相差不多，但生產的淡季和旺季產量卻相差懸殊，如果按實際費用進行分配，各月單位成本中的製造費用就會忽高忽低，不利於成本分析與考核。而按年度計劃分配率分配製造費用，有利於均衡各月的產品成本水平。但是，採用這種分配方法，必須要有較高的計劃管理工作水平，否則年度製造費用的計劃數脫離實際數太大，會影響企業成本計算的準確性。

通過上述製造費用的歸集和分配，除了按年度計劃分配率分配製造費用的企業外，月末「製造費用」總帳及所屬明細帳都應當沒有餘額。

至此，在不單獨核算廢品損失和停工損失的企業中，應計入當月產品成本的生產費用，都已歸集在「基本生產」總帳的借方，並已歸集在所屬產品成本明細帳本月發生額的有關成本項目中。不再單獨核算生產損失的企業，生產費用在各種產品之間的費用界限已經劃分清楚，只待劃分完工產品和在產品的費用界限。

第三節　生產損失歸集與分配

　　生產損失是指製造企業在產品生產過程中因生產工藝設備技術、生產組織管理等原因所造成的經濟損失，是一種資源浪費。生產損失由廢品損失和停工損失兩部分組成。在會計上，生產損失是企業產品成本的組成部分，加強對生產損失的核算與控制，對企業降低產品成本、提高經濟效益有著重要的作用。

一、廢品損失的歸集與分配

（一）廢品的確認與分類

　　廢品是指不符合規定的技術標準和技術要求，不能按原定用途使用，或者需要經過加工修復後才能按原定用途使用的在產品、半成品和產成品。不論是在生產過程中發現的，還是在入庫後發現的，只要不符合規定的技術標準和要求，無法按原定用途使用的產品均屬於廢品。但是，對於入庫時是合格品，由於保管不慎、運輸不當或其他原因而損壞、變質的產品不屬於廢品，這些問題屬於管理上的問題，所產生的損失應作為管理費用處理。對於經檢驗部門鑒定不需要返修而可以降價出售的不合格品，也不屬於廢品，其成本與合格品相同，其售價低於合格品售價所發生的損失，體現在產品銷售損益之中。

　　廢品按其廢損程度和在經濟上是否具有修復價值，可以分為可修復廢品和不可修復廢品兩種。可修復廢品是指在技術上能夠修復的，而且在修復過程中所發生的費用在經濟上是合算的廢品；不可修復廢品是指在技術上已不可能修復，或者在技術上雖然能夠修復，但修復費用在經濟上是不合算的廢品。經濟上是否合算是指修復費用是否小於重新製造同一產品的費用。

（二）廢品損失的組成

　　廢品損失是指因產生廢品而發生的報廢損失和廢品修復費用。其中：廢品報廢損失是指不可修復廢品的生產成本扣除收回材料及廢料價值後的損失；廢品修復費用是指為修復廢品所耗費的材料、動力、生產工人工資及福利費和製造費用等修復費用。若有造成廢品的責任人負責賠償的款項，則應沖減廢品損失。

　　為了保證產品的質量，企業各生產車間和有關部門都應配備專職質量檢驗人員。在產品、半成品和產成品經過質量檢驗後被確認為廢品的，應由檢驗人員填寫「廢品通知單」，該單內應填明廢品的名稱和數量、發生廢品的原因及責任人員、耗費的材料和工時等。如果確定廢品由責任人負責賠償時，還應註明賠償的金額。對於可修復廢品，應由原生產車間加工修復，在修復過程中所領用的材料和所耗費的工時，應另行填製領料單和工作通知單，並在單內註明「修復廢品」字樣；對於不可修復廢品，應填製「廢品交庫單」，在單內註明廢品殘料的價值，然後將「廢品交庫單」連同廢品一併送交廢品倉庫。廢品通知單、領料單、工作通知單和廢品交庫單是進行廢品損失核算的原始憑證。

(三）廢品損失的歸集與分配

為了單獨反應廢品損失情況，加強對廢品損失的控制，企業可以設置「廢品損失」帳戶。該帳戶是成本類帳戶，用以專門進行廢品損失的歸集與分配。企業發生可修復廢品的修復費用和不可修復廢品已耗費的成本轉入時，記入該帳戶的借方；不可修復廢品收回殘值、應收責任人賠償款和結轉廢品淨損失時，記入該帳戶的貸方；該帳戶期末無餘額。該帳戶應以車間和產品名稱設置明細帳戶。

1. 可修復廢品損失的歸集與分配

可修復廢品損失是指廢品在修復過程中所發生的各項修復費用。企業對於可修復廢品在返修前發生的生產費用，仍應保留在「基本生產」帳戶內。返修廢品發生的修復費用可以根據材料、動力、工資及福利費和製造費用等分配表分配的結果進行歸集。如果有收回殘料或應收賠償款，應根據「廢品交庫單」或「廢品通知單」中相關項目的金額從「廢品損失」帳戶轉入「原材料」或「其他應收款」帳戶。期末將「廢品損失」帳戶所歸集的可修復廢品的淨損失全部分配轉入「基本生產」帳戶。

【例 4-10】某工廠 201×年 7 月份在生產過程中發現並修復了 6 件 A 產品的廢品。

（1）月末各種費用分配表列明 A 產品的修復費用為 8,286 元，其中：原材料 4,000 元，工資 2,000 元，福利費 280 元，外購動力 406 元，製造費用 1,600 元。作分錄如下：

借：廢品損失——A 產品　　　　　　　　　　　　8,286
　貸：原材料　　　　　　　　　　　　　　　　　4,000
　　　應付帳款　　　　　　　　　　　　　　　　　406
　　　應付職工薪酬　　　　　　　　　　　　　　2,280
　　　製造費用　　　　　　　　　　　　　　　　1,600

（2）可修復 A 產品經批准由責任人負責賠償 200 元，予以轉帳。作分錄如下：

借：其他應收款——責任人　　　　　　　　　　　　200
　貸：廢品損失——A 產品　　　　　　　　　　　　200

（3）將廢品淨損失分配轉入 A 產品成本。作分錄如下：

借：基本生產——A 產品　　　　　　　　　　　　8,086
　貸：廢品損失——A 產品　　　　　　　　　　　8,086

2. 不可修復廢品損失的歸集與分配

企業在歸集與分配不可修復廢品損失之前，必須先確定不可修復廢品的成本。不可修復廢品的成本在報廢之前是與合格產品合併在一起的，為此必須先採用一定的方法確定不可修復廢品的成本，並將其從合格產品的成本中分離出來，然後將不可修復廢品的成本減去廢品的殘料和應收賠償款，餘額即為不可修復廢品淨損失。

確定不可修復廢品成本的方法有實際成本法和定額成本法兩種，現分別加以介紹。

(1) 採用實際成本法計算不可修復廢品成本

實際成本法是指根據合格產品和不可修復廢品實際耗用的總成本，按合格產品與不可修復廢品的數量比例計算不可修復廢品損失的方法。倘若在加工過程中產生廢品，則應根據該廢品的投料方式和加工程度將其折合成合格品的數量計算。實際成本法的計算公式如下：

$$\text{不可修復廢品某成本項目費用分配率} = \frac{\text{該成本項目費用總額}}{\text{合格品數量}+\text{廢品折合數量}} \times 100\%$$

$$\text{不可修復廢品某成本項目應負擔的費用} = \text{不可修復廢品折合數量} \times \text{不可修復廢品某成本項目費用分配率}$$

上式中，某成本項目是指直接材料、直接人工和製造費用項目。

【例4-11】某工廠201×年7月份投產B產品1,200件，原材料在生產開始時一次性投入。在加工到50%時，發生12件不可修復廢品。全部加工完畢後驗收時，合格品為1,180件，不可修復廢品為8件。生產B產品耗用直接材料99,060元，直接人工55,258.32元，製造費用34,148.40元。不可修復廢品的殘料價值為100元。

計算B產品不可修復廢品各成本項目的折合數量。
B產品不可修復廢品直接材料成本項目折合數量＝12+8＝20（件）
B產品不可修復廢品其他各成本項目折合數量＝12×50%+8＝14（件）

②根據上述資料及B產品不可修復廢品的折合數量，編製廢品損失計算表，以確定廢品淨損失，如表4-12所示。

表4-11　　　　　　　　　廢品損失計算表（實際成本法）
車間：第一生產車間　　　　　　201×年7月　　　　　　產品名稱：B產品

項目	數量或折合數量	直接材料	數量或折合數量	直接人工	製造費用	合計
生產費用總額	1,200	99,060	1,194	55,258.32	34,148.40	188,466.72
費用分配率		82.55		46.28	28.60	
廢品成本	20	1,651	14	647.92	400.40	2,699.32
減：廢品殘值		100				100
廢品淨損失		1,551		647.92	400.40	2,599.32

③根據表4-11，作廢品損失會計分錄：
a. 結轉不可修復廢品成本
借：廢品損失——B產品　　　　　　　　　　　　　2,699.32
　貸：基本生產——B產品（直接材料）　　　　　　　1,651
　　　　　　——B產品（直接人工）　　　　　　　　647.92
　　　　　　——B產品（製造費用）　　　　　　　　400.40
b. 回收廢品殘料作價入庫
借：原材料　　　　　　　　　　　　　　　　　　　100
　貸：廢品損失——B產品　　　　　　　　　　　　　100

c. 將廢品損失轉入合格品成本

借：基本生產——B 產品（廢品損失） 2,599.32
　　貸：廢品損失——B 產品 2,599.32

按照廢品的實際成本計算和分配不可修復廢品損失，符合生產的實際情況，但其核算工作量較大，而且必須等待「基本生產」明細帳戶將生產費用歸集完畢之後才能進行計算。

(2) 採用定額成本法計算不可修復廢品成本

定額成本法是根據單位產品定額成本和發生的不可修復廢品的數量以及投料方式和加工程度計算不可修復廢品損失的方法。

【例4-12】某工廠201×年7月生產C產品1,000件。原材料在生產開始時一次性投入。在加工到60%時，發生5件不可修復廢品。全部加工完畢後驗收時，合格品為983件，不可修復廢品為12件。該產品定額成本為167元，其中直接材料為88元，直接人工為48.20元，製造費用為30.80元。

①計算C產品不可修復廢品各成本項目的折合數量。
C產品不可修復廢品直接材料成本項目折合數量＝5+12＝17（件）
C產品不可修復廢品其他各成本項目折合數量＝5×60%+12＝15（件）

②假設每件不可修復廢品殘料單位價值為8元，根據上述資料及C產品不可修復廢品的折合數量編製廢品損失計算表，如表4-13所示。

表 4-12　　　　　　　　廢品損失計算表（定額成本法）

車間：第一生產車間　　　　　201×年7月　　　　　產品名稱：C產品

項目	數量或折合數量	直接材料	數量或折合數量	直接人工	製造費用	合計
費用定額		88		48.20	30.80	167
廢品成本	17	1,496	15	723	462	2,681
減：廢料殘值		136				136
廢品淨損失		1,360		723	462	2,545

a. 結轉廢品成本

借：廢品損失——C 產品 2,681
　　貸：基本生產——C 產品（直接材料） 1,496
　　　　　　——C 產品（直接人工） 723
　　　　　　——C 產品（製造費用） 462

b. 將不可修復廢品殘料作價入庫

借：原材料 136
　　貸：廢品損失——C 產品 136

c. 將廢品淨損失轉入合格產品成本

借：基本生產——C 產品（廢品損失） 2,545
　　貸：廢品損失——C 產品 2,545

採用定額成本法確定不可修復廢品成本，計算較為簡便、及時，計入產品成本的廢品損失不受實際耗費水平高低的影響，有利於對廢品損失進行分析和考核。但是，採用這種方法的企業必須有準確的消耗定額，否則會影響成本計算的正確性。

對於廢品率低，對產品成本影響不大的企業，如果管理部門不要求會計部門提供專門的廢品損失資料，為簡化核算工作，可以不設置「廢品損失」帳戶及成本項目。在這種情況下，廢品發生的耗費及修復費用就與正品耗費混在一起，最終計入正品成本，提高合格品的單位成本。

二、停工損失的歸集與分配

（一）停工損失的確認與報告

停工損失是指生產車間或班組因計劃減產、停電、待料、機器設備發生故障等原因而造成的損失。停工損失包括停工期間支付的生產工人工資和計提的職工福利費、應負擔的製造費用和所耗費的燃料及動力等。

企業發生停工的原因很多，並不是所有停工造成的損失都作為停工損失處理。因季節性生產停工和設備大修理停工而造成的損失，應在「製造費用」帳戶歸集；因自然災害原因停工而造成的損失，應在「營業外支出」帳戶歸集。企業停工時間較短的，為了簡化核算工作，也可以不計算停工損失。

企業發生停工時，應由生產車間或班組填製「停工報告單」，停工報告單一式數聯，由生產車間或班組填列後轉交勞動工資部門，由其核定工資支付率和支付金額，再轉交會計部門，經會計人員審核無誤後，作為停工損失核算的主要依據。

（二）停工損失的歸集與分配

企業為了掌握停工損失對產品成本的影響程度，明確停工損失的責任，加強對停工損失的控制和分析，減少停工損失，可以設置「停工損失」帳戶，對停工損失進行單獨歸集和分配。該帳戶是成本類帳戶，用以核算停工期間應計的費用。企業停工期間發生應計入停工損失的各種費用時，記入該帳戶的借方；應收責任人或保險公司的賠償款和結轉停工淨損失時，記入該帳戶的貸方；除停工超過1個月，車間無產品生產可以保留期末餘額外，該帳戶通常期末無餘額。該帳戶應按生產車間設置明細帳戶。

生產車間在停工期間發生的應計入停工損失的各項生產費用，應根據停工報告單等有關憑證，在編製各種費用分配表時一併參與分配。通常按生產工時和停工工時比例分配，然後根據各種費用分配表將應計入停工損失的各種費用歸集在「停工損失」帳戶內。若發生應收賠償款，則借記「其他應收款」帳戶，貸記「停工損失」帳戶。期末將歸集的停工淨損失進行分配，按停工車間生產產品的生產工人工時或工資、機器工時比例進行分配。分配的公式和方式與製造費用相同，不再重述。停工淨損失經過分配後轉入「基本生產」帳戶。

凡不單獨核算停工損失的企業，不設置「停工損失」帳戶及成本項目。在停工損失較少發生的企業，為簡化核算工作，也可以不單獨核算停工損失，停工期間發生的停工損失費用直接記入「製造費用」「營業外支出」等帳戶。

第四節　生產費用在完工產品與在產品之間的分配

一、生產費用在完工產品與在產品之間分配的方式

每月末，當產品成本明細帳（即基本生產明細帳）中按照成本項目歸集了本月生產費用後，如果產品已經全部完工，產品成本明細帳中歸集的生產費用（如果有月初在產品，還包括月初在產品成本）之和，就是該種完工產品的成本；如果產品全部沒有完工，產品成本明細帳中歸集的生產費用之和，就是該種在產品的成本；如果既有完工產品，又有在產品，則產品成本明細帳中歸集的生產費用之和，還必須在完工產品與月末在產品之間，採用適當的分配方法進行分配，以計算出完工產品和月末在產品的成本。

現將前述友利機械廠基本生產車間甲、乙兩種產品成本明細帳列示如表 4-13 和表 4-14。

表 4-13　　　　　　　　　　　**產品成本明細帳**
車間：基本生產車間　　　　　（基本生產明細帳）　　　　　本月完工：2,000 件
產品：甲產品　　　　　　　　　　　　　　　　　　　　　　　月末在產品：694 件

月	日	憑證號數	摘　要	成本項目			合　計
				直接材料	直接人工	製造費用	
6	30	(略)	在產品成本	31,055	14,248	15,584.30	60,887.30
7	31		原材料費用分配（表 3-4）	97,465			97,465
			動力費用分配（表 3-5）	6,180			6,180
			工資與福利費用分配（表 3-12）		47,652		47,652
			製造費用分配（表 4-10）			51,905.70	51,905.70
			本月生產費用合計	103,645	47,652	51,905.70	203,202.70
			轉出本月完工產品成本	100,000	52,452	57,188.80	209,640.80
7	31		在產品成本	34,700	9,448	10,301.20	54,449.20

表 4-14 **產品成本明細帳**

車間：基本生產車間　　　　　　（基本生產明細帳）　　　　　本月完工：1,400 件
產品：乙產品　　　　　　　　　　　　　　　　　　　　　　　月末在產品：

月	日	憑證號數	摘　要	直接材料	直接人工	製造費用	合　計
6	30	（略）	在產品成本	10,400	4,604	5,396.20	20,400.20
7	31		原材料費用分配（表3-4）	40,400			40,400
			動力費用（表3-5）	4,200			4,200
			工資費用分配（表3-12）		24,396		24,396
			製造費用分配（表4-10）			34,603.80	34,603.80
			本月生產費用合計	44,600	24,396	34,603.80	103,599.80
			轉出本月完工產品成本	55,000	29,000	40,000	124,000

在表 4-13 和表 4-14 所列示的甲、乙兩種產品成本明細帳中，7 月份的各種生產費用，應根據前述各項費用分配表登記。從甲產品成本明細帳中可以看出，甲產品既有完工產品，又有月末在產品，必須將產品成本明細帳中歸集的生產費用在完工產品和月末在產品之間進行分配。

月初在產品成本、本月生產費用、完工產品成本和月末在產品成本四者之間的關係，可以用公式表示如下：

月初在產品成本＋本月生產費用＝本月完工產品成本＋月末在產品成本

上式中，前兩項之和在完工產品與月末在產品之間進行分配的方式一般有兩種：

第一種方式是將前兩項之和在完工產品與月末在產品之間按照一定的比例進行分配，同時計算出完工產品成本和月末在產品成本。在這種方式下，一旦分配標準和比例確定，完工產品成本和月末在產品成本計算沒有先後順序。這種分配方式可以圖示如下：

（月初在產品成本＋本月生產費用）─比例─→ 本月完工產品成本
　　　　　　　　　　　　　　　　　　　　→ 月末在產品成本

第二種方式是採用一定的方法（如定額成本法、計劃成本法等）先確定月末在產品成本，然後從前兩項之和中減去月末在產品成本，計算出本月完工產品成本。在這種方式下，完工產品和月末在產品成本計算有先後順序，必須採用一定的方法先確定月末在產品成本，然後才可能倒軋出本月完工產品成本。這種分配方式可以圖示如下：

[(月初在產品成本＋本月生產費用)－月末在產品成本]→本月完工產品成本

企業無論採用哪一種分配方式，都必須正確提供月末在產品數量資料，以便為生產費用在完工產品和月末在產品之間進行分配提供依據。

二、在產品數量核算

在產品是指已經投入生產，但沒有完成全部生產過程，不能作為商品銷售的產品。

在產品包括狹義在產品和廣義在產品。前者是指某車間或某一生產步驟正在加工中的在製品（含返修中的廢品）；後者是指企業各個車間正在加工中的在製品和已經完成一個或幾個生產步驟，還需繼續加工的半成品（含未經驗收入庫的產品和等待返修的產品）。狹義在產品是就某一車間或某一生產步驟而言的，廣義在產品則是就整個企業而言的。

在產品上占用的資金屬於企業的生產資金，是企業流動資金的組成部分。加強在產品數量核算與管理，反應和控制在產品數量的增減變動和結存，不僅對正確計算產品成本、加強生產資金管理以及保護在產品的安全、完整具有重要作用，而且對掌握生產進度、加強生產管理具有重要意義。

在產品數量核算必須具備帳面核算資料和實際盤點資料，前者通過設置「在產品臺帳」，組織在產品收發結存的日常核算。「在產品臺帳」應分車間，按照產品品種和在產品的名稱設置，用以登記車間各種在產品轉入、轉出和結存的數量。「在產品臺帳」還可以根據生產特點和管理需要，按照在產品加工工序設置，以便反應在產品在各工序間的轉移和數量變動情況。各車間或工序應做好在產品的計量、驗收和交接工作，並在此基礎上，根據領料憑證、在產品內部轉移憑證、產品檢驗憑證和產品交庫憑證，及時登記「在產品臺帳」。「在產品臺帳」一般由車間核算人員登記（也可以由班組核算人員登記，車間核算員匯總），其格式參見表4-15：

表 4-15　　　　　　　　　　在產品臺帳

在產品名稱：甲種在產品
車間名稱：××車間　　　　　　　　　　　　　　　　單位：件

日期	摘要	收入		轉出			結存	
		憑證號	數量	憑證號	合格品	廢品	完工	未完工
		101	80	201	76		2	2
		103	84	203	78	2	2	2
		…	…	…	…	…	…	…
	合計		2,600		2,500	20	40	40

企業應對在產品定期或不定期地進行清查，以取得在產品的實際盤存資料，並與「在產品臺帳」進行核對，編製「在產品盤存表」，填明在產品的帳存數、實存數、盤盈盤虧數以及盈虧的原因和處理意見等資料。對於報廢和毀損的在產品，還要登記殘值。如不設置「在產品臺帳」，也應按月進行在產品盤點，取得實際資料，作為編製在產品盤存表的依據。對於「在產品盤存表」，必須進行認真審查，分析原因，採取措施，改善在產品管理，並根據審查結果按照財務會計中存貨盤盈盤虧

方法進行帳務處理。

庫存半成品增減變動及清查的核算，可以比照庫存材料的核算進行。輔助生產的在產品數量核算與基本生產車間相似，在「輔助生產」帳戶進行。

三、生產費用在完工產品與在產品之間分配的方法

在完工產品和月末在產品之間分配生產費用，應根據在產品數量的多少、各月在產品數量的波動程度、各項費用比重的大小、定額管理水平等具體條件，選用適當的分配方法。

(一) 約當產量比例法

約當產量是指將月末在產品實際數量按其完工程度折合為完工產品的數量。約當產量比例法是指按照完工產品數量和在產品約當產量的比例分配費用的方法。計算公式如下：

在產品約當產量＝在產品數量×完工百分比

$$某項費用分配率 = \frac{該項費用總額}{完工產品產量＋在產品約當產量} \times 100\%$$

完工產品應分配該項費用＝完工產品產量×該項費用分配率

在產品應分配該項費用＝在產品約當產量×該項費用分配率
　　　　　　　　　　＝該項費用總額－完工產品該項費用分配額

上述費用的分配，應按成本項目進行，以反應完工產品和在產品的成本構成，滿足成本計算的要求。

如果產品耗用的直接材料是生產開始時一次性投入的，則無論在產品完工程度如何，都應負擔全部直接材料費用，即按在產品實際數量與完工產品產量的比例分配直接材料費用；如果直接材料是逐次投入的，則在產品的耗料程度應按完工程度確定，此時應按在產品完工程度將其折合為約當產量，再按與完工產品產量的比例進行分配。其他成本項目一律按在產品的約當產量和完工產品產量的比例進行分配。

採用約當產量比例法，在產品完工程度的測定對費用分配的準確性有著決定性影響。在各工序在產品數量和單位在產品在各工序的加工量都相差不大的情況下，後面各工序在產品多加工的程度可以抵補前面各工序少加工的程度。這樣，全部在產品完工程度均可按50%平均計算。如果不屬於這種情況，則各工序在產品的完工程度要按工序分別測定。

為了提高成本計算的準確性，加速成本計算工作，可以根據各工序的累計工時定額占完工產品工時定額的比例，事前確定各工序在產品的完工率即加工程度。計算公式如下：

$$某道工序在產品完工率 = \frac{前面各道工序工時定額之和＋本工序工時定額\times 50\%}{產品工時定額} \times 100\%$$

上式中，本工序（即在產品所在工序）的工時定額之所以乘以50%，是因為該工序中各件在產品完工程度不同，為簡化完工率的測算工作，完工程度都按50%計算。在產品從上一道工序轉入下一道工序時，其上一道工序已經完工，因而前面各

道工序的工時定額都按 100% 計算。

【例 4-13】友利機械廠甲產品的工時定額為 40 小時，甲產品經兩道工序加工完成，每道工序工時定額分別為 30 小時和 10 小時。則其完工率計算如下：

第一道工序完工率 $=\dfrac{30\times50\%}{40}\times100\%=37.5\%$

第二道工序完工率 $=\dfrac{30+10\times50\%}{40}\times100\%=87.5\%$

產品各工序的完工率確定後，每月計算產品成本時，根據各工序的月末在產品數量和確定的完工率，就可以計算各工序月末在產品的約當產量，以及月末所有工序在產品的約當產量總數。

【例 4-14】根據表 4-13 和【例 4-13】的資料，甲產品月末在產品為 694 件，其中第一道工序的在產品為 494 件，第二道工序的在產品為 200 件。則甲產品月末在產品約當產量計算如下：

第一道工序在產品約當產量 = 494×37.5% = 185.25（件）
第二道工序在產品約當產量 = 200×87.5% = 175（件）
月末在產品約當產量總數 = 185.25+175 = 360.25（件）

【例 4-15】根據表 4-13 和【例 4-14】的資料，採用約當產量比例法分配甲產品生產費用，計算其完工產品成本和月末在產品成本（假設甲產品耗用的材料是在生產開始時一次性投入的）。則：

直接材料分配率 $=\dfrac{31,055+103,645}{2,000+694}=50$

完工產品分配的直接材料 = 2,000×50 = 100,000（元）
月末在產品分配直接材料 = 694×50 = 34,700（元）

直接人工分配率 $=\dfrac{14,248+47,652}{2,000+360.25}=26.226,0$

完工產品分配直接人工 = 2,000×26.226,0 = 52,452（元）
月末在產品分配直接人工 = 360.25×26.226,0 = 9,448（元）

製造費用分配率 $=\dfrac{15,584.30+51,905.70}{2,000+360.25}=28.594,4$

完工產品分配製造費用 = 2,000×28.594,4 = 57,188.80（元）
月末在產品分配製造費用 = 360.25×28.594,4 = 10,301.20（元）

上述分配過程中，由於直接人工和製造費用兩個成本項目的分配率都除不盡，故在計算月末在產品應分配直接人工和製造費用時都對尾數進行了調整，以便使完工產品成本加上月末在產品成本等於月初在產品成本加上本月生產費用合計數。上述分配過程的結果已登記在表 4-13 中。

(二) 按定額成本計算

在產品按定額成本計算的方法是根據在產品的數量與單位材料消耗定額、工時定額與單位工時的工資定額、費用定額計算在產品成本的方法。計算公式如下：

$$\begin{aligned}\text{在產品的直接材料定額成本} &= \text{在產品數量} \times \text{單位材料消耗定額} \times \text{材料計劃單價}\end{aligned}$$

$$\begin{aligned}\text{在產品人工（製造費用）定額成本} &= \text{在產品數量} \times \text{單位工時定額} \times \text{單位定額工時人工（製造費用）定額}\end{aligned}$$

$$\text{在產品定額成本} = \text{在產品直接材料定額} + \text{在產品人工定額成本} + \text{在產品製造費用定額成本}$$

完工產品成本＝生產費用合計－在產品定額成本

採用定額成本計算在產品成本，當月脫離定額的差異全部由完工產品成本負擔。採用這一方法，要求各項定額準確，各月在產品數量變動不大，否則分配結果就會不合理。在修訂消耗定額時，月末在產品按新定額計價發生的差額，也由完工產品成本負擔。因此，採用這種方法，要求消耗定額比較穩定，不宜經常修改。

為了簡化計算工作，採用這種方法時可以根據各項費用在成本中的比重，或者只計算在產品的材料定額成本，或者計算在產品的材料和人工定額成本，其他未計入在產品成本的費用，由於比重較小，全部由完工產品成本負擔。

（三）定額比例分配法

定額比例分配法是按照完工產品和月末在產品定額費用的比例分配生產費用的方法。其中，直接材料費用按材料定額費用的比例分配，直接人工和製造費用按定額工時的比例分配。計算公式如下：

$$\text{直接材料費用分配率} = \frac{\text{月初在產品直接材料費用} + \text{本月直接材料費用}}{\text{完工產品定額直接材料費用} + \text{月末在產品定額直接材料費用}} \times 100\%$$

$$\text{完工產品分配直接材料費用} = \text{完工產品定額直接材料費用} \times \text{直接材料費用分配率}$$

$$\text{月末在產品分配直接材料費用} = \text{月末在產品定額直接材料費用} \times \text{直接材料費用分配率}$$

$$\text{直接人工（製造費用）分配率} = \frac{\text{月初在產品直接人工（製造費用）} + \text{本月直接人工（製造費用）}}{\text{完工產品定額工時} + \text{月末在產品定額工時}} \times 100\%$$

$$\text{完工產品分配直接人工（製造費用）} = \text{完工產品定額工時} \times \text{直接人工（製造費用）分配率}$$

為了簡化計算工作，各成本項目中月末在產品應分配的費用，可以通過生產費用合計中減去完工產品應分配的費用求得。計算公式如下：

$$\text{月末在產品分配直接人工（製造費用）} = \text{月末在產品定額工時} \times \text{直接人工（製造費用）分配率}$$

（四）不計算在產品成本

在各月月末在產品數量很小的情況下，在產品成本對完工產品成本影響不大，

為了簡化核算工作，可以不計算在產品成本，即當月發生的生產費用全部由當月該種完工產品負擔。

（五）按年初在產品成本計算

在各月在產品數量不大，或月末在產品數量雖大，但各月月末在產品數量比較穩定的情況下，月初、月末在產品成本的差額對完工產品成本的影響不大，為了簡化核算工作，各月月末在產品成本均按年初在產品成本計算。年終再根據實際盤點的在產品數量，重新計算在產品成本，以保證計算出的在產品成本盡量符合實際。

（六）按所耗直接材料費用計算在產品成本

在各月在產品數量大，數量不穩定，直接材料費用占成本中的比重較大的情況下，為了簡化核算工作，月末在產品只按所耗直接材料費用計價，其他費用全部由當期完工產品負擔，即某產品耗用的直接材料費用在完工產品和月末在產品之間進行分配，以確定月末在產品成本。該產品的全部生產費用減去按直接材料費用計算的在產品成本的餘額，即為該完工產品成本。

（七）按加工費用計算月末在產品成本

在直接材料費用占產品成本比重很小，而加工費用占產品成本比重很大的加工企業中，為了簡化核算工作，月末在產品成本可以只負擔加工費用，直接材料費用全部由完工產品負擔。這樣可以將月末在產品數量按完工程度折合為約當產量，然後按照完工產品產量與在產品約當產量的比例分配各項加工費用（即除直接材料費用以外的其他各項費用），以確定月末在產品成本。

（八）按完工產品成本計算月末在產品成本

月末在產品已接近完工，或產品已加工完畢，但尚未驗收或包裝入庫時，為了簡化核算工作，月末在產品可以按完工產品成本計價，即按完工產品產量和月末在產品數量的比例，分配各項生產費用，以確定月末在產品和完工產品成本。

通過以上各種方法分配生產費用，便可以計算出完工產品成本和月末在產品成本。完工產品成本計算出來後，應從「基本生產」帳戶的貸方轉入「庫存商品」帳戶的借方。此時，「基本生產」帳戶的借方餘額即為基本生產在產品成本，也就是在基本生產過程中占用的生產資金。

本章小結：

綜合費用是在要素費用基礎上形成的費用，是一種間接性的費用，不便直接計入產品或勞務的成本，需要經過一定的歸集與分配程序後計入產品或勞務的成本。綜合費用的主要內容是輔助生產費用和製造費用。

輔助生產費用是企業中的輔助生產單位在為基本生產單位提供輔助性產品或勞務過程中發生的各項要素費用。輔助生產費用的高低會直接影響到產品成本的大小，輔助生產費用的歸集分配是整個產品成本計算的必要環節，其分配方法是否正確合理會影響到產品成本計算的準確性。輔助生產費用基本的分配方法有五種，直接分配法最簡單，順序分配法是一種半交互分配法，一次交互分配法、計劃成本法和代

數分配法是一種全交互分配方法，最準確的方法是代數分配法。每一種方法分配的思路與流程不一樣，但它們的共性是一樣的，就是將整個輔助生產單位發生的輔助生產費用最終分配給除輔助生產單位以外的基本生產單位及企業管理部門等。輔助生產費用分配方法不同，會造成每個基本生產單位及企業管理部門等承擔的輔助生產費用不同，但總的輔助生產費用總量是一樣的。因此，學習過程中，我們既要掌握所有分配方法的共性之處，又要掌握每一種輔助生產費用分配方法的流程與特點，適用的條件，以及相應的帳務處理。

　　輔助生產費用分配中，會計實務中應用比較廣泛的方法是直接分配法、一次交互分配法和計劃成本法。在小型企業中，為簡化輔助生產費用的分配工作量，直接分配法比較適用。在大中型企業中，由於常常對輔助生產單位編製有輔助生產費用預算，為考核預算執行情況，比較適合計劃成本分配法。

　　製造費用是企業的各個生產單位為了組織與管理生產活動發生的各項費用，是生產單位直接用於產品生產但在成本計算上又未專設成本項目的各項費用，以及生產單位間接用於產品生產的各項費用。會計實務中，企業製造費用的組成內容很多，其共同的特點是生產單位（生產車間、分廠）在生產活動中發生的，不能直接計入直接材料、直接人工的各項費用，都歸入製造費用。製造費用分配方法很多，關鍵是根據企業製造費用與產品生產消耗的關係，選擇一個分配的標準，這個標準在實務中要具備可操作性，易於收集其原始數據。在大中型企業中，由於常常編製有製造費用預算，更適合採用按製造費用計劃分配率分配的方法。對於每一種分配方法，關鍵是理解分配標準選擇的要求與分配流程，以及帳務處理方法。

　　生產損失是企業產品在生產過程中由於生產管理不善或者其他技術性原因等造成的廢品損失和停工損失。廢品損失根據其技術經濟性分為可修復廢品和不可修復廢品。對於廢品損失，會計上是根據企業內部控制的要求來決定是否單獨設置「廢品損失」帳戶進行專項核算。如果單獨核算，則企業成本計算單即「基本生產明細帳」也需要設置「廢品損失」這一成本項目。對於停工損失，會計上也有類似於廢品損失的處理思路。

　　生產費用在期末完工產品與在產品之間分配的方式有兩種：一種是按照一定分配標準與分配率，將期初在產品成本與本期發生的生產費用的合計數分配給期末完工產品和在產品，作為它們的成本；另一種方式是，先採用計劃成本或定額成本計算出期末在產品計劃成本或定額成本，然後倒扎出期末完工產品的成本。這兩種分配方式體現了人們解決問題的兩種不同思路，在企業中都被廣泛應用。在這兩種方式下，具體操作時人們又可以採用約當產量比例法、定額成本法、定額比例法等八種方法。對於每一種操作方法，都應當理解其分配原理與流程。特別是約當產量比例法與定額成本法，它們體現了兩種不同的分配方式，也是其他分配方法的基礎。

本章思考與拓展問題：

1. 綜合費用與要素費用是什麼關係？為什麼會產生綜合費用的問題？
2. 輔助生產費用對產品成本計算有什麼影響？
3. 輔助生產費用分配法中，直接分配法、一次交互分配法、計劃成本分配法分配的思路有何差異性？適用條件有何差異？
4. 教材中討論了5種輔助生產費用分配方法，你是否可以在此基礎上提出一種改進的方法，並加以說明。
5. 企業在製造費用分配時，如何選擇適合本企業、本產品的製造費用分配方法？請舉例說明。
6. 約當產量比例法，在分配「直接材料」這一成本項目時，需要考慮產品用料的投料方式。在一次投料、逐次均勻投料、分部投料下，如何具體分配「直接材料」這一成本項目？
7. 什麼條件下企業可以選擇只計算期末在產品材料費用的方法？請舉例說明。
8. 企業是否可以將約當產量正比例法與其他分配方法結合使用？請舉例說明其理由。

第五章
生產類型與成本計算方法

【導入案例】

　　美凌電器股份有限公司主要從事各種型號、規格的美凌冰箱及美凌冷藏設備的生產與銷售。該企業有箱體製作、發泡、總裝等基本生產車間，另設有機修與運輸兩個輔助生產部門。

　　該企業冰箱生產的基本工藝技術流程是：先由箱體製作車間經過材料切割、磷化、噴塑工藝制成各種板材，然後將板材制成冰箱內膽，再將其裝成箱殼；同時將彩色鋼板經過切割、裝配門膽制成冰箱門；箱殼與箱門組合完成整個箱體製作。箱體經檢驗合格後交發泡車間，裝配主副蒸發器，經過發泡等工序，加工成各種不同型號、規格的保溫箱體。保溫箱體經檢驗合格後再送交總裝車間，總裝車間將外購的壓縮機等外購配件與箱體一起經過焊接、裝配成各種型號與規格的冰箱，完工後再送質檢部門，質檢合格後就可以入產成品倉庫待售。

　　問題：根據美凌電器股份有限公司生產工藝技術流程及特點，你認為應當選擇什麼成本計算方法計算各種型號與規格電冰箱的成本？

【學習目標：

　　產品成本計算的目的是為企業生產經營決策提供相關的成本信息支持和服務，任何製造型企業進行要素費用和綜合費用歸集與分配之前，都有一個成本計算方法的選擇問題。企業在進行成本計算方法選擇時都不可脫離本企業生產的類型和特點，以及內部控制對成本計算信息的需求。因此，本章主要討論企業生產類型與特點和內部成本管理對成本計算方法為什麼有影響，其影響的表現是什麼，它們是如何決定不同的成本計算方法，其規律是什麼。

　　本章內容可以使前面第三、四章和後繼成本計算方法的介紹更緊密聯繫起來，起著承上啓下的作用。本章在學習過程中應當注意：

　　1. 瞭解企業生產類型的劃分，以及每一種生產類型的特點，並比較各種生產類型的差異之處。
　　2. 理解生產類型與成本管理要求不同為什麼會決定不同成本計算方法的原理。
　　3. 從理論上看，成本計算基本方法與輔助方法劃分的標準是什麼？
　　4. 為什麼一個企業不同生產車間與產品可以將不同的成本計算方法相結合

使用。

本章難點提示：

1. 生產類型與特點不同，成本管理要求不同，會形成不同的成本計算方法。
2. 產品成本計算方法的基本構成因素有產品成本計算對象、成本計算期、期末在產品計價方法，其中成本計算對象所起的作用如何？

第一節　生產類型及其特點

一、生產類型的劃分

企業生產類型是指企業的生產結構類型，也就是產品品種、產量的生產專業化程度在企業生產系統的綜合表現。

企業的生產過程多種多樣，組織生產的方式各不相同，為了便於選擇適宜的生產組織形式，編製、實施生產計劃，需要按照一定的標準對各種企業的生產過程進行分類，即生產類型的劃分。

（一）生產類型按照生產形式分類

企業生產按照生產形式，可以分為加工製造型生產和提供服務型生產。

加工製造型生產是一種龐大的生產形式，主要是對輸入的物品通過物理的或化學的、機械的作用，形成一種新的物品輸出的生產形式。加工製造型生產的主要特徵就是：對所銷售的產品進行加工或者裝配，有購進原材料，有使用人工生產裝配的生產過程。科技公司如果存在對購入的原材料加工裝配的過程就可以算作加工製造型生產企業，沒有加工生產過程的就不能算作加工製造型生產企業。現實生活中，如機械、化工、紡織、煤炭等行業存在多種加工生產形式。加工製造型生產是本章重點討論的生產類型。

提供服務型生產是一種非加工製造型生產形式，是指生產者向消費者提供的基本上是無形的行為或績效，它的生產可能與某種物質產品相聯繫，也可能毫無聯繫。服務型生產的基本特徵是提供勞務，而不製造有形產品。但是，不製造有形產品不等於不提供有形產品。典型的提供服務型生產有修理、洗衣、郵政、貨運等生產形式。

（二）加工製造型生產的分類

1. 按照生產工藝技術過程劃分

按照生產工藝技術過程的特點，加工製造型生產形式可以分為簡單生產和複雜生產。

簡單生產又稱單步驟生產，是指生產工藝技術過程不能間斷，或不能分散在不同的地點進行的生產，如發電、供水、供氣、採掘、鑄造等生產。單步驟生產具有生產工藝技術過程簡單，生產週期較短，產品品種穩定，生產只能由一個車間或一

個企業獨立完成的特點。

複雜生產又稱多步驟生產，是指生產工藝技術過程可以間斷，可以分散在不同地點、時間進行，並由若干加工步驟組成的生產。它具有工藝技術過程複雜，生產週期較長，產品品種不穩定，生產由多個車間或企業協作完成的特點。

按照加工方式和各個生產步驟的內在聯繫，複雜生產又可以分為裝配式複雜生產和連續式複雜生產。

裝配式複雜生產是指可以在不同的地點和時間分別加工組成產成品的零（部）件，然後將零（部）件組裝成最後的產品，如汽車、自行車、縫紉機、家用電器、手錶等產品的生產。這類生產的各個生產步驟具有相對的獨立性，不存在前後順序和依存關係。

連續式複雜生產是指從投入原材料到產品完工要經過若干有序的連續加工步驟（或車間），如紡織、冶金、水泥、造紙等生產。這類生產的各個生產步驟（或車間）具有先後順序和依存關係，上一步驟完工的半成品要轉入下一步驟作為加工對象繼續加工，這樣依次轉移，直到最後步驟才生產出產成品。

連續式複雜生產和裝配式複雜生產的特徵不同，其生產管理的側重點也不一樣。二者的比較見表 5-1：

表 5-1　　　　　　　連續式生產與裝配式生產的比較

特徵	連續式生產	裝配式生產
產品品種數	較少	較多
產品差別	有較多標準產品	有較多用戶要求的產品
自動化程度	較高	較低
設備布置的性質	流水式生產	批量或流水式生產
設備布置的柔性	較低	較高
生產能力	可明確規定	模糊的
擴充能力的週期	較長	較短
對設備的可靠性要求	高	較低
維修的性質	停產檢修	多數為局部修理
原材料品種數	較少	較多
能源消耗	較高	較低
在製品庫存	較低	較高
副產品	較多	較少

2. 按照生產組織方式劃分

生產組織方式是指保證生產過程各個環節和各個因素相互協調的生產工作方式。它與產品的品種、數量，生產的重複性及專業化程度有密切關係。按照生產組織方式的特點可以將企業生產分為大量生產、成批生產和單件生產三種生產類型。

大量生產是指大量不斷重複生產品種相同的產品，如發電、採掘、冶金、紡織、

造紙等生產。這類生產的主要特點是產量大，品種少，生產的重複性強，專業化程度高。

　　成批生產是指按照商品的批別、批量成批重複生產相同的產品，即每隔一定時期重複生產某種產品，如機床、電機、農機、服裝等。這類生產的主要特點是產量較大，品種較多，生產有一定的重複性，專業化程度較高。成批生產按照每批產品產量的多少，又可以分為大批生產、中批生產和小批生產。

　　單件生產是指按照購買單位的要求，依據定單規定的規格和數量生產少量或個別性質特殊的產品，如重型機器、專用設備和新產品試製等。這類生產的主要特點是品種多，產量少（一件或幾件），一般不重複，專業化程度不高，通常採用通用設備進行加工。

　　在實際工作中，大量生產與大批生產相接近，小批生產與單件生產相接近，因此企業的習慣性說法是大量大批生產、成批生產、單件小批生產。

　　不同行業劃分大量生產、成批生產和單件生產的標準是不同的。對於某一行業來說，其劃分標準也會隨著社會的進步、客觀情況的變化而做出相應的調整和變化。就機械製造行業而言，以零件大小及產量為標準，劃分大量生產、成批生產、單件生產的基本情況如表 5-2 所示：

表 5-2　　　　　　　　　按零件大小和產量區分生產類型

生產類型	產量分類	零件的年產量		
		重型零件	中型零件	輕型零件
單件生產		<5	<10	<100
成批生產	小批	5~100	10~200	100~500
	中批	100~300	200~500	500~5,000
	大批	300~1,000	500~5,000	5,000~50,000
大量生產		>1,000	>5,000	>50,000

　　以上幾種生產類型的分類在現實生活中常常是交叉、融合在一起並相互關聯的。簡單生產和連續式複雜生產，通常是大量大批生產，也可以是補充存貨型生產；裝配式複雜生產可以是大量生產、成批生產或單件生產，也可以是定貨型生產、補充存貨型生產或混合型生產；定貨型生產常見的是單件小批複雜式生產。

　　必須指出，同一企業的各個生產車間（或工段、小組）的生產也可能具有不同的生產工藝技術過程特點和不同的生產組織特點，如同一企業的基本生產車間與輔助生產車間的生產特點可能不同，同一車間的各個生產工段或小組的生產特點可能不同，但就整個企業而言，其生產特點是指主要的基本生產車間的生產特點。例如，造船工業的生產屬於單件小批裝配式複雜生產，但其發電車間的生產則屬於大量大批簡單生產，其精加工車間的零（部）件生產通常屬於大量大批連續式複雜生產。

二、不同生產類型的特徵和生產管理的側重點

（一）不同生產類型的特徵

企業的生產過程按照生產組織方式劃分為大量大批生產、成批生產和單件小批生產，它們具有不同的生產特徵和管理要求。不同生產類型的特徵見表5-3：

表5-3　　　　　　　　　　不同生產類型的特徵

特點　生產類型　項目	大量大批	成批生產	單件小批
產品品種	單一或很少	較多	很多
產品產量	很大	較大	單個或很少
工作地、工序數目	較少	較多	很多
設備布置	按對象原則，採用流水生產或自動線	既有按對象原則又有工藝原則布置的	基本按工藝原則排列
工藝裝備	採用高效和自動化專用工藝裝備	專用和通用工藝裝備並用	基本採用通用工藝裝備
生產設備	廣泛採用專用設備	專用、通用設備並存	採用通用設備
設備利用率	高	較高	低
應變能力	差	較好	很好
要求工人技術水平	低	較高	很高
勞動定額的制定	詳細	有粗有細	粗略
勞動生產率	高	較高	低
計劃管理工作	較簡單	較複雜	複雜多變
生產控制	容易	難	很難
產品成本	低	較高	高

（二）不同生產類型企業生產管理的側重點

不同生產類型的企業，基於生產特點的差異性，其生產過程管理的側重點也不一樣。現將不同生產類型生產管理的側重點歸納如下（見表5-4）。

通過以上對比分析，三種生產類型中，大量大批生產的優越性最為突出。大量大批重複生產，產品質量容易得到保證，而且分攤到每件產品上的成本是最低的，效率是最高的。進入20世紀以後，流水線用於工業生產，並成為代表性的生產方式，正說明了這一點。但是，到了20世紀後半期，由於社會的發展，科技的進步，人們的需求逐漸多樣化和個性化，許多大量大批生產的產品沒有市場，而多品種、中小批量生產的產品成為市場的主體。在這種客觀現實面前，認真分析、研究企業生產類型對於企業的生存與發展是十分重要的，企業應根據市場變化選擇適合自己的生產類型，為企業成本計算方法的確定創造良好的前提條件。

表 5-4　　　　　　　不同生產類型企業生產管理的側重點

產品功能	產品結構複雜程度	工藝過程	連續性	裝配型	
			單質或多質	產品由零部件組成	
				簡單	複雜
專用產品	單件小批		按用戶的定單組織產品的設計和製造。		
			提高企業競爭力的關鍵：強大的產品設計能力，較短的產品設計和製造週期，良好的售後服務，包括對產品的安裝調試、培訓用戶正確使用產品及產品維修等。		
			生產管理的重點：①及時掌握企業的設計能力、生產能力和成本情況，以便對隨機到達的定單進行正確決策；②隨著產品的變化，分析計劃期生產資源的不平衡情況，抓住瓶頸環節，提高瓶頸環節的生產能力；③抓住各產品中的關鍵零部件，安排好關鍵零部件的生產進度和物流平衡；④監控生產的成套性，保證產品的交貨期。		
通用產品	成批		根據市場預測結果和用戶定單制訂生產計劃：小批生產以定單為主，大批生產以預測為主。		
			提高企業競爭力的關鍵：適應市場需求，不斷開發新產品，更新老產品，提高產品質量。		
			生產管理的重點：①優化產品組合，在滿足市場需求和生產資源約束的條件下，尋求最佳經濟效益；②合理確定生產批量和生產間隔期，科學地組織各種產品的生產；③採用成組生產單元、生產線等組織形式，簡化零件進度計劃，改善零件加工過程中各工序之間的銜接；④對於複雜結構的大型產品，首先要安排好關鍵零部件的生產進度，組織好物流平衡。		
通用產品	大量大批		根據市場預測結果制訂生產計劃，控制庫存，應付市場需求的波動。		
			提高企業競爭力的關鍵：優良的產品質量、低廉的價格、供應充分的備件、方便的維修服務。		
			生產管理的重點：①保證原材料、動力不間斷地連續供應；②加強設備維修，保證不出故障；③集中制訂計劃，大量應用經過優化的標準計劃；④實現對生產過程的即時監控，保證均衡地按計劃生產，保持產品質量的穩定性；⑤不斷降低消耗和產品成本。		

第二節　生產類型、管理要求與成本計算方法

一、生產類型、管理要求對成本計算方法的影響

會計上構成產品成本計算方法的主要因素有成本計算對象、成本計算期、完工產品成本與在產品成本的劃分（即在產品計價）。

成本計算對象是指歸集生產費用、計算產品成本的對象，即生產費用的最終承

擔者，一般是指產品的品種、產品定單或批別、各個加工步驟的產品、產品的類別等。成本計算期是指計算完工產品（產成品）成本的時間週期，即歸集生產費用、計算產成品成本的起訖日期，一般分為按月定期計算和不定期計算兩種情況。完工產品成本與在產品成本的劃分是指將構成產品成本的生產費用在當期完工產品與期末在產品之間進行分配，以確定完工產品實際成本和在產品成本。

生產類型、管理要求對產品成本計算方法的影響主要表現在對成本計算對象、成本計算期和完工產品成本與在產品成本劃分的影響三個方面，其中，對成本計算對象的影響是最重要的。

（一）對成本計算對象的影響

生產類型和成本管理要求不同，產品成本計算的對象也不同。

在大量大批簡單生產類型下，由於生產工藝技術過程不可間斷，通常是單步驟生產，因而不要求分步驟計算產品成本；由於屬於大量大批生產，通常不需要按產品批別組織生產，因而也不要求分批別計算產品成本。所以，在這種生產類型下，成本計算對象就是不同品種的產品。

在大量大批連續式複雜生產類型下，由於生產工藝技術過程可以間斷，生產過程由若干有順序的生產步驟組成，各個生產步驟往往生產有自制半成品，因而要求分步驟計算產品成本；由於屬於大量大批生產，不要求分批計算產品成本，只要求按不同品種的產品計算成本。可見，在大量大批連續式複雜生產類型下，成本計算對象是分步驟的不同品種的產品（自制半成品）。

在大量大批裝配式複雜生產類型下，由於各個生產步驟平行加工構成產成品的零件和部件，通常要求計算各個生產步驟的零件成本，因而這種生產類型的成本計算對象是分步驟的零件和組裝成不同品種的產品。

在單件小批裝配式複雜生產下，由於產品生產是按批別或定單組織的，產品的批別或定單可以劃分，因而要求按產品的批別或定單計算成本，其成本計算對象就是產品的批別或定單。

（二）對成本計算期的影響

生產類型不同，產品成本計算期也不同。在大量大批生產類型下，產品分月陸續完工，通常每月月末均有完工產品，因而要求按月定期計算完工產品成本，其成本計算期與會計報告期一致，與生產週期不一致。

在單件小批生產類型下，產品完工的時期與會計報告期並不一致，月末不一定有完工產品，因而不要求按月定期計算完工產品成本，其成本計算期與生產週期一致。

可見，生產類型對成本計算期的影響，主要是指生產組織的特點對成本計算期的影響，不同的生產組織方式具有不同的成本計算期。

（三）對完工產品成本和在產品成本劃分的影響

生產類型和管理要求不僅影響到成本計算對象和成本計算期的確定，對生產費用在完工產品和在產品之間的分配也產生直接的影響。

在大量大批簡單生產類型下，由於期末沒有在產品或在產品數量很少，在管理

上不要求計算在產品成本，不需要將生產費用在完工產品與在產品之間進行分配，當期生產費用就是該期完工產品總成本。

在大量大批複雜生產類型下，由於期末在產品數量較多，需要將生產費用（含期初在產品成本）在完工產品與在產品之間進行分配，以便確定完工產品成本和月末在產品成本。

在單件小批複雜生產類型下，成本計算期與會計報告期不一定一致，月末如果只有在產品，無完工產品，當期歸集的生產費用就是期末在產品成本，無須在完工產品與在產品之間進行分配；如果同批產品分期完工，則月末同時存在完工產品和月末在產品，此時就需要將生產費用在當期完工產品與期末在產品之間進行分配，以便確定該批產品的當期完工產品成本和期末在產品成本。

二、產品成本計算的基本方法和輔助方法

產品成本計算方法的構成因素主要是產品成本計算對象、成本計算期和生產費用在完工產品與在產品之間的劃分。其中，產品成本計算對象是決定成本計算方法的最主要因素，這是因為它不僅是設置生產成本明細帳的依據，而且直接影響到生產費用歸集及其計入產品成本的程序和方法，是區別不同成本計算方法的標誌。

產品成本計算對象、成本計算期和生產費用在完工產品與在產品之間的劃分三者相結合，便構成不同特點的產品成本計算方法。生產類型不同，成本計算對象、成本計算期和生產費用在完工產品與在產品之間的劃分方法不一樣，成本計算方法也不一樣。成本計算的基本方法包括：以產品品種為對象特徵的品種法；以產品品種和生產步驟為對象特徵的分步法；以產品投產批別為對象特徵的分批法。

在實際工作中，除了採用以上三種基本成本計算方法外，還可以採用其他一些成本計算方法，如分類法、定額法、標準成本法等。但是，這些方法在產品成本計算理論中都不能被視為獨立或基本方法，只能稱為輔助成本計算方法。究其原因：一是這些方法在計算過程中常常還需借助於基本方法，才能完成整個計算目的和過程，離開基本方法，它們本身也不會存在；二是這些方法不完全受生產類型的直接制約，它們是為了適應某一方面的管理需要而對基本方法的修改、調整和延伸，以便更好地控制生產耗費，如定額法、標準成本法。

成本計算方法多種多樣，企業應根據生產類型和成本管理要求，選擇適應自身生產特點的計算方法。成本計算方法一旦確定，不得隨意改變。

企業生產類型和成本管理要求對成本計算方法的影響可以歸納總結如下（見表5-5）：

表5-5　　　　生產類型、成本管理要求對成本計算方法的影響

生產工藝 技術特點	生產組織 方式特點	成本管理要求	成本計算 方法	企業類型
簡單（單步） 生產	大量生產	要求按產品 品種計算成本	品種法	發電、 採掘等

表5-5(續)

生產工藝技術特點	生產組織方式特點		成本管理要求	成本計算方法	企業類型
複雜（多步驟）生產	連續式	大量生產	要求既按產品品種又分步驟計算成本	逐步結轉分步法	冶金、紡織等
			要求不分步，只按產品品種計算成本	品種法	磚瓦、水泥等
	裝配式	大量生產	要求按產品品種計算，並計算各步驟份額	平行結轉分步法	汽車、自行車等
			只要求按產品品種計算成本	品種法	鐘表、收音機等
		成批生產 大批	要求按產品品種計算，並計算各步驟份額	平行結轉分步法	機床、農機等
		小批	要求按產品的批別計算	分批法	機械、專用設備等
		單件生產	要求按產品的批別計算	分批法	船舶、重型機器等

第三節　各種成本計算方法的結合與應用

　　前述各種成本計算方法適用於不同特點的生產類型，滿足不同的管理要求。這些方法在實際工作中的應用比較複雜。在同一企業的不同車間，同一車間的不同產品，由於生產特點和管理要求不盡相同，有可能同時應用幾種不同的成本計算方法。同一企業的同一產品，由於該產品的不同生產步驟，以及各種半成品和成本項目之間生產特點和管理要求不完全相同，也可以結合應用幾種不同的計算方法。

一、同時應用幾種成本計算方法

　　在同一企業的不同生產車間，由於各個生產車間的生產特點和管理要求不同，可以應用不同的成本計算方法，從而形成幾種成本計算方法同時應用於同一企業的不同生產車間的狀況。

　　同一企業的基本生產車間和輔助生產車間往往應用不同的成本計算方法，不同的基本生產車間和輔助生產車間，也可以應用不同的成本計算方法。例如，機床製造廠屬於大量大批複雜生產類型企業，其基本生產車間適宜應用分步法計算產品成本；而輔助生產車間的供電和供水車間的生產屬於大量大批簡單生產類型，適宜應用品種法計算供電和供水成本；輔助生產車間的工具車間由於生產的工具品種繁多，可以應用分類法計算各種工具成本；基本生產車間的鑄工車間的生產屬於大量大批簡單生產類型，可以應用品種法計算鑄件成本。可見，對機床製造廠而言，其基本的成本計算方法是分步法，但在不同的生產車間，可以分別應用品種法和分類法。如果同一企業的基本生產車間和輔助生產車間的生產類型相同，而管理要求不同，也可以應用不同的成本計算方法。例如，發電廠的基本生產車間發電車間和輔助生

產車間供水車間的生產都屬於大量大批簡單生產類型，均可以應用品種法計算成本。但是，由於供水車間不是該廠的主要生產車間，企業的規模又較小，在管理上不要求單獨計算供水成本，因而供電車間可以應用品種法計算成本，供水車間則不需要單獨應用品種法計算成本。

　　同一企業或同一生產車間，由於各種產品的生產屬於不同的生產類型，因而對不同的產品可以應用不同的成本計算方法。一個企業或一個車間同時生產老產品和新產品，由於生產類型不同，其產品成本計算方法也不一樣。例如，自行車廠的老產品──某名牌自行車的生產屬於大量大批複雜生產類型，可以應用分步法計算該名牌自行車的成本；而正在試製或者剛剛試製成功但尚未大量投入生產的新產品──各種電動自行車的生產屬於單件小批複雜生產類型，可以應用分批法計算電動自行車的成本。一個企業或一個車間生產的各種定型產品，雖然生產組織類型相同，但生產工藝技術過程不同，也可以應用不同的成本計算方法。例如，玻璃製品廠的定型產品──玻璃杯和玻璃儀器的生產都屬於大量大批生產類型，但玻璃杯是利用原材料直接熔製而成，屬於大量大批簡單生產類型，可以應用品種法計算玻璃杯的成本；而生產玻璃儀器，要先將原料熔製成各種毛坯，然後加工裝配成各種儀器，屬於大量大批複雜生產，可以應用分步法計算玻璃儀器的成本。

二、結合應用幾種成本計算方法

　　一個企業或一個車間生產同一種產品，由於該產品的各生產步驟具有不同的生產特點和管理要求，因而同一種產品的成本計算，可以以一種成本計算方法為基礎，結合應用幾種不同的成本計算方法。例如，單件小批複雜生產類型的機器廠，可以應用分批法計算機器成本，同時可以在鑄工車間結合應用品種法計算鑄件成本；在加工裝配車間，可以應用分批法計算各批產品成本；在鑄工車間和裝配車間之間，可以應用逐步結轉分步法結轉鑄件成本；在加工車間和裝配車間之間，如果不要求計算加工車間的半成品成本，可以應用平行結轉分步法結轉成本。可見，該廠在分批法的基礎上，可以結合應用品種法、逐步結轉分步法和平行結轉分步法，完成整個產品成本的計算工作。

　　在同一產品的不同零部件之間，由於生產特點和管理要求不同，也可以應用不同的成本計算方法。例如，機械廠生產的各種零部件，其中不外售的專用件，可以不要求單獨計算成本；外售的標準件以及各種產品通用的通用件，則應按照這些零部件的生產類型和管理要求，應用分批法、分步法或分類法單獨計算零部件成本。

　　同一產品的不同成本項目，由於管理要求不同，也可以應用不同的成本計算方法。例如，機器製造廠生產的產品成本中，原材料費用佔有較大比重，而且原材料消耗定額資料齊全、穩定，則可以應用定額法的原理計算原材料成本，其他項目可以應用分步法或分批法的原理計算成本。又如，鋼鐵廠生產的鋼材成本中，原材料費用佔有較大比重，而且是直接費用，並且經過若干連續的生產步驟形成最終產品，則可以應用分步法的原理計算原材料成本，其他項目可以應用分類法的原理計算成本。儘管同一產品的不同成本項目可以應用不同的成本計算方法，但對一個企業而

言，必須應用一種基本的成本計算方法，並在基本方法的基礎上結合應用其他成本計算方法。上述鋼鐵廠應用的基本方法是分步法，結合應用的方法則是分類法。幾種成本計算方法的結合應用，通常應以品種法、分批法或分步法為基本方法，再結合應用其他方法。

　　成本計算方法的實際應用應與整個成本會計工作保持銜接和協調。如：為了加強成本計劃管理，成本計算方法與成本計劃的計算方法在計算口徑上必須保持一致，以利於分析和考核產品成本計劃的完成情況；為了實現同行業的成本對比分析，同行業各企業的成本計算方法應盡可能保持一致；為了對比分析不同時期的成本水平，企業應用的成本計算方法應保持相對穩定。當然，如果企業的生產類型發生變化，管理要求有所改變，成本計算方法也應相應調整，以適應新的生產類型和管理要求。只有從企業實際情況出發，正確應用各種成本計算方法，才能保證成本計算的順利進行，發揮成本計算的積極作用。

本章小結：

　　　所謂生產類型，是指生產結構類型的簡稱，是產品的品種、產量和生產的專業化程度在企業生產系統技術、組織、經濟效果等方面的綜合表現。不同的生產類型所對應的生產系統結構及其運行機制是不同的，相應的生產系統運行管理方法也不相同，從而需要根據其生產消耗與組織管理的特點採用不同的成本計算方法。

　　企業的生產按照生產形式首先可以分為加工製造型和提供勞務型，成本會計中一般只重點討論加工製造型。

　　加工製造型如果按照企業生產工藝技術過程的特點可以分為簡單生產和複雜生產；如果按照生產組織方式的特點可以分為大量生產、成批生產、單件生產。上述兩種加工製造型生產分類通常相互聯繫。

　　生產成本是產品的生產耗費，是在生產過程中發生的，財務部門在計算這種生產耗費時不可能脫離生產的特點來計算。其次，成本計算的目的是為成本管理、決策服務，在確定採用什麼方法計算時也要服從成本管理對成本計算信息的要求來考慮。

　　成本計算方法根據與成本計算對象的關係，將其分為基本成本計算方法和輔助成本計算方法。基本成本計算方法有品種法、分批法和分步法，輔助成本計算方法有分類法、定額法、標準成本法等。

　　企業根據生產類型特點和內部成本控制需要，可以在實踐中將各種成本計算方法結合使用。

本章思考與拓展問題：

1. 財務部門在確定成本計算方法時需要考慮哪些因素？
2. 請說明大量大批生產與單件小批生產在管理上的差異性。
3. 什麼是基本成本計算方法？請加以說明。
4. 根據你的生活體驗或觀察，舉一個現實生活中大量大批生產企業的案例。

第六章
品種法

【導入案例】

　　峨眉水泥廠採用干法工藝技術生產硅酸鹽類水泥，生產的水泥代號有P·Ⅰ、P·Ⅱ，水泥強度等級有42.5、42.5R、52.5、52.5R、62.5、62.5R六個等級。該廠硅酸鹽類水泥是以石灰石和黏土為主要原料，經破碎、配料、磨細制成生料，然後喂入水泥窯中煅燒成熟料，再將熟料加適量石膏（有時還摻加混合材料或外加劑）磨細而成，最後將不同強度等級的成品包裝、儲存待售。也就是經過破碎預均化、生料制備均化、預熱分解、水泥熟料的燒成、水泥粉磨包裝五個生產工藝步驟。

　　問題：你認為該廠應當採用什麼方法計算水泥成本？

學習目標：

　　品種法是一種基本的成本計算方法，廣泛應用在簡單生產類型的企業，以及雖然是複雜生產企業，但不要求分步計算產品成本的生產企業。比如，發電廠、糖果廠、餅干廠、造紙廠等。

　　品種法是三種基本成本計算方法中最簡單的方法，同時又與分步法有著緊密聯繫。在國內關於成本會計的書籍中，又常常將分步法視為若干品種法的「串聯」使用。因此，通常將其首先介紹討論。

　　本章在學習過程應當注意：

　　1. 瞭解品種法的特點與適用的企業類型。

　　2. 掌握品種法計算過程的基本流程，會熟練地利用所給數據資料計算出產品品種的總成本和單位成本。

本章難點提示：

　　品種法在計算過程中各步驟先後順序關係，以及成本計算中對原材料費用、人工費用的分配問題。

第一節　品種法特點與計算程序

企業應當根據生產類型和特點，結合成本管理要求選擇適合自己的成本計算方法。但是，不論採用什麼樣的成本計算方法，基於產品定價和損益計算的需要，許多企業都要求按照產品品種計算成本。

一、品種法的特點和適用範圍

品種法是指以產品品種作為成本計算對象，歸集生產費用，計算產品成本的一種方法。

品種法適用於大量大批簡單生產的企業或車間，如採掘、發電、供水、供氣等生產企業。在大量大批複雜生產的中小企業中，儘管生產工藝技術過程可以間斷，可以劃分為若干生產步驟，但由於生產規模較小，管理上不要求按生產步驟控制生產費用和計算產品成本，也可以採用品種法計算產品成本，如小型水泥廠、造紙廠、糖果廠、鐘表廠、自行車廠等生產企業。

品種法的主要特點是：

（1）在品種法下，按產品品種設置基本生產明細帳，帳內按照成本管理要求設置成本項目，進行生產費用的歸集和分配。如果企業只生產一種產品，則絕大多數生產費用都可以直接計入產品成本計算對象，企業的生產費用就按這種產品進行歸集。如果企業生產的產品不止一種，則企業的生產費用需要按各種產品分成本項目進行歸集；凡屬於多種產品直接發生的生產費用，可以直接計入該種產品成本；凡是各種產品耗用的費用，需要分配之後計入各種產品成本計算對象。

（2）品種法一般以月為成本計算期。如前所述，品種法通常適用於單步驟大量大批生產，以及不需要分步計算成本的多步驟大量大批生產。在這兩種生產類型下，由於生產過程連續不斷地進行，一般每個月結束後既有完工產品又有在產品，為了加強產成品管理，及時為銷售提供成本信息，都需要按月計算完工產品成本。因此，在品種法下，成本計算期與會計報告期一致，與產品生產週期不一定一致。

（3）採用品種法的企業，有些產品生產週期較短，月末沒有在產品，或者在產品數量很少，對產品成本影響不大，可以不計算月末在產品成本，當月歸集的生產費用全部計入當期完工產品成本。當然，如果月末在產品數量較多，為了正確計算產品成本，應當將歸集的生產費用合計（即月初在產品成本加上當月歸集的生產費用）採用一定的分配方法，如約當產量比例法、定額比例法等進行分配，以確定完工產品和月末在產品成本。

二、品種法的計算程序

採用品種法進行成本計算，一般有以下幾個步驟：

（1）按產品品種設置基本生產明細帳，即成本計算單，計算單內按照成本項目

設置專欄。

（2）根據有關原始憑證和原始憑證匯總表，按照費用發生的地點、用途編製各種要素費用分配表，據以登記「基本生產」「輔助生產」「製造費用」等成本核算帳戶。

（3）根據輔助生產明細帳，按照直接分配法、一次交互分配法、計劃成本分配法等方法編製「輔助生產費用分配表」，據以登記輔助生產費用分配情況。

（4）根據製造費用明細帳，編製「製造費用分配表」，登記製造費用分配情況。

管理上需要單獨計算生產損失的企業，還應在分配製造費用之後，對「廢品損失」和「停工損失」進行歸集和分配。如果管理上不要求專門提供生產損失資料，則不存在這一步驟。

（5）根據基本生產明細帳，計算出完工入庫產品總成本和單位成本，並結轉其入庫成本。

三、品種法的應用案例

【例 6-1】長江機器廠是一家大量大批單步驟生產類型企業。該廠採用品種法計算產品成本。該廠有一個基本生產車間，生產 A、B 兩種產品，還有一個輔助生產車間——修理車間。該廠 201×年 10 月份的有關產品成本核算資料如下：

1. 該廠 10 月份生產記錄（見表 6-1）

表 6-1　　　　　　　　A 產品和 B 產品產量資料　　　　　　　　單位：件

產品名稱	月初在產品	本月投產	本月完工產品	月末在產品	完工率
A 產品	320	680	600	400	50%
B 產品	240	440	480	200	60%

2. 月初在產品成本資料（見表 6-2）

表 6-2　　　　　　　A 產品和 B 產品月初在產品成本　　　　　　　單位：元

產品名稱	直接材料	直接人工	製造費用	合計
A 產品	32,075	4,640	1,552	38,267
B 產品	21,725	2,760	788	25,273

3. 該廠 10 月份發生的生產費用資料

（1）材料費用情況。根據領料憑證匯總本月發出原材料計劃成本 109,600 元。其中，A、B 產品分別耗用原料及主要材料 50,000 元和 30,000 元，A、B 產品共同耗用輔助材料 20,000 元，基本生產車間和修理車間分別耗用輔助材料 6,000 元和 2,000 元，修理車間提供修理勞務耗用修理用備件 1,600 元。A、B 兩種產品共同耗用的輔助材料按所耗主要原材料的比例分配。本月該廠的原材料成本差異率為 1%。A、B 兩種產品均為生產開始時一次性投料。

（2）外購動力費用。本月末根據電表度數和單位電價計算，本月應付外購電費 11,000 元。其中，A、B 產品動力用電 6,400 元，基本生產車間照明用電和辦公用電 1,200 元，修理車間維修設備和照明用電 2,300 元，廠部管理部門用電 1,100 元。

（3）工資及福利費。根據該廠 10 月份工資結算匯總表，本月共發生工資費用 40,000 元。其中：基本生產車間工人工資 30,000 元，車間管理人員工資 2,000 元；機修車間生產工人工資 3,600 元，車間管理人員工資 1,200 元；廠部管理人員工資 3,200 元。基本生產車間工人工資按照 A、B 產品生產工時比例分配。同時，本月份發生職工福利費 5,600 元，其中，生產車間工人福利費 4,200 元，車間管理人員福利費 280 元，機修車間工人和管理人員福利費 672 元，廠部管理人員福利費 448 元。

（4）根據固定資產折舊計算表，本月應計提折舊 3,800 元。其中，基本生產車間計提 2,600 元，修理車間計提 800 元，廠部管理部門計提 400 元。

（5）其他費用。本月以現金、銀行存款支付的其他費用見表 6-3：

表 6-3　　　　　　　　　　其他費用發生情況

其他費用	基本生產車間	修理車間	廠部管理部門
辦公費	1,200	600	1,200
勞動保護費	800	200	400
運輸費	1,000	200	400
合計	3,000	1,000	2,000

4. 其他有關資料

（1）本月 A、B 產品機器工時分別為 6,000 小時和 2,000 小時，生產工時分別為 8,000 小時和 2,000 小時。

（2）本月修理車間提供維修工時 4,000 小時。其中，基本生產車間受益 2,400 小時，企業行政管理部門受益 1,600 小時。

（3）基本生產車間的製造費用按 A、B 產品生產工時比例分配。

（4）修理車間的輔助生產費用按所提供的修理工時比例分配。此外，修理車間發生的組織和管理生產的費用（即製造費用）直接記入「輔助生產」帳戶，不單獨進行核算。

（5）生產費用在完工產品和月末在產品之間的分配，採用約當產量比例法。

根據上述案例資料，我們按照品種法成本計算的一般程序，長江機器廠 10 月份的成本計算如下：

1. 開設長江機器廠成本計算明細帳，登記期初在產品成本

按照長江機器廠的生產特點，依據品種法的要求，設立 A、B 產品基本生產明細帳（見表 6-12 和表 6-13）、基本生產車間製造費用明細帳（見表 6-10）、輔助生產明細帳（見表 6-8），並登記其明細帳中的月初在產品成本，為生產費用的歸集和分配做好準備。

2. 進行要素費用的歸集與分配

根據所給資料，進行長江機器廠生產費用的歸集和分配。具體歸集、分配情況是：

（1）編製「材料費用分配匯總表」（見表6-4），分配材料費用，據以登記「基本生產」「輔助生產」「製造費用」明細帳。

表6-4　　　　　　　　　　材料費用分配匯總

201×年10月　　　　　　　　　　　　　單位：元

應借帳戶		成本或費用項目	直接計入	分配計入	計劃成本合計	差異額（1%）	實際成本
基本生產	A產品	直接材料	50,000	12,500	62,500	625	63,125
	B產品	直接材料	30,000	7,500	37,500	375	37,875
	小　計		80,000	20,000	100,000	1,000	101,000
輔助生產——修理		輔料和修理備件	3,600		3,600	36	3,636
製造費用		輔料	6,000		6,000	60	6,060
合　計			89,600	20,000	109,600	1,096	110,696

表6-4中，A、B兩種產品共同耗用輔助材料20,000元，分配計算過程如下：

分配率 = $\dfrac{20,000}{50,000+30,000}$ = 0.25

A產品應分配輔助材料 = 50,000×0.25 = 12,500（元）

B產品應分配輔助材料 = 30,000×0.25 = 7,500（元）

（2）編製「外購動力費用分配匯總表」（見表6-5），據以登記「基本生產」「輔助生產」「製造費用」明細帳戶。

表6-5　　　　　　　　外購動力費用分配匯總表

201×年10月　　　　　　　　　　　　　單位：元

應借帳戶		成本（費用）	直接計入	分配計入			合計
				機器工時	分配率	分配金額	
基本生產	A產品	直接材料		6,000	0.8	4,800	4,800
	B產品	直接材料		2,000	0.8	1,600	1,600
	小　計					6,400	6,400
輔助生產		電力	2,300				2,300
製造費用		電力	1,200				1,200
管理費用		電力	1,100				1,100
合　計			4,600			6,400	11,000

表 6-5 中，A、B 產品共同耗用動力用電 6,400 元，按機器工時比例分配計算如下：

分配率 = $\dfrac{6,400}{6,000+2,000}$ = 0.8

A 產品分配外購電力費 = 6,000×0.8 = 4,800（元）
B 產品分配外購電力費 = 2,000×0.8 = 1,600（元）

（3）編製「工資及福利費分配匯總表」（見表 6-6），據以登記「基本生產」「輔助生產」「製造費用」明細帳戶。

表 6-6　　　　　　　　　工資及福利費分配匯總表
　　　　　　　　　　　　　201×年 10 月　　　　　　　　　　單位：元

應借帳戶		成本（費用）項目	直接計入	分配計入			工資費用	職工福利費分配數
				生產工時	分配率	分配金額		
基本生產	A 產品	直接人工		8,000	3	24,000	24,000	3,360
	B 產品	直接人工		2,000	3	6,000	6,000	840
	小計			10,000		30,000	30,000	4,200
輔助生產		工資	4,800				4,800	672
製造費用		工資	2,000				2,000	280
管理費用		工資	3,200				3,200	448
合計			10,000			30,000	40,000	5,600

表 6-6 中，基本生產車間工人工資 30,000 元由 A、B 兩種產品共同耗用，按生產工時比例分配計算如下：

分配率 = $\dfrac{30,000}{8,000+2,000}$ = 3

A 產品應分配工資費用 = 8,000×3 = 24,000（元）
B 產品應分配工資費用 = 2,000×3 = 6,000（元）

（4）根據折舊費用計算表和其他費用發生情況，編製「折舊和其他費用分配匯總表」（本例中為減少費用分配表的編製工作量，將二者合併為一個費用分配表，但在會計實務中應對二者分開編製），見表 6-7：

表 6-7　　　　　　　　折舊和其他費用分配匯總表
　　　　　　　　　　　201×年 10 月　　　　　　　　　　單位：元

應借帳戶	折舊費用	其他費用
輔助生產	800	1,000
製造費用	2,600	3,000
管理費用	400	2,000
合計	3,800	6,000

根據表6-7中的分配數，登記「製造費用」和「輔助生產」明細帳。

3. 進行綜合費用歸集與分配

（1）根據修理車間輔助生產明細帳（見表6-8），編製「輔助生產費用分配表」（見表6-9），據以登記「製造費用」「管理費用」明細帳。

表6-8　　　　　　　　　輔助生產明細帳

201×年10月　　　　　　　　　　單位：元

月	日	憑證號數	摘要	材料	動力	工資	折舊費	其他	合計	轉出	餘額
10	31	(略)	材料費用分配（表6-4）	3,636					3,636		
			動力費用分配（表6-5）		2,300				2,300		
			工資及福利費分配（表6-6）			5,472			5,472		
			折舊費和其他費分配（表6-7）				800	1,000	1,800		
			本月合計	3,636	2,300	5,472	800	1,000	13,208		
			本月轉出							13,208	—

表6-9　　　　　　　　　輔助生產費用分配表

201×年10月　　　　　　　　　　單位：元

應借帳戶	費用項目	修理工時	分配率	分配額
製造費用	修理費	2,400	3.3	7,920
管理費用	修理費	1,600	3.3	5,288
合計		4,000		13,208

（管理費用帳戶應承擔修理費用＝13,208－7,920＝5,288）

（2）根據基本生產車間「製造費用」明細帳（見表6-10），編製「製造費用分配表」（見表6-11），據以登記「基本生產」明細帳。

表6-10　　　　　　　　　製造費用明細帳

201×年10月　　　　　　　　　　單位：元

月	日	憑證號數	摘要	材料費	動力費	工資費	折舊費	修理費	其他	合計	轉出	餘額
10	31	(略)	材料費用分配（表6-4）	6,060						6,060		
			動力費用分配（表6-5）		1,200					1,200		

表6-10(續)

月	日	憑證號數	摘　要	材料費	動力費	工資費	折舊費	修理費	其他	合計	轉出	餘額
			工資及福利費分配（表6-6）			2,280				2,280		
			折舊費和其他費分配（表6-7）				2,600		3,000	5,600		
			輔助生產費用分配（表6-9）					7,920		7,920		
			本月合計	6,060	1,200	2,280	2,600	7,920	3,000	23,060		
			本月轉出								23,060	—

表 6-11　　　　　　　　　　　製造費用分配表
201×年10月　　　　　　　　　　　　　　　　　　單位：元

應借帳戶	生產工時	分配率	分配額
基本生產——A產品	8,000	2.306	18,448
基本生產——B產品	2,000	2.306	4,612
合計	10,000		23,060

4. 計算完工產品和月末在產品成本

根據上述要素費用分配和綜合費用分配的結果，採用約當產量比例法，計算確定基本生產完工產品和月末在產品成本（見表6-12和表6-13）。

表 6-12　　　　　　　　　　　基本生產明細帳
　　　　　　　　　　　（產品成本計算單）　　　　完工產品：600 件
產品名稱：A產品　　　　　　201×年10月　　　　月末在產品：400 件

月	日	憑證號數	摘　要	直接材料	直接人工	製造費用	合計（元）
9	30		月初在產品成本	32,075	4,640	1,552	38,267
10	31	(略)	材料費用分配（表6-4）	63,125			63,125
			動力費用分配（表6-5）	4,800			4,800
			工資及福利費分配(表6-6)		27,360		27,360
			製造費用分配（表6-11）			18,448	18,448
			本月生產費用	67,925	27,360	18,448	113,733
			生產費用合計	100,000	32,000	20,000	152,000
			約當產量	1,000	800	800	
			分配率（單位成本）	100	40	25	165
			轉出完工產品成本	60,000	24,000	15,000	99,000
			月末在產品成本	40,000	8,000	5,000	53,000

表 6-13 　　　　　　　　　　**基本生產明細帳**

(產品成本計算單) 　　　　　完工產品：480 件

產品名稱：B 產品　　　　　　201×年 10 月　　　　　月末在產品：200 件

月	日	憑證號數	摘要	直接材料	直接人工	製造費用	合計(元)
9	30		月初在產品成本	21,725	2,760	788	25,273
10	31	(略)	材料費用分配（表6-4）	37,875			37,875
			動力費用分配（表6-5）	1,600			1,600
			工資及福利費分配(表6-6)		6,840		6,840
			製造費用分配（表6-11）			4,612	4,612
			本月生產費用	39,475	6,840	4,612	50,927
			生產費用合計	61,200	9,600	5,400	76,200
			約當產量	680	600	600	
			分配率（單位成本）	90	16	9	115
			轉出完工產品成本	43,200	7,680	4,320	55,200
			月末在產品成本	18,000	1,920	1,080	21,000

表 6-12 中，約當產量及完工產品與在產品成本計算過程如下：

（1）約當產量計算

由於 A 產品是一次投料，月末在產品使用的材料費用與完工產品的一樣。材料的完工率按 100% 計算，人工費用和製造費用按前面所給條件即 50% 計算。

直接材料項目約當產量 = 600+400×100% = 1,000（件）

人工和製造費用約當產量 = 600+400×50% = 800（件）

（2）生產費用在完工產品和月末在產品之間的分配

直接材料分配率 = $\dfrac{100,000}{600+400}$ = 100

完工產品應分配直接材料 = 600×100 = 60,000（元）

月末在產品應分配直接材料 = 400×100 = 40,000（元）

直接人工分配率 = $\dfrac{32,000}{600+400×50\%}$ = 40

完工產品應分配直接人工 = 600×40 = 24,000（元）

月末在產品應分配直接人工 = 200×40 = 8,000（元）

製造費用分配率 = $\dfrac{20,000}{600+400×50\%}$ = 25

完工產品應分配製造費用 = 600×25 = 15,000（元）

月末在產品應分配製造費用 = 200×25 = 5,000（元）

表 6-13 中，約當產量計算和生產費用合計數在完工產品與月末在產品之間分配的計算同表 6-12 相同，不再列出其計算過程。

第二節　品種法延伸——分類法

一、分類法的概念及適用範圍

分類法是將企業生產的產品先分為若干類別，首先計算生產類別產品成本，然後按一定的方法在類內各種產品之間進行分配，從而計算出各種產品成本的方法。這種方法可以被視為品種法在多品種生產企業的具體運用和延伸[1]。在會計實務中，一般都是將類內各種產品之間的分配比例折合為一定的系數，按系數比例分配，故分類法又稱為「系數法」。

在生產工藝技術過程中所耗原材料種類相同，產品品種和規格繁多的企業，如果以產品品種、規格直接作為成本計算對象，歸集生產費用，計算產品成本，則計算工作量是很大的。為了簡化和加速成本計算工作，可以採用分類法計算產品成本。分類法適合於產品品種、規格繁多，而且可以按照一定的標準將產品劃分為若干類別的生產企業，如無線電元件、鋼鐵、針織、服裝等生產企業。

二、分類法的成本計算程序

分類法的成本計算程序可以歸納為兩大步驟：

（1）先按照產品類別設置「類別產品成本計算單」，根據各種要素費用分配表和綜合費用分配表，採用品種法（或分批法、分步法）計算出各類別完工產品成本和期末在產品成本，填製「類別成本計算單」。

（2）按照一定的分配標準，將各類別完工產品的總成本分成本項目在類內各種產品之間進行分配，計算出各種產品的實際總成本和單位成本，並編製按產品類別設置專欄的「產品成本計算單」。

三、影響分類法成本計算正確性的因素

合理劃分產品類別，選擇恰當的類內成本分配標準，是影響分類法成本計算正確性的關鍵因素。

（一）產品類別的劃分

產品類別的劃分，是採用分類法時必須首先考慮的關鍵因素之一。一般應將產品結構、生產工藝技術和所耗原材料基本相同或相近的產品歸為一類。產品類別劃分太少，會影響到成本計算的正確性；產品類別劃分太多，起不到簡化成本計算的目的。在實務中，會計人員應根據企業生產類型和特點，結合管理上對成本計算的要求，不斷總結經驗教訓，摸索出一種最佳歸類方法。

---

[1] 本書僅僅從便於章節的安排出發，將分類法作為品種法的延伸看待，編入「品種法」一章。從理論上講，採用分類法計算類別成本時，不僅可以借助於品種法，也可以借助於分批法或分步法。

(二) 類內產品成本分配標準的選擇

類內產品成本分配標準的選擇也會直接影響成本計算的正確性。一般類內分配標準可以選擇產品定額消耗量、產品定額成本費用、產品售價、產品重量、產品體積或產品長度等。各成本項目可以採用同一個分配標準，也可以採用不同的分配標準。類內分配標準的選擇，既要保證費用分配結果的正確、合理，又要使分配工作簡便易行。在實務中，應盡量選擇與產品成本高低有直接關係的因素作為類內分配標準。

四、類內產品成本分配方法

類內產品成本的分配，通常選擇以下兩種分配方法進行：

(一) 定額比例法

如果企業定額基礎工作較好，各項消耗定額比較齊全、準確和穩定，各類完工產品總成本就可以按類內各種產品的定額消耗量比例進行分配。計算公式為：

$$某類產品某項費用分配率 = \frac{該類完工產品該項費用總額}{該類內各種產品該項費用的定額成本（或定額耗用量）之和} \times 100\%$$

$$類內某種產品某項費用實際成本 = 類內該種產品該項費用的定額成本（或定額耗用量） \times 該類產品該項費用分配率$$

(二) 系數法

系數法就是將分配標準折算成相對固定的系數，按照系數在類內各種產品之間分配費用，計算各種產品成本。確定系數時，在同一類產品中選擇一種產品作為標準產品。作為標準產品的產品必須具有代表性，一般應具有產量大、生產批量比較穩定和規格適中的特點。具體做法是：將單位標準產品的系數視為1，將類內其他產品材料定額、工時定額或產品售價與標準產品的材料定額、工時定額或產品售價相比較，確定類內其他產品的系數，再將各種產品實際產量按系數折算為標準產品的產量。

$$某產品標準產量 = 該產品實際產量 \times 該產品系數$$

$$某類產品某項費用分配率 = \frac{該類完工產品該項費用總額}{該類內各種產品標準產量之和} \times 100\%$$

$$某種產品應分配的某項費用 = 該種產品標準產量 \times 該類產品該項費用分配率$$

五、分類法應用案例

【例6-2】 紅星模具廠是一家專業化生產註塑模具的企業，其模具加工的工藝流程包括：模具坯料準備→零件粗加工→半精加工→熱處理→精加工→型腔表面處理→模具裝配→上機調試。本月生產甲、乙、丙三種類型模具，基於三種類型模具在用料、工藝流程、產品結構上的相似性，管理上用分類法計算各種模具產品成本。

紅星模具廠採用的成本計算程序是：

(1) 將甲、乙、丙三種模具視為一類產品,根據有關費用分配表登記該類產品成本計算單(見表6-14),採用適當的分配方法將該類產品的生產費用合計,在該類完工產品與月末在產品之間進行分配,計算並登記該類產品本月完工產品成本和月末在產品成本。

表 6-14　　　　　　　　　　　類別產品成本計算單

201×年×月　　　　　　　　　　　　　　單位: 元

項　目	直接材料	直接工資	製造費用	合　計
月初在產品成本	36,000	1,900	10,000	47,900
本月發生生產費用	78,000	38,000	50,000	166,000
合計	114,000	39,900	60,000	213,900
完工產品成本	68,500	24,072	56,905.50	149,477.50
月末在產品成本	45,500	15,828	3,094.50	64,422.50

(2) 根據產品的原材料消耗定額和工時定額,計算並填製「產品系數計算表」(見表6-15)。

表 6-15　　　　　　　　　　　產品系數計算表

項目 產品	原材料消耗定額(千克)	原材料成本系數	工時定額	工時定額系數
甲產品	80	1	100	1
乙產品	120	1.5	140	1.4
丙產品	64	0.8	50	0.5

表6-15中,選擇甲產品為標準產品,將甲產品材料成本系數、工時定額系數分別定為1。

乙產品直接材料成本系數 $= \dfrac{120}{80} = 1.5$

丙產品直接材料成本系數 $= \dfrac{64}{80} = 0.8$

乙產品工時定額系數 $= \dfrac{140}{100} = 1.4$

丙產品工時定額系數 $= \dfrac{50}{100} = 0.5$

(3) 根據各種產品的產量月報和產品系數,分別計算甲、乙、丙三種產品的成本,按產品別編製「產品成本計算單」(見表6-16)。

表6-16中,直接材料、直接人工、製造費用分配率計算如下:

直接材料分配率 $= \dfrac{68,500}{2,000} = 34.25$

直接人工分配率 $= \dfrac{24,072}{1,770} = 13.60$

製造費用分配率 = $\frac{56,905}{1,770}$ = 32.15

採用分類法計算產品成本，不僅可以簡化成本計算工作，而且能夠在產品品種、規格繁多的情況下，分類掌握產品成本水平。但是，如果類內各種產品之間分配標準選擇不當，就會影響產品成本計算結果的正確性。此外，在產品結構、所耗原材料或工藝技術過程發生較大變動時，還應及時修訂分配系數或調整分配標準，以保證產品成本計算的正確性。

表 6-16　　　　　　　　　　產品成本計算單

201×年 7 月　　　　　　　　　　單位：元

項目 產品名稱	產量（臺）	分配標準				總成本						合計	單位成本
^	^	直接材料		工時定額		直接材料		直接工資		製造費用		^	^
^	^	系數	總系數	系數	總系數	分配率	分配額	分配率	分配額	分配率	分配額	^	^
甲產品	400	1	400	1	400		13,700		5,440		12,860	32,000	80.00
乙產品	800	1.5	1,200	1.4	1,120		41,100		15,232		36,008	92,340	115.425
丙產品	500	0.8	400	0.5	250		13,700		3,400		8,037.50	25,137.50	50.275
合計			2,000		1,770	34.25	68,500	13.60	24,072	32.15	56,905.50	149,477.50	

六、分類法在聯產品、副產品、等級品成本計算中的應用

（一）聯產品成本的計算

聯產品是指利用同種原材料，在同一生產工藝過程中同時生產出兩種或兩種以上的主要產品。如煉油廠從原油中同時提煉出各種汽油、煤油和柴油等主要產品。

聯產品耗用原材料相同，生產工藝技術過程也相同，可以歸為一類，採用分類法計算產品成本。如果同一生產過程分離出來的聯產品還需要單獨加工才能最終製成產成品，還必須對分離出來的聯產品按其生產特點，採用其他的成本計算方法計算出其加工成本，然後將分離前的產品成本加上分離後的加工成本就是最終產成品的生產成本。

【例 6-3】光華廠用同一原材料，通過同一生產過程生產出 A、B、C 三種主要化工產品。其中，A 產品分離後還需繼續加工才能製成最終產成品。

光華廠計算 A、B、C 三種聯產品成本的有關資料如下：

1. 產量、單位產品售價和按售價計算的系數（見表 6-17）

表 6-17

產品名稱	產量（千克）	單位售價（元）	系數
A 產品	800	60	1
B 產品	400	48	0.8
C 產品	960	30	0.5

2. 類別成本資料（見表6-18）

表6-18　　　　　　　　　　　類別成本資料

項　目	直接材料	直接人工	製造費用	合　計
分離前類別成本	27,840	3,712	14,848	46,400
各成本項目比重（%）	60	8	32	100
分離後A產品加工成本	400	96	288	784

根據上述資料，採用系數法計算並編製「聯產品成本計算單」（見表6-19）。

表6-19　　　　　　　　　　　聯產品成本計算單

201×年×月　　　　　　　　　　　　　單位：元

項　目 產品名稱	產量	系數	標準產量	類別成本	標準產品單位成本	聯產品成本	聯產品單位成本
A產品	800	1	800			23,200	29
B產品	400	0.8	320			9,280	23.20
C產品	960	0.5	480			13,920	14.50
合　計			1,600	46,400	29	46,400	

根據表6-17、表6-18、表6-19中的資料，計算並編製「A產品成本匯總表」（見表6-20）。

表6-20　　　　　　　　　　　A產品成本匯總表

201×年×月　　　　　　　　　　　　　產量：800千克

成本項目	分離前分配成本 比重（%）	分離前分配成本 金額	分離後加工成本	總成本	單位成本
直接材料	60	13,920	400	14,320	17.90
直接人工	8	1,856	96	1,952	2.44
製造費用	32	7,424	288	7,712	9.64
合　計	100	23,200	784	23,984	29.98

按單位售價換算為系數，再折合為標準產量對聯產品成本進行分配，與按產品售價的比例直接進行分配的結果是一致的。因此，本例題也可以直接按售價比例進行分配。

（二）副產品成本的計算

副產品是指在生產主要產品的過程中同時附帶生產出來的次要產品。如煉油廠在提煉原油的過程中產生的渣油、瀝青等，煉鐵廠在生產過程中產生的高爐煤氣、爐渣，煉焦廠在生產過程中產生的煤焦油，電解廠在生產過程中產生的陽極泥等。

副產品是相對於主要產品而言的，沒有主要產品，也就不存在副產品。如果主要產品不止一種，而是若干種，則這些主要產品同時也是聯產品。所以，企業的副

產品往往是與聯產品相聯繫的。

　　副產品的生產耗費是與主要產品結合在一起的。由於它不是主要產品，所占的費用比重不大，為了簡化計算工作，一般不要求單獨計算成本，而是將出自同一個生產過程的聯產品和副產品合為一類產品，先計算出類別總產品的成本，然後對副產品進行計價並從總成本中扣除，餘下的便是主要產品（聯產品）的成本。

　　副產品的計價是否正確，直接影響到主要產品成本計算的正確性。副產品通常按照售價減去稅金和銷售利潤後的餘額計價，也可以按固定單價計價。副產品的計價額，一般從總成本的直接材料項目中扣除。如果副產品的售價不能抵償其費用，說明副產品的經濟意義不大，可以不單獨計價，而由主要產品（聯產品）負擔；如果副產品在企業產品中的地位提高，產量比重增大，則此時副產品也就成了聯產品，應按聯產品計算成本；如果副產品與主要產品分離後還要繼續加工，則應採用適當的方法單獨計算其加工成本。

　　【例6-4】蘭新煉油廠本月發生的生產費用為5,704,800元，在生產主要產品（聯產品）時生產出瀝青、渣油、環烷酸等副產品。副產品按固定單價計價，聯產品按系數法計算成本。有關資料如下：

1. 副產品計價資料（見表6-21）

表6-21　　　　　　　　　　副產品計價資料

項目	產量（噸）	固定單價	成本合計
瀝青	1,200	80	96,000
渣油	4,800	65	312,000
環烷酸	8	600	4,800
合計			412,800

2. 聯產品系數計算資料（見表6-22）

表6-22　　　　　　　　　　聯產品系數計算表

產品名稱	定額成本	系數計算	系數
汽油	500	500÷500	1
航空汽油	600	600÷500	1.20
煤油	520	520÷500	1.04
輕柴油	400	400÷500	0.80
重柴油	250	250÷500	0.5

　　根據以上資料和有關費用分配表、產量月報等資料，編製蘭新煉油廠「煉油產品成本計算單」（見表6-23）。

表 6-23　　　　　　　　　　　煉油產品成本計算單

201×年×月

成本項目	單位	總消耗量	單價	金額	產品名稱	產量(噸)	分配系數	總系數	總成本	單位成本
直接材料	噸				汽油	3,408	1	3,408	920,160	270
1. 原油		35,200	150	5,280,000	航空汽油	1,920	1.20	2,304	622,080	324
2. 定額材料					煤油	3,200	1.04	3,328	898,560	280.80
硫酸		102.40	150	15,360	輕柴油	7,200	0.80	5,760	1,555,200	216
燒鹼		54.40	800	43,520	重柴油	9,600	0.50	4,800	1,296,000	135
乙基鉛		1.44	7,000	10,080						
其他				37,088	聯產品合計	25,328		19,600	5,292,000	270
直接工資				16,000						
製造費用				302,752	瀝青	1,200			96,000	80
其中：電力	千度	1,280	120	153,600	渣油	4,800			312,000	65
折舊				25,600	環烷酸	8			4,800	600
其他				123,552						
					副產品合計				412,800	
總成本				5,704,800	總成本				5,704,800	

(三) 等級品成本的計算

等級品是指利用相同材料，經過同一生產過程生產出的品種相同而質量品級不同的產品。

等級品按其形成的原因不同，可以分為兩種：一種是由於自然原因或工藝技術條件不同而形成的等級品，這些等級品可視同聯產品，其成本計算可以採用分類法的原理，計算各等級品的實際總成本及單位成本；另一種是因管理不善或操作原因而形成的不同等級的產品，

這種情況下產生的各等級品成本不應有所區別，不宜採用分類法計算產品成本。

企業在生產主要產品時，還生產少量的零部件或自製少量材料和工具等，這些零星生產的產品雖然耗用的材料和工藝技術過程不完全相同，但因其品種、規模繁多，而且數量少、費用小，為了簡化計算工作，也可以將它們歸為一類，按分類法計算成本。

本章小結

本章對品種法的特點、適用範圍、計算程序進行歸納討論，並以製造業中的機械製造企業為例，演示其產品成本計算過程中每個步驟要素費用、綜合費用的歸集與分配，體現其整個成本計算全貌，將本書第三章、第四章的內容更全面地融合在一起，進一步說明前面第三章、第四章是成本計算基本環節討論，而第六章、第七章、第八章是其綜合使用。

本章第二節討論了分類成本計算法。在理論上講，分類法不是基本成本計算方法，但是本書將其視為品種法延伸，也在本章加以介紹。分類法主要適用於產品品

種較多的生產企業，與生產特點並沒有直接聯繫。分類法成本計算結果正確與否，取決於兩個關鍵環節：一個是產品的分類是否合理；另一個是類內產品成本分配標準的選擇。前者主要考慮產品結構、用料、工藝技術過程這三個核心因素；後者主要考慮分配標準數據取得難易程度，以及與產品消耗之間的緊密度。

在分類法的基礎上，介紹了聯產品、副產品、等級品在成本計算上的基本思路與方法。它們由於相對企業的主產品，居於次要地位，總的思路是簡化其成本計算程序和內容，相對準確就達到成本計算目的，當然也不能人為去操縱。

本章思考拓展問題：

1. 品種法成本計算的特點是什麼？舉一個品種法計算成本的企業案例。
2. 在生產單一產品和多種產品的企業，採用品種法計算成本有何不同？
3. 分類法中，如何確定類內成本分配標準？最常用的分配方法是什麼？

第七章
分批法

【導入案例】

中汽成都汽車配件廠是一家中型企業，主要生產轎車、載重汽車發動機裡的凸輪軸，其中為東風起亞、上海通用等轎車生產商配套生產冷激鑄鐵凸輪軸，為中國重型汽車集團等企業生產碳鋼楔橫扎凸輪軸。凸輪軸是活塞發動機裡的一個部件，它的作用是控制氣門的開啟和閉合動作，主要由凸輪、支承軸頸、軸頸等部分組成。凸輪軸生產工藝流程主要是：鑄造、碎火、銑削、鑽孔、車削、磨削、拋光、清洗、檢驗等工序。該汽車配件廠設有鑄造車間、熱處理車間、精加工中心三個基本生產單位。

問題：你認為該企業凸輪軸生產成本應當採用什麼方法計算科學、合理？

學習目標：

分批法是按照產品的批別或定單計算產品成本的方法，也是一種基本的成本計算方法，主要廣泛應用於小批單件類型的生產，比如造船業、重型機器製造業、服裝服飾行業等。

在小批單件生產企業，如果同一時期投產的產品批次很多，為了提高成本計算的效率，減少生產單位間接費用分配工作量，也可以採用簡化的分批法。

在學習本章的過程中應當注意：

1. 瞭解分批法成本計算法的概念、特點，以及適用的企業生產類型。
2. 熟悉分批法成本計算基本程序，並能熟練地利用分批法資料計算出各批別產品成本。
3. 理解簡化分批法成本計算原理，能熟練地使用其資料計算出各批別產品成本。

本章難點提示：

1. 會計實務中產品定單與產品生產批別的關係問題，如何根據產品定單確定產品生產批別。
2. 簡化分批法成本計算原理，以及與成本計算準確性的關係問題。

第一節　分批法的特點與計算程序

一、分批法的特點

分批法是指以產品批別或件別為成本計算對象，歸集生產費用，計算各批或各件產品成本的一種方法。在單件小批生產的企業，一般是按照購買單位的定貨單，由企業生產計劃部門下達任務通知單，用以安排每批或每件產品的生產。因此，分批法又可以稱為定單法。

分批法主要具有以下幾個特點：

（1）採用分批法，成本計算對象一般為產品生產批別或件別。由於企業在生產中一般是根據購買單位的定貨單確定產品的種類和批量，所以，實際上是以購買單位的定貨單確定成本計算對象。

在實際確定成本計算對象時，需做具體分析。如果企業接到的一張定單上要求生產兩種以上的產品，為了便於管理，應按產品品種分批組織生產，並以同一品種的產品批別作為成本計算對象，這樣，成本計算對象就不是定單，而是兩種以上產品的批別；如果在同一張定單上要求生產一種產品，但批量很大，且購買單位要求分批交貨，則此時企業應分數批組織生產，並以同一種產品的不同批量分別作為成本計算對象；如果同一時期內，若干張定單要求生產同一種產品，且批量不大，為了便於管理並簡化成本計算，也可以將幾張定單合併為一批組織生產，此時，成本計算對象是由幾張定單合併而成的同一批產品。

（2）由於各批或各定單產品的實際總成本須待該批或該定單產品完工後才能結出，因此，完工產品的成本計算是不定期的，它與生產週期一致，而與會計報告期不一致。

（3）在分批法下，由於成本計算期與產品的生產週期一致，在月末一般不單獨計算在產品成本。

如果是單件生產，則產品完工以前發生的所有生產費用都是在產品成本，產品完工以後所有的生產費用都是完工產品的成本，因而在月末計算成本時，一般不存在在完工產品和在產品之間分配費用的問題。

如果是小批生產，由於同一批產品一般都是同時完工，在月末計算成本時，或者是全部已經完工，或者是全部沒有完工，因而一般也不存在在完工產品和在產品之間分配費用的問題。但是，如果同一批產品存在跨月陸續完工的情況，月末既有部分完工又有部分未完工，則需單獨核算在產品成本。如果當月月末完工產品數量不多，可按計劃成本或定額成本計算完工產品成本，實際成本與計劃成本或定額成本的差異由月末在產品成本負擔；如果當月月末完工產品數量較多，為了提高成本計算的準確性，應根據具體條件採用適當的分配方法，在完工產品和月末在產品之間分配生產費用，計算完工產品成本和月末在產品成本。

二、分批法的適用範圍

分批法主要適用於單件、小批且管理上不要求分步計算成本的複雜生產企業或車間，如船舶、重型機械、精密儀器、專用工具模具和專用設備製造以及新產品試製等。在某些簡單生產的情況下，如果企業的生產是按單件、小批組織的，也可以採用分批法計算各批產品成本，如某些特殊或精密鑄件的熔鑄等。

三、採用分批法計算成本的基本程序

採用分批法計算成本時，基本程序如下：

（1）根據產品的批別、件別或定單，設置「基本生產明細帳」或成本計算單，以便歸集生產費用，計算各批或各件產品成本；

（2）各個基本生產車間、輔助生產車間應將各種費用的原始憑證按其用途進行歸類管理，據以編製各種費用分配表，登記基本生產明細帳、輔助生產明細帳和其他成本核算帳戶；

（3）根據「輔助生產明細帳」歸集的費用，按照各車間、部門耗用輔助生產車間的產品或勞務的數量進行分配；

（4）根據「製造費用明細帳」歸集的費用，按照一定的標準在各批產品之間進行分配；

（5）根據「成本計算單」匯集的生產費用和有關生產記錄，計算完工產品成本和月末在產品成本。

分批法的成本計算程序如圖7-1所示。

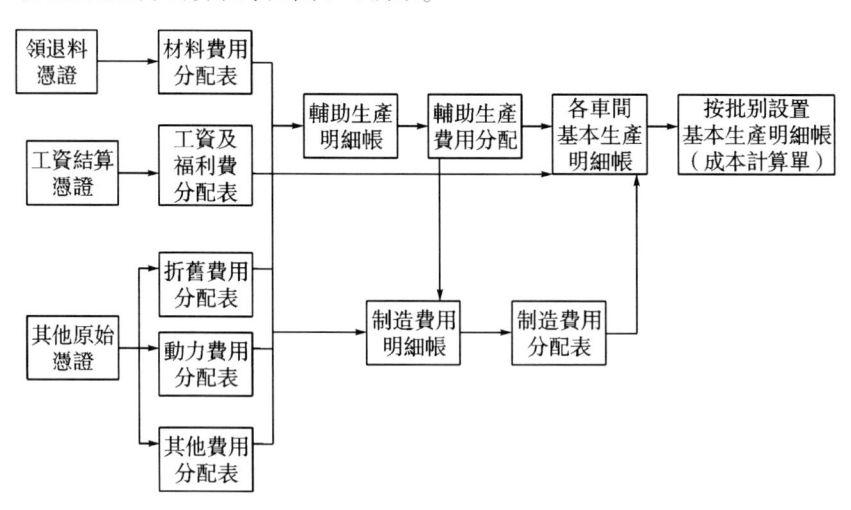

圖7-1　分批法成本計算程序圖

四、分批法應用案例

【例7-1】創凌科技股份公司是一家專業化生產汽車專用散熱器的企業。汽車散

熱器由進水室、出水室及散熱器芯三部分構成，使用材料主要有銅、鋁等原材料。主要產品有管片式散熱器、管帶式散熱器以及板式散熱器。該企業設有機加工和裝配兩個基本生產車間。該企業按照客戶定單組織生產經營活動，原材料在機加工車間逐次投入，裝配車間不再投料。該企業在管理上採用分批法計算汽車散熱器成本。

該企業201×年6月的生產情況和生產費用情況如下：

（1）6月份生產的產品。

1001號管片式產品10件，5月投產，6月全部完工。

1002號管帶式產品12件，6月投產，月末完工10件，在產品2件。本月1002號產品的完工產品成本按計劃成本計價並結轉。

1003號板式產品8件，5月投產，6月尚未完工。

（2）本月的生產費用資料。

①各批產品月初在產品費用見表7-1。

表7-1　　　　　　　　　　　　　　　　　　　　　　　　　　　　　　　　單位：元

批號	直接材料	直接人工	製造費用	合計
1001號	2,400	4,200	5,500	12,100
1003號	3,200	3,500	2,250	8,950

②本月份各車間生產費用見表7-2。

表7-2　　　　　　　　　　　　　　　　　　　　　　　　　　　　　　　　單位：元

車間	直接材料	直接人工	製造費用	合計
機加工車間	3,300	5,400	21,600	30,300
裝配車間		2,400	14,000	16,400

根據上述資料，該企業201×年6月份的成本計算如下：

（一）生產車間根據各項費用分配表歸集與分配生產費用

1. 材料費用的歸集與分配（見表7-3）

表7-3　　　　　　　　　　材料費用分配表

201×年6月　　　　　　　　　　　　　　　單位：元

應借帳戶＼車間	加工車間					直接歸集	合計
	產量	消耗定額	定額消耗量	分配率	分配金額		
基本生產——1001號	10	100	1,000		1,100		1,100
——1002號	12	100	1,200		1,320		1,320
——1003號	8	100	800		880		880
小　計	30		3,000	1.10	3,300		3,300
製造費用						1,200	1,200
合　計					3,300	1,200	4,500

材料費用分配率 = $\dfrac{3,300}{1,000+1,200+800}$ = 1.10

2. 人工費用的歸集與分配（見表7-4）

表7-4　　　　　　　　　　人工費用分配表

201×年6月　　　　　　　　　　　　　單位：元

車間 應借帳戶	加工車間（分配率：2）		裝配車間（分配率：1.5）		合計
	分配標準 （生產工時）	分配金額	分配標準 （生產工時）	分配金額	
基本生產——1001號	1,000	2,000	600	900	2,900
——1002號	750	1,500	450	675	2,175
——1003號	950	1,900	550	825	2,725
小　計	2,700	5,400	1,600	2,400	7,800
製造費用		350		600	950
合　計		5,750		3,000	8,750

機加工車間人工費用分配率 = $\dfrac{5,400}{1,000+750+950}$ = 2

裝配車間人工費用分配率 = $\dfrac{2,400}{600+450+550}$ = 1.5

3. 製造費用的歸集與分配

各基本生產車間根據各項費用分配表，歸集本月發生的製造費用，根據各基本生產車間的「製造費用明細帳」，採用生產工時比例法分配各車間的製造費用，並編製「製造費用分配表」（見表7-5）。

表7-5　　　　　　　　　　製造費用分配表

201×年6月　　　　　　　　　　　　　單位：元

車間 應借帳戶	加工車間（分配率：8）		裝配車間（分配率：8.75）		合計
	分配標準 （生產工時）	分配金額	分配標準 （生產工時）	分配金額	
基本生產——1001號	1,000	8,000	600	5,250	13,250
——1002號	750	6,000	450	3,937.5	9,937.5
——1003號	950	7,600	550	4,812.5	12,412.5
合　計	2,700	21,600	1,600	14,000	35,600

機加工車間製造費用分配率 = $\dfrac{21,600}{1,000+750+950}$ = 8

裝配車間製造費用分配率 = $\dfrac{14,000}{600+450+550}$ = 8.75

（二）根據各項費用分配表編製各批別的成本計算單（見表 7-6、表 7-7 和表 7-8）

表 7-6　　　　　　　　　　　成本計算單

定單號：1001 號　　　　　　　　　　　　　　　投產日期：200×年 5 月
產品名稱：管片式產品　　　　　　　　　　　　完工日期：200×年 6 月
批量：10 件　　　　　　　　　　　　　　　　　本月完工：10 件

憑證號數	摘　要	成　本　項　目			
		直接材料	直接人工	製造費用	合計（元）
	月初在產品成本	2,400	4,200	5,500	12,100
表 7-3	歸集直接材料費用	1,100			1,100
表 7-4	歸集直接人工費用		2,900		2,900
表 7-5	分配製造費用			13,250	13,250
	生產費用合計	3,500	7,100	18,750	29,350
	完工產品成本	3,500	7,100	18,750	29,350
	完工產品單位成本	350	710	1,875	2,935
	月末在產品成本				

表 7-7　　　　　　　　　　　成本計算單

定單號：1002 號　　　　　　　　　　　　　　　投產日期：200×年 6 月
產品名稱：管帶式產品　　　　　　　　　　　　完工日期：
批量：12 件　　　　　　　　　　　　　　　　　本月完工：10 件

憑證號數	摘　要	成　本　項　目			
		直接材料	直接人工	製造費用	合計（元）
	月初在產品成本				
表 7-3	歸集直接材料費用	1,320			1,320
表 7-4	歸集直接人工費用		2,175		2,175
表 7-5	分配製造費用			9,937.5	9,937.5
	生產費用合計	1,320	2,175	9,937.5	13,432.5
	完工產品成本	1,000	1,800	8,100	10,900
	完工產品單位成本	100	180	810	1,090
	月末在產品成本	320	375	1,837.5	2,532.5

註：1002 號乙產品完工產品按計劃單位成本計價。

表 7-8　　　　　　　　　成本計算單

定單號：1003 號　　　　　　　　　　　　　　　投產日期：200×年 5 月
產品名稱：板式產品　　　　　　　　　　　　　完工日期：
批量：8 件　　　　　　　　　　　　　　　　　本月完工：0 件

憑證號數	摘　要	成　本　項　目			
		直接材料	直接人工	製造費用	合計（元）
	月初在產品成本	3,200	3,500	2,250	8,950
表 7-3	歸集直接材料費用	880			880
表 7-4	歸集直接人工費用		2,725		2,725
表 7-5	分配製造費用			12,412.5	12,412.5
	生產費用合計	4,080	6,225	14,662.5	24,967.5
	月末在產品成本	4,080	6,225	14,662.5	24,967.5

第二節　簡化分批法

　　一般來說，在小批單件生產的企業或車間，同一時期內投產的產品批數往往很多，達幾十批甚至幾百批，且月末未完工的產品批數也較多。在這種情況下，如果當月發生的生產費用，無論各批產品是否已經完工，間接計入費用都要按月在各批產品之間進行分配，費用分配的核算工作將極為繁瑣。為了簡化核算工作，可以採用簡化分批法。

一、簡化分批法的特點和適用範圍

　　採用簡化分批法，每月只歸集各批產品的直接計入費用，不再按月分配間接計入費用。具體方法是：通過設置基本生產二級帳分成本項目逐月累計登記間接計入費用，待該批產品完工時，才分配計入該批產品成本。對各批完工產品間接計入費用通常採用累計工時比例進行分配。累計間接費用分配率的計算公式如下：

$$\text{全部產品某項累計間接費用分配率} = \frac{\text{全部產品某項間接費用累計數}}{\text{全部產品累計工時}} \times 100\%$$

　　某批完工產品應分配的間接費用＝該批完工產品累計工時×分配率
　　與一般分批法相比較，簡化分批法具有以下特點：
　　(1) 需設立基本生產二級帳，按成本項目匯總登記各批別產品當月發生和累計發生的生產費用、生產工時，分配完工產品的間接計入費用，核算完工產品總成本和在產品總成本。
　　(2) 仍應按產品批別設立基本生產明細帳，與基本生產二級帳平行登記。但是，在各批產品完工之前，該基本生產明細帳只需登記直接材料費用和生產工時，不分配間接計入費用。只有在月末存在完工產品的情況下，才進行完工產品間接計入費用的分配、核算完工產品總成本和單位成本。

(3) 在完工之前，各批產品每月發生的間接計入費用無須按月在各批產品之間分配登記，而是先累計登記，待產品完工時才進行間接計入費用的分配登記。因此，全部產品的在產品成本只是以總數反應在基本生產明細帳中，並不分批計算在產品成本。此方法又可以稱為不分批計算在產品成本的分批法。

綜上所述，簡化分批法之所以能簡化產品成本的核算工作，主要是因為它能通過累計間接費用分配率，將在各批產品之間分配間接計入費用的工作以及在完工產品和月末在產品之間分配費用的工作合併在一起進行。也就是說，生產費用的橫向分配工作和縱向分配工作在產品完工時是依據同一費用分配率一次性完成的，從而大大簡化了生產費用的分配和登記工作。月末未完工產品的批別越多，其核算工作就越簡化。

但是，這種方法只在滿足產品投產批數較多、生產週期較長、各月間接計入費用水平穩定且月末未完工產品批數較多等條件的企業內適用。因為如果在未滿足這些條件的企業內採用簡化分批法，不僅簡化效果不明顯，而且還會影響完工產品成本計算的準確性。例如，在月末未完工產品批數不多的情況下，絕大多數產品的批別仍然要分配登記間接計入費用，計算工作量沒有減少多少，計算的準確性反而會受到影響。

二、簡化分批法的計算程序

採用簡化分批法計算產品成本時，可以按以下步驟進行：

(1) 根據產品的批別、件別或定單，設置基本生產明細帳或成本計算單，同時設置基本生產二級帳。

(2) 將各種材料費用的原始憑證按用途歸類、整理，編製材料費用分配表，在各批產品完工之前，按月在基本生產明細帳中登記直接材料費用和生產工時的當月發生數和合計數；根據輔助生產費用分配表、工資費用分配表和製造費用明細帳等，按成本項目在基本生產二級帳中平行登記當月發生和累計發生的其他生產費用。

(3) 待產品完工時，根據基本生產二級帳的記錄資料，計算間接費用分配率；按完工產品累計工時分配間接計入費用，並計入基本生產明細帳，結算完工產品總成本和單位成本。

(4) 將計算出的各批別的完工產品總成本計入基本生產二級帳，並計算出月末在產品成本。

其中，基本生產二級帳（見表 7-10）的具體登記方法如下：

① 「期初餘額」根據上月期末餘額轉入；

② 「本月發生費用、工時」根據各項費用匯總表不分產品批別匯總登記，其中工時根據工時記錄匯總登記；

③ 「累計費用、工時」根據「期初餘額」加計「本月發生費用、工時」累計登記；

④ 「累計間接費用分配率」根據前述公式計算登記；

⑤ 「轉出完工產品成本」根據各批產品成本計算單計算的完工產品成本匯總

登記；

⑥「期末餘額」根據公式計算登記，計算公式為「期末餘額＝期初餘額＋本月發生費用－轉出完工產品成本」。

三、簡化分批法應用案例

【例7-2】萬象潮是一家專業化生產各種類型、尺寸軸承的企業，根據客戶定單常常採用小批量多批次生產組織方式，成本核算上採用簡化分批法計算軸承成本。該企業201×年6月的生產情況和「基本生產二級帳」累計資料見表7-9、表7-10。

表7-9　　　　　　　　　　　　生產記錄表

定單號	產品名稱	投產量	本月完工	月末在產品
1001號	A型軸承	4月投產8件	8件	
1002號	B型軸承	5月投產10件	6件（定額工時25,000小時）	4件
1003號	C型軸承	6月投產9件		9件

表7-10　　　　　　　　　　　　基本生產二級帳
（各批次產品全部成本）　　　　　　　　　　單位：元

201×年 月	日	摘　要	直接材料	工時	直接人工	製造費用	合　計
5	31	月末在產成本	64,800	36,500	24,200	36,000	125,000
6	30	本月發生費用	44,000	43,500	95,800	144,000	283,800
		累計生產費用	108,800		120,000	180,000	408,800
		累計工時		80,000			
		分配率			1.5	2.25	
		轉出完工產品成本	61,040	55,500	83,250	124,875	269,165
		月末在產品成本	47,760	24,500	36,750	55,125	139,635

註：直接材料為直接費用，不需在各批產品之間進行分配。

根據上述資料，該企業200×年6月份的成本計算如下：

（1）計算全部產品累計間接費用分配率：

全部產品累計直接人工分配率 $= \dfrac{120,000}{80,000} = 1.50$（元/小時）

全部產品累計製造費用分配率 $= \dfrac{180,000}{80,000} = 2.25$（元/小時）

（2）編製各批產品「成本計算單」（見表7-11、表7-12和表7-13）（其中，乙產品耗用的直接材料是開工時一次投入的）。

表 7-11　　　　　　　　　　　產品成本計算單

定單號：1001 號　　　　　　　　　　　　　　　　投產日期：4 月

產品名稱：A 型軸承　　　　　　　　　　　　　　完工日期：6 月

產品批量：8 件　　　　　　　　　　　　　　　　本月完工：8 件

201×年		摘　要	直接材料	工時	直接人工	製造費用	合　計（元）
月	日						
6	1	期初餘額	10,400	16,500			
6	30	本月發生費用	18,000	14,000			
		累計數	28,400	30,500			
		累計間接費用分配率			1.5	2.25	
		轉出完工產品成本	28,400	30,500	45,750	68,625	142,775
		單位成本	3,550		5,718.75	8,578.13	17,846.88

註：累計間接費用分配率根據基本生產二級帳登記。

表 7-12　　　　　　　　　　　產品成本計算單

定單號：1002 號　　　　　　　　　　　　　　　　投產日期：5 月

產品名稱：B 型軸承　　　　　　　　　　　　　　完工日期：

產品批量：10 件　　　　　　　　　　　　　　　　本月完工：6 件

201×年		摘　要	直接材料	工時	直接人工	製造費用	合　計（元）
月	日						
6	1	期初餘額	20,400	20,000			
6	30	本月發生費用	34,000	16,000			
		累計數	54,400	36,000			
		累計間接費用分配率			1.5	2.25	
		轉出完工產品成本	32,640	25,000	37,500	56,250	126,390
		單位成本	5,440		6,250	9,375	21,065
		期末餘額	21,760	11,000			

表 7-13　　　　　　　　　　　產品成本計算單

定單號：1003 號　　　　　　　　　　　　　　　　投產日期：6 月

產品名稱：C 型軸承　　　　　　　　　　　　　　完工日期：

產品批量：9 件　　　　　　　　　　　　　　　　本月完工：

201×年		摘　要	直接材料	工時	直接人工	製造費用	合　計（元）
月	日						
6	1	期初餘額						
6	30	本月發生費用	26,000	13,500				
		累計數	26,000	13,500				
		期末餘額	26,000	13,500				

第三節　分批零件法

一、分批零件法的特點和適用範圍

分批零件法是指以零件生產的批別和部件、產成品裝配的批別為成本計算對象，歸集生產費用，計算產品成本的一種方法。它是成本計算分批法的派生方法，主要適用於零件種類不多或成本計算工作已實現電算化的裝配式生產企業或車間，如儀器、儀表等生產企業。

分批零件法的主要特點：

（1）分批零件法的成本計算對象是零件、部件和產品的批別，要求按不同批別的零件、部件和產品設置「基本生產」明細帳，分別計算各批零件、部件、產品的總成本和單位成本。

（2）分批零件法的成本計算期和分批法一樣是不定期的，它與生產週期一致，而與會計報告期不一致。

（3）分批零件法同分批法一樣，一般不單獨核算在產品成本，只有在同一批產品存在跨月陸續完工的情況下，才需要單獨核算在產品成本。注意，這裡所說的在產品是指狹義的在產品，它僅指各車間尚未完工的零件和部件，不包括各車間已完工並入自製半成品庫的零部件。為此，採用分批零件法計算產品成本時，除了設置「基本生產」明細帳外，還需要設置「自製半成品」帳戶，以核算完工入庫的零部件成本。

二、分批零件法的計算程序

採用分批零件法計算成本時，基本程序如下：

（1）將可裝配成某種部件的各種自製零件按批別開設各批別零件的成本計算單，匯集各批零件的生產費用，並在該批完工零件和未完工零件之間進行分配，計算出該批完工零件的總成本和單位成本。

（2）根據可裝配成某種產品的各種部件按批別開設各批別部件的成本計算單，匯集各批部件的裝配費用，計算出完工部件的單位裝配成本，再將其加上裝配於該批單位部件的各種零件的成本，得出該批部件的總成本和單位成本。

（3）按產品的批別開設各批別產品的成本計算單，在裝配批量產品時，匯集各批產品的裝配費用，計算出完工產品的單位裝配成本，再加上裝配於該批單位產成品的各種部件、零件的成本，得出該批產成品的總成本和單位成本。

分批零件法的成本計算程序如圖7-2所示。

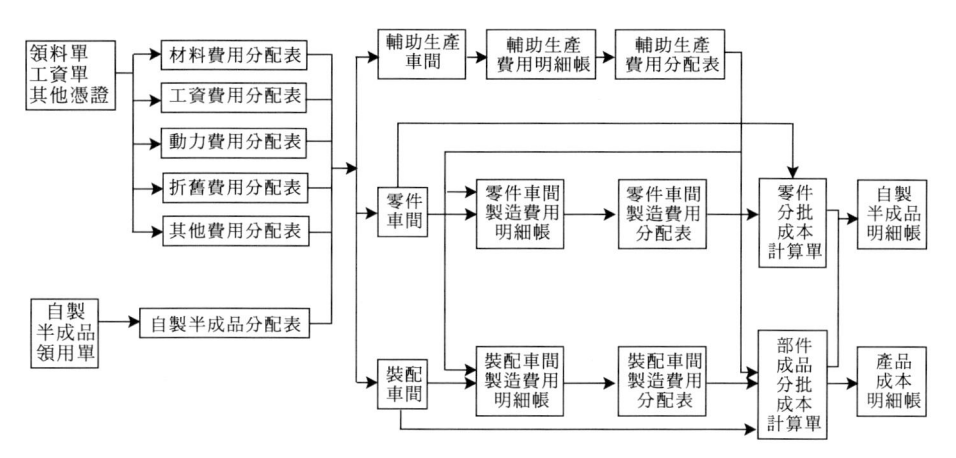

図 7-2　分批零件法產品成本計算程序

三、分批零件法應用案例

【例 7-3】萬里揚股份公司是一家生產各種異型鋼構架的企業，該企業設有零件車間和裝配車間。該企業根據客戶購買定貨單小批生產甲型構架產品 10 套。甲型構架產品由 A、B 兩種主要零件組裝而成，每裝配 1 套甲型構架產品需 A 零件 4 個、B 零件 3 個。其中，甲型構架產品由裝配車間裝配完成。

（1）該企業 201×年 6 月的生產情況如下：

A 零件 40 個，批號 1001，6 月份投產，6 月份全部完工。

B 零件 50 個，批號 1002，6 月份投產，6 月份完工 30 個。在產品的完工程度為 50%。

甲型構架產品 10 套，批號 2001，6 月份投產，6 月份全部完工。

（2）該企業 201×年 6 月的成本資料見表 7-14。

表 7-14　　　　　　　　　產品成本資料　　　　　　　　　單位：元

車間	直接材料	直接人工	製造費用	合計
零件車間	3,000	4,500	22,500	30,000
裝配車間		3,200	12,100	15,300

產品的原材料係一次性投入，自制半成品庫內自制半成品採用全月一次加權平均法結算。

根據上述資料，該企業 201×年 6 月的成本計算如下：

(一) 生產車間根據各項費用分配表歸集與分配生產費用

1. 材料費用的歸集與分配（見表7-15）

表7-15　　　　　　　　　　材料費用分配表
201×年6月　　　　　　　　　　　金額單位：元

車間 應借帳戶	零件車間					直接歸集	合　計
	產　量	消耗 定額	定額 消耗量	分配率	分配金額		
基本生產——1001號 　　　——1002號	40 50	1.5 2	60 100		1,125 1,875		1,125 1,875
小　計			160	18.75	3,000		3,000
製造費用						1,100	1,100
合　計			160		3,000	1,100	4,100

$$材料費用分配率 = \frac{3,000}{60+100} = 18.75$$

2. 人工費用的歸集與分配（見表7-16）

表7-16　　　　　　　　　　人工費用分配表
201×年6月　　　　　　　　　　　單位：元

車間 應借帳戶	零件車間（分配率：0.5）		裝配車間（直接歸集）		合　計
	分配標準 （生產工時）	分配金額	生產工時	分配金額	
基本生產——1001號	4,400	2,200			2,200
——1002號	4,600	2,300			2,300
——2001號			5,500	3,200	3,200
小　計	9,000	4,500		3,200	7,700
製造費用		1,800		1,200	3,000
合　計	9,000	6,300	5,500	4,400	10,700

$$零件車間人工費用分配率 = \frac{4,500}{4,400+4,600} = 0.5$$

3. 製造費用的歸集與分配（見表7-17）

表7-17　　　　　　　　　　製造費用分配表
201×年6月　　　　　　　　　　　單位：元

車間 應借帳戶	零件車間（分配率：2.5）		裝配車間（直接歸集）		合　計
	分配標準 （生產工時）	分配金額	生產工時	分配金額	
基本生產——1001號	4,400	11,000			11,000
——1002號	4,600	11,500			11,500
——2001號			5,500	12,100	12,100
合　計	9,000	22,500	5,500	12,100	34,600

零件車間製造費用分配率＝$\dfrac{22,500}{4,400+4,600}$＝2.5

（二）根據各項費用分配表編製各批零件的成本計算單、自制半成品明細帳和各批產品的成本計算單（見表7-18、表7-19、表7-20、表7-21、表7-22）

表7-18　　　　　　　　　　成本計算單
定單號：1001號　　　　　　　　　　　　　　　　投產日期：201×年6月
產品名稱：A零件　　　　　　　　　　　　　　　　完工日期：201×年6月
批量：40個　　　　　　　　　　　　　　　　　　　本月完工：40個

憑證號數	摘　要	直接材料	直接人工	製造費用	合計（元）
	月初在產品成本				
表7-15	歸集直接材料費用	1,125			1,125
表7-16	歸集直接人工費用		2,200		2,200
表7-17	分配製造費用			11,000	11,000
	生產費用合計	1,125	2,200	11,000	14,325
	完工產品成本	1,125	2,200	11,000	14,325
	完工產品單位成本	28.13	55	275	358.13
	月末在產品成本				

表7-19　　　　　　　　　　成本計算單
定單號：1002號　　　　　　　　　　　　　　　　投產日期：201×年6月
產品名稱：B零件　　　　　　　　　　　　　　　　完工日期：
批量：50個　　　　　　　　　　　　　　　　　　　本月完工：30個

憑證號數	摘　要	直接材料	直接人工	製造費用	合計（元）
	月初在產品成本				
表7-15	歸集直接材料費用	1,875			1,875
表7-16	歸集直接人工費用		2,300		2,300
表7-17	分配製造費用			11,500	11,500
	生產費用合計	1,875	2,300	11,500	15,675
	完工產品成本	1,125	1,725	8,625	11,475
	完工產品單位成本	37.5	57.5	287.5	382.5
	月末在產品成本	750	575	2,875	4,200

直接材料費用分配率＝$\dfrac{1,875}{30+20}$＝37.5

完工產品直接材料費用＝37.5×30＝1,125（元）

月末在產品直接材料費用＝37.5×20＝750（元）

直接人工分配率＝$\dfrac{2,300}{30+20\times 50\%}$＝57.5

完工產品直接人工費用 = 57.5×30 = 1,725（元）

月末在產品直接人工費用 = 57.5×20×50% = 575（元）

$$製造費用分配率 = \frac{11,500}{30+20\times50\%} = 287.5$$

完工產品製造費用 = 287.5×30 = 8,625（元）

月末在產品製造費用 = 287.5×20×50% = 2,875（元）

表 7-20   **自制半成品明細帳（A 零件）**

月份	月初餘額			本月增加			累計			本月減少			月末餘額		
	數量	單價	金額	數量	單價	金額	數量	單價	金額	數量	單價	金額	數量	單價	金額
6	10	317.5	3,175	40	358.13	14,325	50	350	17,500	40	350	14,000	10	350	3,500

表 7-21   **自制半成品明細帳（B 零件）**

月份	月初餘額			本月增加			累計			本月減少			月末餘額		
	數量	單價	金額	數量	單價	金額	數量	單價	金額	數量	單價	金額	數量	單價	金額
6	5	365	1,825	30	382.5	11,475	35	380	13,300	30	380	11,400	5	380	1,900

表 7-22   **成本計算單**

定單號：2001 號   投產日期：201×年 6 月

產品名稱：甲型鋼構架產品   完工日期：201×年 6 月

批量：10 套   本月完工：10 套

憑證號數	摘要	成本項目				
		直接材料		直接人工	製造費用	合計（元）
		材料	半成品			
	月初在產品成本					
表 7-20	領用 A 零件	14,000				14,000
表 7-21	領用 B 零件	11,400				11,400
表 7-16	歸集直接人工費用			3,200		3,200
表 7-17	分配製造費用				12,100	12,100
	生產費用合計	25,400		3,200	12,100	40,700
	完工產品成本	25,400		3,200	12,100	40,700
	完工產品單位成本	2,540		320	1,210	4,070

本章小結：

　　分批法是指以產品生產批別為成本計算對象，歸集生產費用計算產品批別成本的方法。在會計實務中，產品生產批別是由企業生產調度部門根據客戶定單和內部成本控制要求決定的。一個客戶的一張定單可能就是一個生產批別，也可能分解為幾個生產批別，取決於內部成本控制和產品交貨期、產品結構、生產工藝技術流程等因素。

　　在分批法下，成本計算對象是產品生產批別，其成本計算期常常與產品生產週期一致，與會計報告期不一定一致，期末在產品一般不單獨計價。如果一批產品產量大，須陸續完工，則先完工產品按計劃成本或者定額成本先計價入庫，用已發生的生產費用減去已完工產品的計劃或定額成本，倒擠期末在產品成本。

　　簡化分批法主要應用於同一時期產品生產批別很多的企業，主要是通過設置基本生產二級帳，將生產單位的日常間接費用先做匯總歸集，然後在各批產品完工時將其分配計入。基本生產二級帳上間接費用分配率是一個各批產品的累計平均分配率，這就要求各批產品機械化、自動化程度要一致，否則其分配的準確性不高。

本章思考與拓展問題：

　　1. 分批法與品種法相比較，主要差異是什麼？
　　2. 在分批法下，如何根據客戶定單確定產品的生產批別？
　　3. 簡化分批法中簡化的內容是什麼？是否會在提高計算效率的同時降低成本計算的準確性？
　　4. 如果企業同一時期生產的產品種類、批別都特別多，除了簡化的分批法之外，你還有什麼辦法可以解決成本計算問題？

第八章
分步法

【導入案例】

　　臨工科技股份有限公司是一家基礎裝備企業。公司擁有各種大中型數控加工設備、配套設施和先進檢測手段，擁有較強的自主研發設計能力。公司以研發和生產高速、精密、複合、重（大）型數控機床及關鍵配件為主，有自己機床研發中心和電氣自動化研究所。

　　目前公司可以生產數控雙柱立式車床、重型臥式車床、數控落地鏜銑床、龍門刨床等機床產品。車床、銑床等生產工藝流程是：鑄造階段、機加工階段、組裝階段、檢驗階段等。公司設有機修、配電兩個輔助車間，負責對全廠機器設備維護和生產電力配送。本企業各生產階段半成品種類很多，而且半成品常常需要對外銷售。

　　問題：你認為該企業是採用分批法還是分步法計算成本？

學習目標：

　　分步法是指按照產品的品種和生產步驟計算成本的方法，是三種基本成本計算方法中最複雜的一種成本計算方法。根據每個生產步驟是否計算完工半成品成本，可以將分步法分成逐步結轉分步法與平行結轉分步法。

　　逐步結轉分步法按照半成品成本從上一步驟結轉到下一步驟的方式不同，可以分為分項逐步結轉分步法和綜合逐步結轉分步法兩種分步法。相對而言，後者成本計算工作量少一些，但無法直接提供產品成本的原始構成，在需要產品成本原始構成的情況下需要做成本還原工作。

　　平行結轉分步法是將每一生產步驟發生的生產費用在最終完工產品和本步驟在產品之間進行分配，然後將最終完工產品在各步驟份額按成本項目平行相加，計算出最終完工產品在整個生產過程的成本。

　　在學習本章的過程中應當注意：
1. 瞭解分步法的概念、特點，以及適用的生產類型。
2. 理解分步法按半成品成本結轉方式的分類原理。
3. 掌握分項逐步結轉法下的成本計算流程，能根據所給資料計算產品成本。
4. 掌握綜合結轉分步法下的成本計算流程，能根據所給資料計算產品成本。
5. 掌握平行結轉分步法成本計算流程，並能應用所給資料計算產品成本。

本章難點提示：

1. 逐步結轉分步法與平行結轉分步法的區別與聯繫。
2. 綜合逐步結轉分步法下成本還原的原理，以及還原的流程。

第一節　分步法的特點及其劃分

一、分步法的特點和適用範圍

產品成本計算分步法是按照產品的品種及其生產步驟歸集生產費用，計算各步驟和最終產品成本的一種方法。它主要適用於大量大批複雜生產且管理上要求分步驟計算成本的企業或車間，如冶金、紡織、機器製造、造紙等企業或車間。在這種方法下，為了與企業的生產特點相適應，加強成本管理，既要求計算各種產品的成本，又要求計算這些產品在各個生產步驟的成本或份額。

分步法具有以下幾個主要特點：

（1）在分步法下，成本計算對象是生產的產品品種及其所經過的各個生產步驟，在計算產品成本時，一般按照產品的品種及生產步驟開設基本生產明細帳。

這裡所說的生產步驟不一定與生產車間的概念相一致。在按生產步驟設立生產車間的企業中，一般可以將生產車間視為生產步驟，這樣，分步驟計算成本便是分車間計算成本。如果企業規模不大，管理上又不要求分車間計算成本，可以把多個生產車間合併作為一個生產步驟計算成本，這樣，分步驟計算成本就不是分車間計算成本；相反，如果企業規模大，管理上又要求在車間內分步驟計算成本，則把車間內的生產工段作為生產步驟計算成本，這樣，分步驟計算成本也不是分車間計算成本，而是分工段（或幾個工段合併作為一個生產步驟）計算成本。在實際確定作為成本計算對象的生產步驟時，應根據管理的需要，本著簡化計算工作的原則而定。

（2）由於大量大批複雜生產的生產週期較長，產品往往跨月連續生產並陸續完工，一般每個月均有完工產品，因此，其成本計算是按月定期進行的。成本計算期與會計報告期一致，而與產品生產週期不一致。

（3）由於產品陸續完工，月末通常有在產品，因此，對於在各步驟、各種產品的成本計算單上歸集的生產費用，還應採用一定的分配方法，在各步驟、各種產品的完工產品與月末在產品之間進行分配，以計算各種產品的成本和各步驟的完工產品成本和月末在產品成本。

（4）在分步法下，企業的產品生產往往是分步驟進行的，上一步驟生產的半成品是下一步驟的加工對象，因此，還需按照產品品種結轉各步驟的成本。這是分步法的一個重要特點。

二、分步法的劃分

分步法是按照各個生產步驟來歸集生產費用，再匯總據以計算產品成本，因此，需要將各生產步驟歸集的生產費用採用一定的方式方法結轉到下一個步驟，以確定最終完工產品成本。根據企業內部成本管理對各生產步驟成本資料需求，按照各生產步驟是否計算半成品成本分為逐步結轉分步法和平行結轉分步法兩種方法。

逐步結轉分步法又稱為順序結轉分步法，是按照各生產步驟先後順序，逐步計算並結轉每步驟半成品成本，直到最後一個步驟計算出產成品成本。

平行結轉分步法又稱為不計算半成品成本的分步法，是指各生產步驟不計算本步驟所產半成品成本，也不計算本步驟所耗上一步驟半成品成本，只計算本步驟發生的各項費用以及這些費用中應計入最終完工產成品成本的「份額」，然後將相同產品的各步驟成本明細帳的「份額」平行結轉匯總，計算出最終完工產成品成本。

第二節 逐步結轉分步法

一、逐步結轉分步法的計算程序

在大量大批連續式複雜生產的企業中，產品生產從原料投入到產品制成，中間需經過一系列循序漸進、性質不同的生產步驟，各個步驟生產的半成品既可以作為下一步驟繼續加工的對象，又可以作為商品對外銷售，如鋼鐵廠的鋼錠、紡織廠的棉紗等，還有一些半成品為企業內幾種產品共同耗用。為了計算外售半成品成本，以滿足同行業同類半成品的比較和考核，或者為了分別計算各種產品的成本，必須計算各個生產步驟的半成品成本。逐步結轉分步法就是為了分步計算半成品成本而採用的一種分步法。

在逐步結轉分步法在計算各步驟產品成本時，由於上一步驟的半成品將作為下一步驟的加工對象，因此，上一步驟計算的半成品成本要隨著半成品實物的轉移一起從上一步驟的基本生產明細帳轉入下一步驟相同產品的基本生產明細帳，以便依次計算各步驟的半成品成本和最後步驟的產成品成本。

逐步結轉分步法下，各步驟半成品成本的結轉應與半成品實物的轉移相適應。在設半成品庫進行半成品收發的情況下，下一步驟不能直接領用上一步驟的完工半成品，而是通過半成品庫進行。因此，應設置自制半成品明細帳，結轉完工入庫和生產領用的半成品成本。驗收入庫時，應將入庫半成品成本借記「自制半成品——上一步驟」帳戶，貸記「基本生產——上一步驟」帳戶。下一步驟領用自制半成品時，再借記「基本生產——下一步驟」帳戶，貸記「自制半成品——上一步驟」帳戶。其核算程序如圖8-1所示。

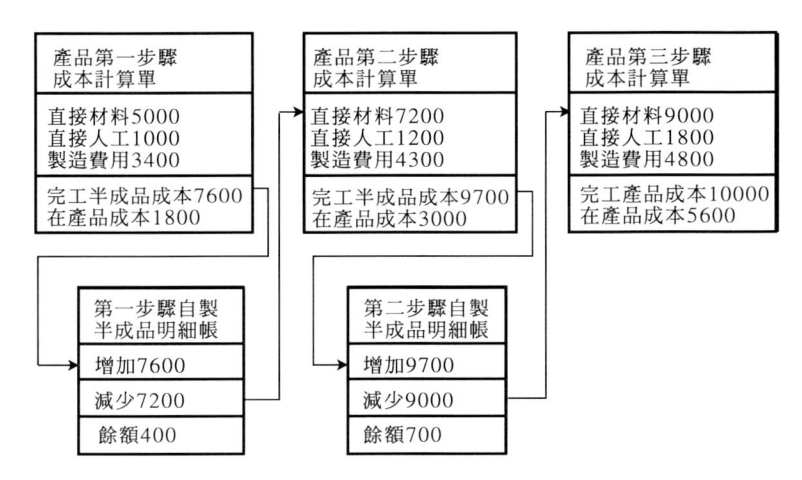

```
┌─────────────┐    ┌─────────────┐    ┌─────────────┐
│產品第一步驟 │    │產品第二步驟 │    │產品第三步驟 │
│成本計算單   │    │成本計算單   │    │成本計算單   │
├─────────────┤───▶├─────────────┤───▶├─────────────┤
│直接材料5000 │    │直接材料7200 │    │直接材料9000 │
│直接人工1000 │    │直接人工1200 │    │直接人工1800 │
│製造費用3400 │    │製造費用4300 │    │製造費用4800 │
├─────────────┤    ├─────────────┤    ├─────────────┤
│完工半成品   │    │完工半成品   │    │完工產品成本 │
│成本7600     │    │成本9700     │    │10000        │
│在產品成本   │    │在產品成本   │    │在產品成本   │
│1800         │    │3000         │    │5600         │
└─────────────┘    └─────────────┘    └─────────────┘
       │                  │
       ▼                  ▼
┌─────────────┐    ┌─────────────┐
│第一步驟自製 │    │第二步驟自製 │
│半成品明細帳 │    │半成品明細帳 │
├─────────────┤    ├─────────────┤
│增加7600     │    │增加9700     │
├─────────────┤    ├─────────────┤
│減少7200     │───▶│減少9000     │
├─────────────┤    ├─────────────┤
│餘額400      │    │餘額700      │
└─────────────┘    └─────────────┘
```

圖8-1　逐步結轉程序圖(設自製半成品庫)

在不設半成品庫進行半成品收發的情況下，下一步驟可以直接領用上一步驟的完工半成品。各步驟半成品實物直接轉入下一步驟，其半成品成本也直接轉入下一步驟的成本計算單，不必通過「自製半成品」明細帳進行核算。其核算程序如圖8-2所示。

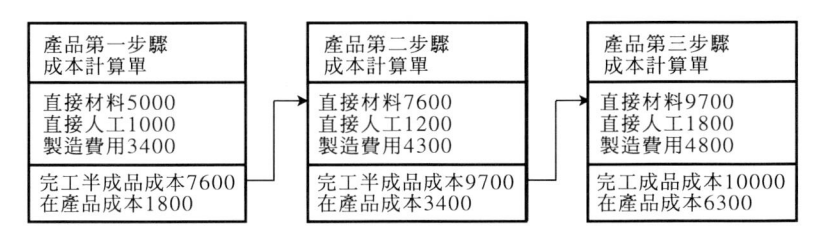

```
┌─────────────┐    ┌─────────────┐    ┌─────────────┐
│產品第一步驟 │    │產品第二步驟 │    │產品第三步驟 │
│成本計算單   │    │成本計算單   │    │成本計算單   │
├─────────────┤───▶├─────────────┤───▶├─────────────┤
│直接材料5000 │    │直接材料7600 │    │直接材料9700 │
│直接人工1000 │    │直接人工1200 │    │直接人工1800 │
│製造費用3400 │    │製造費用4300 │    │製造費用4800 │
├─────────────┤    ├─────────────┤    ├─────────────┤
│完工半成品   │    │完工半成品   │    │完工成品成本 │
│成本7600     │    │成本9700     │    │10000        │
│在產品成本   │    │在產品成本   │    │在產品成本   │
│1800         │    │3400         │    │6300         │
└─────────────┘    └─────────────┘    └─────────────┘
```

圖8-2　逐步結轉程序圖(設自製半成品庫)

二、逐步結轉分步法的特點

根據以上所述，逐步結轉分步法就是按照產品生產加工的先後順序逐步計算並結轉半成品成本，直至最後一個步驟算出產成品成本的一種方法，亦稱計算半成品成本的分步法。

逐步結轉分步法的主要特點為：成本計算對象為各種產品的生產步驟和產品品種；成本計算期與會計報告期一致，而與產品生產週期不一致；月末需計算每一步驟的完工產品和在產品成本，並按照產品的生產加工順序依次在生產步驟之間進行半成品成本的結轉工作。

三、逐步結轉分步法的劃分

逐步結轉分步法按照半成品成本向下一步驟結轉的方式不同，又可以分為分項逐步結轉和綜合逐步結轉兩種。

(一) 分項逐步結轉分步法

1. 分項逐步結轉分步法的結轉程序

分項逐步結轉分步法是指各步驟在結轉所耗用的半成品成本時，需按照成本項目從上一步驟轉入下一步驟成本計算單相應的成本項目，直至最後步驟，從而累計計算完工產品成本的方法。實際上也就是按產品的成本項目分項累計計算產品成本的方法。

分項結轉半成品成本，既可以按照半成品的實際成本結轉，也可以按照半成品的計劃成本結轉，然後按照成本項目分別調整成本差異。只是由於調整半成品成本差異的工作量較大，一般多採用按實際成本分項結轉。

如果設自製半成品庫進行半成品收發，則在「自製半成品明細帳」中登記半成品成本時，也應按成本項目分項登記。其結轉程序如圖8-3所示。

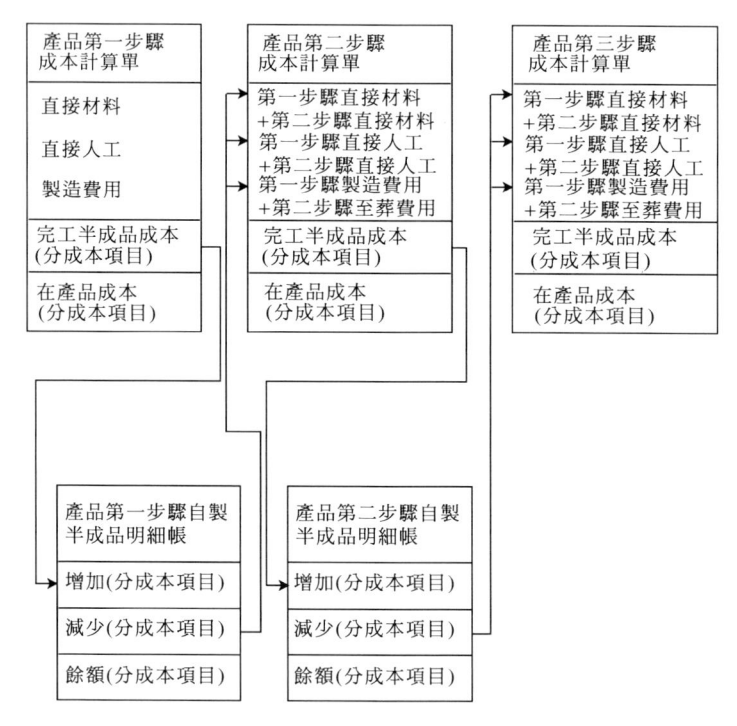

圖8-3 分項逐步結轉程序圖（設自製半成品庫）

如果不設自製半成品庫進行半成品收發，則分項逐步結轉分步法的結轉程序如圖8-4所示。

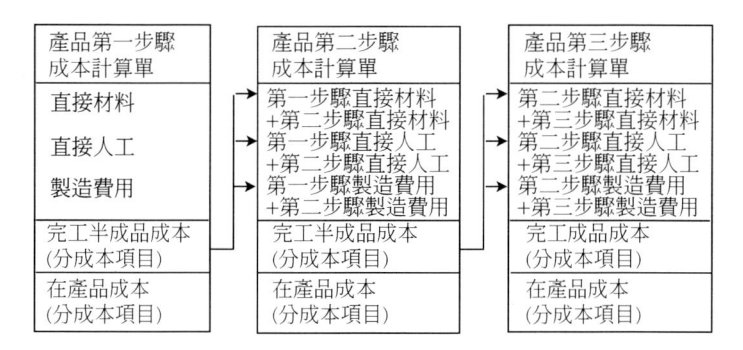

```
            ┌─────────────┐      ┌─────────────┐      ┌─────────────┐
            │產品第一步驟  │      │產品第二步驟  │      │產品第三步驟  │
            │成本計算單    │      │成本計算單    │      │成本計算單    │
            ├─────────────┤      ├─────────────┤      ├─────────────┤
            │直接材料      │─────▶│第一步驟直接材料│────▶│第二步驟直接材料│
            │              │      │+第二步驟直接材料│    │+第三步驟直接材料│
            │直接人工      │─────▶│第一步驟直接人工│────▶│第二步驟直接人工│
            │              │      │+第二步驟直接人工│    │+第三步驟直接人工│
            │製造費用      │─────▶│第一步驟製造費用│────▶│第二步驟製造費用│
            │              │      │+第二步驟製造費用│    │+第三步驟製造費用│
            ├─────────────┤      ├─────────────┤      ├─────────────┤
            │完工半成品成本│      │完工半成品成本│      │完工成品成本  │
            │(分成本項目)  │      │(分成本項目)  │      │(分成本項目)  │
            ├─────────────┤      ├─────────────┤      ├─────────────┤
            │在產品成本    │      │在產品成本    │      │在產品成本    │
            │(分成本項目)  │      │(分成本項目)  │      │(分成本項目)  │
            └─────────────┘      └─────────────┘      └─────────────┘
```

圖8-4　分項逐步結轉程序圖（不設）自製半成品庫

2. 分項逐步結轉分步法應用案例

【例8-1】長江機械廠201×年6月生產甲產品，該產品依次經過第一、第二和第三生產車間連續加工完成。原材料在生產開始時一次性投入，其他費用陸續發生。該企業設自制半成品庫進行半成品的收發核算。各車間月末在產品按定額成本計價，半成品成本按全月一次加權平均單位成本計算。該企業根據內部控制對成本信息需要，採用分項逐步結轉方式計算各生產車間半成品成本和產成品成本。

長江機械廠有關生產費用和成本計算資料如下：

（1）該企業產量記錄見表8-1。

表 8-1　　　　　　　　　　　產量統計表

項　目	單位	第一車間	第二車間	第三車間
月初在產品	件	600	300	450
本月投產或上一車間轉入	件	1,800	1,200	800
本月完工轉入下一車間	件	1,200	800	
本月完工對外銷售	件		100	1,000
月末在產品	件	1,200	600	250

（2）各車間月末在產品定額成本資料見表8-2：

表 8-2　　　　　　　　　　月末在產品定額成本數據

項　目	第一車間 單位消耗定額	第一車間 計劃單價	第二車間 單位消耗定額	第二車間 計劃單價	第三車間 單位消耗定額	第三車間 計劃單價
直接材料	31	2.50	31	2.50	31	2.50
直接人工	32.5	0.90	50	0.995	60	0.80
製造費用	38.5	1.00	51	1.25	64	1.0
單位成本		145.25		191		189.50

(3) 該企業甲產品成本資料見表8-3：

表8-3　　　　　　　　　　　　期初在產品及本期發生費用

成本項目	月初在產品成本				本月發生生產費用			
	第一車間	第二車間	第三車間	合　計	第一車間	第二車間	第三車間	合　計
直接材料	46,500	23,250	34,875	104,625	140,000			140,000
直接人工	20,500	26,700	34,900	82,100	63,500	25,800	23,000	112,300
製造費用	25,900	31,900	45,200	103,000	84,500	27,500	36,500	148,500
合計	92,900	81,850	114,975	289,725	288,000	53,300	59,500	400,800

根據上述資料計算甲產品成本，見表8-4、表8-5、表8-6、表8-7、表8-8。

表8-4　　　　　　　　　　　　　　成本計算單
車間名稱：第一車間　　　　　　　　　　　　　　　　　　　完工產品：
產品名稱：甲產品　　　　　　　201×年6月　　　　　　　　月末在產品：1,200件

憑證號數	摘　要	成　本　項　目			
		直接材料	直接人工	製造費用	合計（元）
	月初在產品成本	46,500	20,500	25,900	92,900
表8-3	歸集直接材料費用	140,000			140,000
表8-3	歸集直接人工費用		63,500		63,500
表8-3	分配製造費用			84,500	84,500
	生產費用合計	186,500	84,000	110,400	380,900
	完工半成品總成本	93,500	48,900	64,200	206,600
	完工半成品單位成本	77.92	40.75	53.5	172.17
	月末在產品成本	93,000	35,100	46,200	174,300

表8-5　　　　　　　　　　　　　　自制半成品明細帳
車間名稱：第一車間　　　　　　　　　　　　　　　　　　　產品名稱：半成品甲

憑證號數	項　目	數量（件）	直接材料	直接人工	製造費用	合計（元）
	月初餘額	1,000	88,200	39,100	54,600	181,900
表8-4	本月增加	1,200	93,500	48,900	64,200	206,600
	合　計	2,200	181,700	88,000	118,800	388,500
	單位成本		82.93	40	54	176.59
	本月減少	1,200	99,108	48,000	64,800	211,908
	月末餘額	1,000	82,592	40,000	54,000	176,592

表 8-6　　　　　　　　　　　　　　成本計算單

車間名稱：第二車間　　　　　　　　　　　　　　　　完工產品：900 件

產品名稱：甲產品　　　　　　　201×年 6 月　　　　月末在產品：600 件

憑證號數	摘　要	成　本　項　目			
		直接材料	直接人工	製造費用	合計（元）
	月初在產品成本	23,250	26,700	31,900	81,850
表 8-5	轉入半成品成本	99,108	48,000	64,800	211,908
表 8-3	歸集直接人工費用		25,800		25,800
表 8-3	分配製造費用			27,500	27,500
	生產費用合計	122,358	100,500	124,200	347,058
	完工半成品總成本	75,858	70,650	85,950	232,458
	完工半成品單位成本	84.29	78.5	95.5	258.29
	月末在產品成本	46,500	29,850	38,250	114,600

表 8-7　　　　　　　　　　　　　　自制半成品明細帳

車間名稱：第二車間　　　　　　　　　　　　　　　　產品名稱：半成品甲

憑證號數	項　目	數量（件）	直接材料	直接人工	製造費用	合計（元）
	月初餘額	1,100	177,350	85,350	106,050	368,750
表 8-6	本月增加	900	75,858	70,650	85,950	232,458
	合　計	2,000	235,208	156,000	192,000	601,208
	單位成本		126.60	78	96	300.60
	本月減少	800	101,280	62,400	76,800	240,480
	月末餘額	1,200	151,928	93,600	115,200	360.73

表 8-8　　　　　　　　　　　　　　成本計算單

車間名稱：第三車間　　　　　　　　　　　　　　　　完工產品：1,000 件

產品名稱：甲產品　　　　　　　201×年 6 月　　　　月末在產品：250 件

憑證號數	摘　要	成　本　項　目			
		直接材料	直接人工	製造費用	合計（元）
	月初在產品成本	34,875	34,900	45,200	114,973
表 8-7	轉入半成品成本	101,280	62,400	76,800	240,480
表 8-3	歸集直接人工費用		23,000		23,000
表 8-3	分配製造費用			36,500	36,500
	生產費用合計	136,155	120,300	158,500	414,955
	完工半成品總成本	116,780	108,300	142,500	367,580
	完工半成品單位成本	116.78	108.3	142.5	367.58
	月末在產品成本	19,375	12,000	16,000	47,375

根據第一車間「產品成本計算單」和半成品入庫單，編製會計分錄如下：
借：自制半成品——第一車間半成品甲　　　　　　　　206,600
　　貸：基本生產——第一車間甲產品　　　　　　　　　206,600
根據第二車間半成品領用單和成本資料，編製會計分錄如下：
借：基本生產——第二車間甲產品　　　　　　　　　　211,908
　　貸：自制半成品——第一車間半成品甲　　　　　　　211,908
根據第二車間「產品成本計算單」和半成品入庫單，編製會計分錄如下：
借：自制半成品——第二車間半成品甲　　　　　　　　232,458
　　貸：基本生產——第二車間甲產品　　　　　　　　　232,458
根據第三車間半成品領用單和成本資料，編製會計分錄如下：
借：基本生產——第三車間甲產品　　　　　　　　　　240,480
　　貸：自制半成品——第二車間半成品甲　　　　　　　240,480

分項逐步結轉分步法可以直接提供產品成本的原始構成，不需要進行成本還原，有利於成本結構的分析和考核。但是，採用這一方法，成本結轉工作比較繁瑣，而且從各步驟成本計算單中「完工產品總成本」和「月末在產品成本」這兩行中看不出本步驟消耗的上一步驟轉來的半成品費用和本步驟的加工費用，不利於各步驟成本的深入分析和考核。因此，這種方法主要適用於只要求反應原始成本構成，而不需要分別提供各步驟完工產品和月末在產品所耗上一步驟半成品費用和本步驟加工費用的企業。

(二) 綜合逐步結轉分步法

1. 綜合逐步結轉分步法的結轉程序

綜合逐步結轉分步法是指在逐步結轉各步驟半成品成本時，按照上一步驟的綜合成本（不分成本項目）結轉到下一步驟成本計算單中的「直接材料」或「自制半成品」項目，直至累積到最後步驟計算出完工產品成本的一種方法。

在綜合結轉半成品成本時，同樣既可以按照半成品的實際成本結轉，也可以按照半成品的計劃成本（或定額成本）結轉。由於各步驟的半成品成本按上一步驟的綜合成本結轉，在「自制半成品明細帳」中登記半成品成本時，可以不按成本項目分項登記，只要登記綜合單位成本。

如果設自制半成品庫進行半成品收發，則其結轉程序如圖 8-5 所示。

如果不設自制半成品庫進行半成品收發，則其結轉程序如圖 8-6 所示。

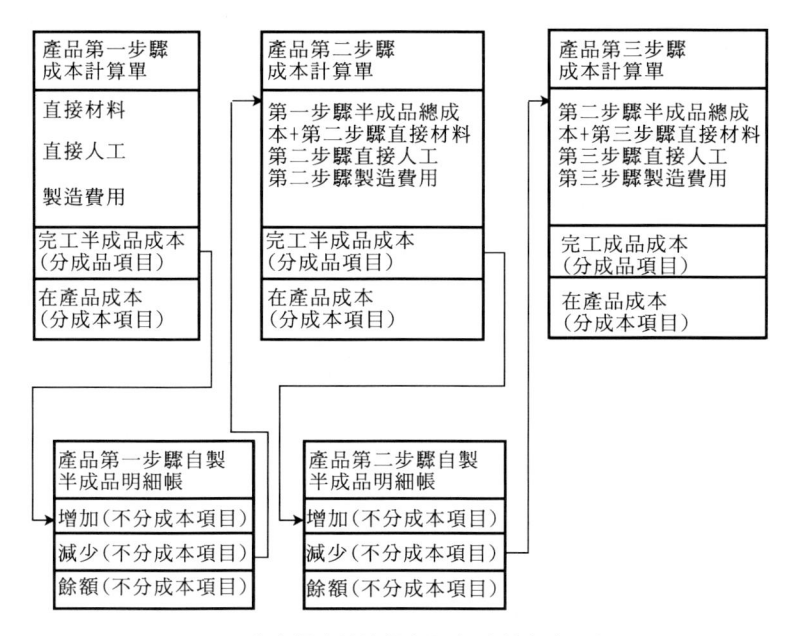

圖8-5 綜合逐步結轉程序圖(設自製半成品庫)

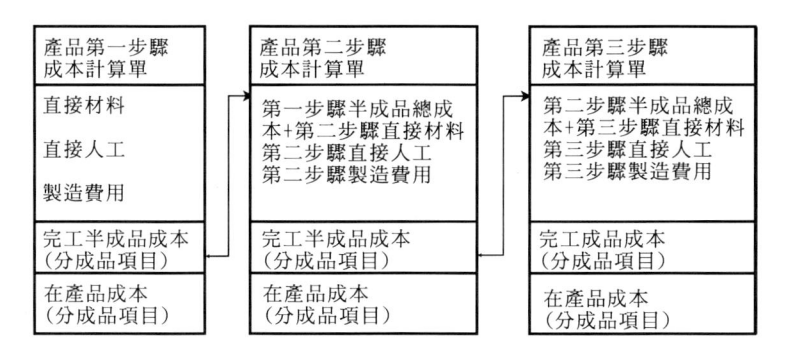

圖8-6 綜合逐步結轉程序圖(不設自製半成品庫)

按實際成本綜合結轉各步驟半成品成本時，各步驟半成品成本應按所耗上一步驟半成品數量乘以半成品的實際單位成本計算。所耗半成品的實際單位成本可以根據企業的實際情況，選擇採用先進先出法、加權平均法或後進先出法等方法。

為了簡化核算，如果半成品月初餘額較大，本月所耗半成品大部分是以前月份生產的，則可以將上月末的實際平均單位成本作為計算本月所耗半成品費用的依據。

2. 綜合逐步結轉分步法應用案例

【例8-2】康紅制藥廠主要生產銷售消化系統、眼科等藥品。消化系統藥品採用綜合逐步結轉分步法計算產品成本，201×年6月有三個基本生產車間（三個步驟）生產消化系統A型產品，各車間的自製半成品直接轉下一生產車間，藥品所需原材料系一次性投入，各步驟在產品完工程度按50%考慮，完工產品與在產品之間生產

費用的分配採用約當產量比例法。

（1）康紅制藥廠6月份消化系統A型產品的產量記錄見表8-9。

表8-9　　　　　　　　　　A型產品產量統計表

項目	單位	第一車間	第二車間	第三車間
月初在產品數量	件	160	480	880
本月投產或轉入數量	件	4,000	3,520	3,200
本月完工轉出數量	件	3,520	3,200	3,680
月末在產品數量	件	640	800	320

（2）康紅制藥廠6月份消化系統A型產品的成本資料見表8-10。

表8-10　　　　　　　A型產品月初在產品與本月生產費用

成本項目	月初在產品成本			本月生產費用發生額		
	第一車間	第二車間	第三車間	第一車間	第二車間	第三車間
直接材料	20,000			479,200		
自制半成品		85,120	201,200			
直接人工	1,640	7,840	16,000	73,240	107,360	141,440
製造費用	2,360	10,160	24,000	110,920	141,040	214,080
合計	24,000	103,120	241,200	663,360	248,400	355,520

（3）康紅制藥廠按照綜合逐步結轉分步法計算A型產品成本見表8-11、表8-12和表8-13，計算結果保留小數點兩位。

表8-11　　　　　　　　　　成本計算單

車間名稱：第一車間　　　　　　　　　　　　　　　完工半成品：3520
產品名稱：A型產品　　　　　201×年6月　　　　在產品：640；完工程度：50%

憑證號碼	摘要	成本項目			
		直接材料	直接人工	製造費用	合計
略	月初在產品成本	20,000	1,640	2,360	24,000
	本月發生生產費用	479,200	73,240	110,920	663,360
	生產費用合計	499,200	74,880	113,280	687,360
	約當產量	4,160	3,840	3,840	
	完工半成品單位成本	120	19.50	29.50	169
	完工半成品成本	422,500	68,640	103,840	594,880
	月末在產品成本	76,800	6,240	9,440	92,480

表 8-12　　　　　　　　　　　成本計算單

車間名稱：第二車間　　　　　　　　　　　　　　完工半成品：3200
產品名稱：A 型產品　　　　　　201×年 6 月　　　在產品：800；完工程度 50%

憑證號碼	摘要	成本項目			
		自制半成品	直接人工	製造費用	合計
略	月初在產品成本	85,120	7,840	10,160	103,120
	本月轉入半成品成本	594,880			594,880
	本月發生的生產費用		107,360	141,040	248,400
	生產費用合計	680,000	115,200	151,200	946,400
	約當產量	4,000	3,600	3,600	
	完工半成品單位成本	170	32	42	244
	完工半成品總成本	544,000	102,400	134,400	780,800
	月末在產品成本	136,000	12,800	16,800	165,600

表 8-13　　　　　　　　　　　成本計算單

車間名稱：第三車間　　　　　　201×年 6 月　　　完工產品：3680
產品名稱：A 型產品　　　　　　　　　　　　　　在產品：320；完工程度：50%

憑證號碼	摘要	成本項目			
		自制半成品	直接人工	製造費用	合計
略	月初在產品成本	201,200	16,000	24,000	241,200
	本月轉入半成品成本	780,800			780,800
	本月發生的生產費用		141,440	214,080	355,520
	生產費用合計	982,000	157,440	238,080	1,377,520
	約當產量	4,000	3,840	3,840	
	完工產品單位成本	245.50	41	62	348.50
	完工產品總成本	903,440	150,880	228,160	1,282,480
	月末在產品成本	78,560	6,560	9,920	95,040

3. 綜合逐步結轉分步法下的成本還原

採用綜合逐步結轉方式時，各步驟半成品成本是以「自制半成品」或「直接材料」綜合項目反應的。這樣計算出來的產品成本不能反應產品的原始成本構成，不符合產品成本結構的實際，因而不能據以分析和考核產品成本的構成和水平，不利於分析和考核產品成本計劃的執行情況。為此，必須進行成本還原，即將產品成本還原為按原始成本項目反應的成本。

成本還原是指將所耗半成品的綜合成本分解還原為上一步驟的原始成本項目，從而按原始成本構成計算產品成本。成本還原一般採用項目比重還原法，即按上一

步驟半成品每一成本項目的金額占半成品成本的比重逐步還原。其計算公式如下：

$$某成本項目所占比重 = \frac{該成本項目金額}{半成品各成本項目合計} \times 100\%$$

具體做法是從最後一個步驟開始，把各步驟所耗上一步驟半成品的綜合成本乘以上一步驟該種半成品成本項目所占比重，依次逐步向前一步驟分解還原成直接材料、直接人工、製造費用等原始成本項目，直至第一步驟，然後將分解還原後的數字按原始成本項目相加，從而求得按原始成本構成反應的產品成本。

現以上述【例8-2】康紅制藥廠綜合逐步結轉法的成本計算資料為依據，編製該制藥廠「A型產品成本還原計算表」（見表8-14）。

表8-14　　　　　　　　　　A型產品成本還原計算表
　　　　　　　　　　　　　　　　201×年6月　　　　　　　　　　　　　　　單位：元

成本項目	第三車間（還原前成本）	第二車間			第一車間			還原後的產品成本	
^	^	本月所產半成品成本	各成本項目所占比重（％）	產成品成本中半成品成本還原	本月所產半成品成本	各成本項目所占比重（％）	產成品成本中半成品成本還原	總成本	單位成本
自制半成品	903,440	544,000	69.67	629,426.64					
直接材料					422,400	71	446,892.90	446,892.90	121.44
直接人工	150,880	102,400	13.11	118,440.98	68,640	11.54	72,635.84	341,956.82	92.93
製造費用	228,160	134,400	17.22	155,572.38	103,840	17.46	109,897.90	493,630.28	134.13
合計	1,282,480	780,800	100	90,440	594,880	100	629,426.64	1,282,480	348.50

值得注意的是，這種成本還原的方法沒有考慮以前月份所產半成品與本月所產半成品的成本結構不一致帶來的影響。因此，在各月半成品成本結構變化較大的情況下，按上述方法進行成本還原的結果不夠準確。為此，可以將產品成本計算單中所記的月初在產品成本、本月發生的費用和月末在產品成本中所耗上一步驟半成品的綜合成本全部按原始的成本項目進行分解，並根據月初在產品成本加上本月發生的生產費用減去月末在產品成本等於完工產品成本的原理，計算按原始成本項目反應的完工產品成本。這樣還原，計算結果準確，但工作量大，因而一般只在計算工作已實現電算化的企業採用。

採用綜合逐步結轉方式，可以在各步驟產品成本計算單中直接反應所耗半成品的費用和本步驟的加工費用，便於進行各生產步驟和產成品的成本分析和考核。但是，由於成本還原的計算工作比較繁重，一般只適宜在各步驟所生產的半成品具有獨立經濟意義，管理上要求計算各步驟完工產品所耗半成品費用，而不要求進行成本還原或者成本還原工作比較簡單的情況下採用。

第三節　平行結轉分步法

　　平行結轉分步法是一種只計算本步驟發生的各項生產費用，以及這些費用中應計入最終完工產品成本的份額，然後將各步驟計入同一產品成本的份額平行匯總，計算產品成本的一種方法。平行結轉分步法適用於各步驟所產半成品種類較多，但外售情況較少，在管理上不要求計算半成品成本的各類大量大批複雜生產企業。

一、平行結轉分步法的特點

　　平行結轉分步法相對於逐步結轉分步法來說，具有以下幾個特點：

　　（1）在生產過程中，上一步驟的半成品實物轉入下一步驟時，其半成品成本不隨實物的轉移而結轉，仍保留在原步驟內，不要求計算各步驟半成品成本，只要求計算各步驟發生的各項費用中應計入完工產品成本的份額，並於產品完工進入產成品庫時，平行匯總計入完工產成品成本。所以，此方法又可以稱為「不計算半成品成本的分步法」。

　　（2）為了正確計算各步驟應計入產成品成本的份額，各步驟應將本步驟月初在產品成本與本期生產費用（不包括耗用的上一步驟半成品成本）的合計數在最終產成品與廣義在產品之間進行分配。廣義在產品是從全廠的角度出發，相對於最終產成品而言的在產品，而不是各步驟本身結存的在產品。它包括各步驟正在加工中的在製品，本步驟已完工轉入半成品庫的半成品，以及已轉移到以後各步驟進一步加工，但尚未最後形成產成品的一切半成品。分配方法可以採用約當產量比例法或定額比例法等方法。

　　（3）由於不計算各步驟半成品成本，因而半成品無論是在各步驟之間直接轉移，還是通過半成品庫收發，均不通過「自製半成品」帳戶進行價值核算，只需進行自製半成品的數量核算。

　　（4）由於產成品成本一般是按照成本項目平行結轉匯總各步驟中應計入產成品成本的份額得出的，因而不存在成本還原的問題。各步驟也可以同時計算成本，不需要等待上一步驟的成本計算結果，成本計算更為及時。

二、平行結轉分步法的計算程序

　　平行結轉分步法的基本計算程序是：

　　（1）分步驟、按產品品種設置「基本生產明細帳」或成本計算單，歸集生產費用；

　　（2）各步驟（或車間）根據各種費用分配表，登記各步驟（或車間）產品成本計算單，以確定不包括耗用上一步驟半成品費用在內的其他各項費用的數額；

　　（3）採用約當產量比例法或定額比例法等方法，按成本項目將各步驟月初在產品成本與本期歸集的生產費用的合計數在最終產成品與廣義在產品之間進行分配，

以確定各步驟應計入產成品成本的份額和各步驟的廣義在產品成本；

（4）產成品入庫時，將各步驟應計入產成品成本的份額平行匯總，編製「產成品成本計算單」，以確定產成品的實際總成本及單位成本。

平行結轉分步法的成本結轉程序如圖8-7所示。

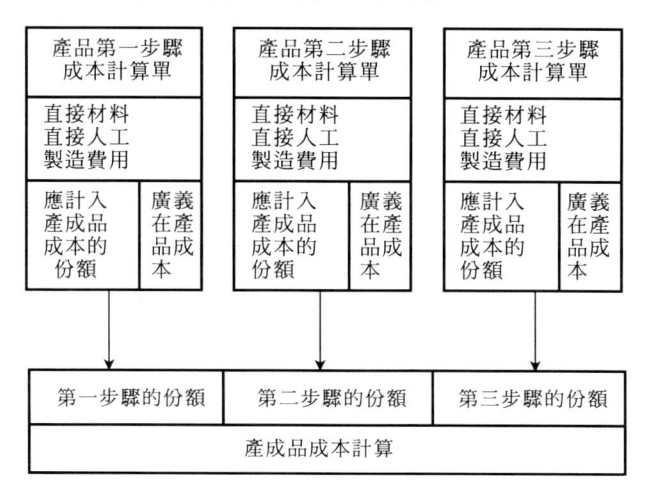

圖8-7 平行結轉分步法程序圖

三、平行結轉分步法應用案例

【例8-3】紅花藥業股份公司主營業務以中成藥為主，產品劑型豐富，公司已形成以消化系統用藥、兒科用藥、呼吸感冒用藥為重點的三大領域，擁有藥品批准文號423個、中藥保護品種4個、獨家品種10個，公司紅花品牌是全國知名品牌。該企業紅花感冒靈由三個基本生產車間按照順序，分三個步驟大量大批生產。該企業採用平行結轉分步法計算紅花感冒靈成本，該產品生產耗用的原材料於開工時一次性投入。該企業按約當產量比例法計算紅花感冒靈的完工產品成本和期末在產品成本。

該企業201×年6月的生產情況和費用資料如下：

（一）產量資料（見表8-15）

表8-15　　　　　　　　紅花感冒靈生產統計表

201×年6月　　　　　　　　　　計量單位：件

項目	第一車間	第二車間	第三車間
月初在產品數量	60	30	40
本月投入或上月轉入半成品	180	120	90
本月完工	120	90	100
月末在產品	120	60	30
完工程度（%）	50	60	80

(二) 本月生產費用資料（見表8-16）

表8-16　　　　　　　　　　**紅花感冒靈生產費用資料**

201×年6月　　　　　　　　　　　　　　　　　單位：元

車間成本\成本項目	第一車間		第二車間		第三車間	
	月初在產品成本	本月發生生產費用	月初在產品成本	本月發生生產費用	月初在產品成本	本月發生生產費用
直接材料	1,600	9,250				
直接人工	2,300	3,100	1,144	2,591	1,056	1,300
製造費用	4,800	6,050	2,470	3,921	1,325	3,201
合計	8,700	18,400	3,614	6,512	2,381	4,501

根據上述資料，計算紅花制藥公司紅花感冒靈產品成本，分別見表8-17、表8-18、表8-19。

表8-17　　　　　　　　　　　**產品成本計算單**

車間名稱：一車間

產品名稱：紅花感冒靈　　　　　201×年6月　　　　　　　完工產品：100件

憑證號數	摘要	成本項目			
		直接材料	直接人工	製造費用	合計
表8-16	月初在產品成本	1,600	2,300	4,800	8,700
表8-16	本月發生費用	9,250	3,100	6,050	18,400
	生產費用合計	10,850	5,400	10,850	27,100
	費用分配率	35	21.6	43.4	100
	應計入最終產品成本份額	3,500	2,160	4,340	10,000
	月末在產品成本	7,350	3,240	6,510	17,100

（1）第一車間產品成本計算如下：

約當產量合計：

直接材料項目＝100+（120+60+30）＝310（件）

其他成本項目＝100+（30+60+120×50%）＝250（件）

費用分配率計算：

直接材料分配率＝$\frac{10,850}{310}$＝35

直接人工分配率＝$\frac{5,400}{250}$＝21.6

製造費用分配率＝$\frac{10,850}{250}$＝43.4

應計入產成品成本份額：

直接材料=100×35=3,500（元）
直接人工=100×21.6=2,160（元）
製造費用=100×43.4=4,340（元）
月末在產品成本：
直接材料=210×35=7,350（元）
直接人工=150×21.6=3,240（元）
製造費用=150×43.4=6,510（元）

表8-18　　　　　　　　　　**產品成本計算單**

車間名稱：第二車間

產品名稱：紅花感冒靈　　　　200×年6月　　　　　　完工產品：100件

憑證號數	摘要	成本項目			
		直接材料	直接人工	製造費用	合計
表8-16	月初在產品成本		1,144	2,470	3,614
表8-16	本月發生生產費用		2,591	3,921	6,512
	生產費用合計		3,735	6,391	10,126
	費用分配率		22.5	38.5	61
	應計入最終產品成本份額		2,250	3,850	6,100
	月末在產品成本		1,485	2,541	4,026

（2）第二車間產品成本計算如下：

約當產量合計：100+（30+60×60%）=166（件）

費用分配率：

直接人工分配率=$\frac{3,735}{166}$=22.5

製造費用分配率=$\frac{6,391}{166}$=38.5

應計入產成品成本份額：

直接人工=100×22.5=2,250（元）
製造費用=100×38.5=3,850（元）
月末在產品成本：
直接人工=66×22.5=1,485（元）
製造費用=66×38.5=2,541（元）

表 8-19　　　　　　　　　　　　**產品成本計算單**

車間名稱：第三車間

產品名稱：紅花感冒靈　　　　　　201×年 6 月　　　　　　完工產品：100 件

憑證號數	摘要	成本項目			
		直接材料	直接人工	製造費用	合計
表 8-16	月初在產品成本		1,056	1,325	2,381
表 8-16	本月發生生產費用		1,300	3,201	4,501
	生產費用合計		2,356	4,526	6,882
	費用分配率		19	36.5	55.5
	應計入最終產品成本份額		1,900	3,650	5,550
	月末在產品成本		456	876	1,332

（3）第三車間產品成本計算如下：

約當產量合計：100+30×80% = 124（件）

費用分配率：

直接人工分配率 = $\dfrac{2,356}{124}$ = 19

製造費用分配率 = $\dfrac{4,526}{124}$ = 36.5

應計入產成品成本份額：

直接人工 = 100×19 = 1,900（元）

製造費用 = 100×36.5 = 3,650（元）

月末在產品成本：

直接人工 = 24×19 = 456（元）

製造費用 = 24×36.5 = 876（元）

根據上述各個生產車間產品成本計算單，平行匯總產成品的製造成本，編製紅花感冒靈的「產品成本匯總計算單」（見表 8-20）。

表 8-20　　　　　　　　　　**產品成本匯總計算單**（平行匯總）

產品名稱：紅花感冒靈　　　　　　201×年 6 月　　　　　　完工產品：100 件

憑證號數	摘要	成本項目			
		直接材料	直接人工	製造費用	合計
表 8-17	第一車間應計入最終產品成本份額	3,500	2,160	4,340	10,000
表 8-18	第二車間應計入最終產品成本份額		2,250	3,850	6,100
表 8-19	第三車間應計入最終產品成本份額		1,900	3,650	5,550
	完工產品總成本	3,500	6,310	11,840	21,650
	完工產品單位成本	35	63.1	118.4	216.5

綜上所述，採用平行結轉分步法時，各生產步驟（或車間）可以同時計算應計入產成品成本的份額，無須等待上一步驟半成品成本計算和結轉，可以簡化和加速成本計算工作。由於是按成本項目進行匯總，其份額反應了產品成本的原始構成，無須進行成本還原，有利於成本結構分析。但是，由於不能提供各步驟半成品成本資料，不利於分析和考核各步驟生產耗費水平；各步驟半成品實物轉移與其成本結轉脫節，各步驟在產品的實際價值與帳面價值不一致，不利於加強在產品的實物管理和資金管理。平行結轉分步法的優缺點恰好與逐步結轉分步法的優缺點相反。採用此方法，應加強各步驟在產品實物的數量核算及清查工作，以利於在產品管理和全面反應各步驟的生產耗費水平。

第四節　零件工序法

一、零件工序法的特點和適用範圍

零件工序法是指以零件、部件和產成品的品種（類別）以及生產的每一道工序為成本計算對象，歸集生產費用、計算產品成本的一種方法。這種方法主要適用於大量大批裝配式複雜生產企業，如汽車製造廠、自行車生產廠等。它是分步法在上述企業的應用。

在大量大批裝配式複雜生產企業中採用零件工序法具有以下特點：

（1）成本計算對象是不同品種的零件、部件和產成品以及生產零件的每一道工序，裝配部件、產品的裝配車間，並分別按這些對象開設基本生產明細帳，歸集生產費用，計算產品成本。

（2）由於零件的生產、部件和產成品的裝配連續不斷地重複進行，每月均有完工產品，所以成本計算期與會計報告期一致，與生產週期不一致，按月計算完工產品成本。

（3）在裝配式複雜生產企業中，各個生產步驟完工的半成品（指組成產成品的各種零件、部件）並不轉移到下一步驟繼續加工，而是直接轉移到裝配步驟（車間）裝配成產成品。各步驟半成品實物轉移時，其半成品成本也隨之轉移到產成品成本中。因此，應將各工序、車間發生的生產費用和月初在產品成本的合計數在本步驟完工半成品與月末在產品之間進行分配。此處的月末在產品是指本步驟正在加工的狹義在產品，而不是指廣義在產品。分配方法可採用約當產量比例法或定額比例法等方法。而且為了簡化核算工作，正在加工的零件可以只負擔直接材料費用，而由完工零件全部負擔各工序的加工費用。

（4）如果各步驟設立自制半成品（零件、部件）倉庫收發自制半成品，則各步驟半成品的收發應通過「自制半成品」帳戶進行核算。

二、零件工序法的計算程序

在零件工序法下，成本計算的基本程序是：

（1）分工序，按零件、部件和產品設置「基本生產明細帳」或成本計算單，以便歸集生產費用，計算產品成本。

（2）各生產部門根據有關費用分配表，登記本期生產零件發生的各項生產費用，編製「產品成本計算單」，核算各完工零件成本。可採用約當產量比例法或定額比例法等方法，將該工序的月初在產品成本與本期生產費用的合計數在完工零件和月末在產品之間進行分配，計算完工零件成本，並將其隨同零件交庫、結轉至自製半成品明細帳。

（3）部件裝配車間根據有關費用分配表和自製半成品明細帳結轉本期領用裝配的零件成本，歸集部件裝配費用，核算各完工部件成本，並將其隨同部件交庫、結轉至自製半成品明細帳。

（4）產品裝配車間根據有關費用分配表和自製半成品明細帳結轉本期領用裝配的部件成本，歸集產品裝配費用，核算各完工產品的總成本和單位成本。

三、零件工序法應用實例

【例8-4】通達機械廠設有零件、部件、總裝三個基本生產車間。零件車間生產A、B、C三種零件；部件車間把兩件A零件、三件B零件裝配成丙部件，把兩件B零件、一件C零件裝配成丁部件；然後，總裝車間再把丙部件和丁部件各一件裝配成甲產品。為了簡化起見，零件下面不再按工序歸集生產費用。完工產品和月末在產品按約當產量比例法分配生產費用，月末在產品完工程度均按50%考慮。

該機械廠201×年6月份的生產情況和費用資料如下：

（1）生產記錄統計見表8-21。

表8-21　　　　　　　　　　生產記錄統計　　　　　　　　　單位：件

項　目	A零件	B零件	C零件	丙部件	丁部件	甲產品
月初在產品數量	450	500	295	175	84	95
本月投入或轉入半成品	250	350	205	275	156	125
本月完工	500	750	300	150	160	100
月末在產品	200	100	200	300	80	120

（2）零件車間期初在產品成本和本期發生費用見表8-22，各零件所需原材料在開始生產時一次性投入。

表 8-22　　　　　　零件車間月初在產品及本期發生費用　　　　　　單位：元

車間成本 成本項目	月初在產品成本			本期發生費用		
	零件生產車間			零件生產車間		
	A零件	B零件	C零件	A零件	B零件	C零件
直接材料	62,600	63,250	33,600	35,400	43,000	23,400
直接人工	83,000	98,000	53,600	58,000	62,000	32,400
製造費用	111,600	164,200	76,500	94,200	87,800	46,700
合計	257,200	325,450	163,700	187,600	192,800	102,500

(3) 部件車間和裝配車間期初在產品成本和本期發生費用見表 8-23。

表 8-23　　　　　部件車間和裝配車間月初在產品及本期發生費用　　　　單位：元

車間成本 成本項目	月初在產品成本			本期發生費用		
	部件車間		裝配車間	部件車間		裝配車間
	丙部件 (175件)	丁部件 (84件)	甲產品 (95件)	丙部件 (275件)	丁部件 (156件)	甲產品 (125件)
自制半成品：						
A零件	245,000			390,500		
B零件	320,250	102,480		515,625	195,000	
C零件		52,920			99,060	
丙部件			361,000			475,000
丁部件			237,500			312,500
直接人工	15,050	8,400	6,250	22,000	18,300	6,870
製造費用	27,500	25,600	10,600	53,650	32,200	13,400
合計	607,800	189,400	615,350	981,775	344,560	807,770

根據上述資料，甲產品成本計算過程參見表 8-24、表 8-25、表 8-26、表 8-27、表 8-28 和表 8-29。實例中各自制半成品明細帳省略。

表 8-24　　　　　　　　　　　產品成本計算單

車間名稱：零件車間　　　　　　　　　　　　　　　　　　完工產品：500件
產品名稱：A零件　　　　　　201×年6月　　　　　　月末在產品：200件

憑證號數	摘要	成本項目			
		直接材料	直接人工	製造費用	合計
表 8-22	月初在產品成本	62,600	83,000	111,600	257,200
表 8-22	本月發生費用	35,400	58,000	94,200	187,600
	生產費用合計	98,000	141,000	205,800	444,800
	費用分配率	140	235	343	718
	完工零件成本	70,000	117,500	171,500	359,000
	月末在產品成本	28,000	23,500	34,300	85,800

表 8-25　　　　　　　　　　　　**產品成本計算單**

車間名稱：零件車間　　　　　　　　　　　　　　　　　完工產品：750 件

產品名稱：B 零件　　　　　　201×年 6 月　　　　　　月末在產品：100 件

憑證號數	摘要	成本項目			
		直接材料	直接人工	製造費用	合計
表 8-22	月初在產品成本	63,250	98,000	164,200	325,450
表 8-22	本月發生費用	43,000	62,000	87,800	192,800
	生產費用合計	106,250	160,000	252,000	518,250
	費用分配率	125	200	315	640
	完工零件成本	93,750	150,000	236,250	480,000
	月末在產品成本	12,500	10,000	15,750	38,250

表 8-26　　　　　　　　　　　　**產品成本計算單**

車間名稱：零件車間　　　　　　　　　　　　　　　　　完工產品：300 件

產品名稱：C 零件　　　　　　201×年 6 月　　　　　　月末在產品：200 件

憑證號數	摘要	成本項目			
		直接材料	直接人工	製造費用	合計
表 8-22	月初在產品成本	33,600	53,600	76,500	163,700
表 8-22	本月發生費用	23,400	32,400	46,700	102,500
	生產費用合計	57,000	86,000	123,200	266,200
	費用分配率	114	215	308	637
	完工零件成本	34,200	64,500	92,400	191,100
	月末在產品成本	22,800	21,500	30,800	75,100

表 8-27　　　　　　　　　　　　**產品成本計算單**

車間名稱：部件車間　　　　　　　　　　　　　　　　　完工產品：150 件

產品名稱：丙部件　　　　　　201×年 6 月　　　　　　月末在產品：300 件

憑證號數	摘要	成本項目				
		自制半成品		直接人工	製造費用	合計
		A 零件	B 零件			
表 8-23	月初在產品成本	245,000	320,250	15,050	27,500	607,800
表 8-23	本月發生費用	390,500	515,625	22,000	53,650	981,775
	生產費用合計	635,500	835,875	37,050	81,150	1,589,575
	費用分配率	1,412.22	1,857.50	123.50	270.50	3,663.72
	完工部件成本	211,833	278,625	18,525	40,575	549,558
	月末在產品成本	423,667	557,250	18,525	40,575	1,040,017

表 8-28　　　　　　　　　　　　**產品成本計算單**

車間名稱：部件車間　　　　　　　　　　　　　　　　　　完工產品：160 件
產品名稱：丁部件　　　　　　　　201×年 6 月　　　　　月末在產品：80 件

憑證號數	摘要	成本項目				
^	^	自制半成品 ^^	直接人工	製造費用	合計
^	^	B 零件	C 零件	^	^	^
表 8-23	月初在產品成本	102,480	52,920	8,400	25,600	189,400
表 8-23	本月發生費用	195,000	99,060	18,300	32,200	344,560
	生產費用合計	297,480	151,980	26,700	57,800	533,960
	費用分配率	1,239.50	633.25	133.50	289	2,295.25
	完工部件成本	198,320	101,320	21,360	46,240	367,240
	月末在產品成本	99,160	50,660	5,340	11,560	166,720

表 8-29　　　　　　　　　　　　**產品成本計算單**

車間名稱：裝配車間　　　　　　　　　　　　　　　　　　完工產品：100 件
產品名稱：甲產品　　　　　　　　201×年 6 月　　　　　月末在產品：120 件

憑證號數	摘要	成本項目				
^	^	自制半成品 ^^	直接人工	製造費用	合計
^	^	丙部件	丁部件	^	^	^
表 8-23	月初在產品成本	361,000	237,500	6,250	10,600	615,350
表 8-23	本月發生費用	475,000	312,500	6,870	13,400	807,770
	生產費用合計	836,000	550,000	13,120	24,000	1,423,120
	費用分配率	3,800	2,500	82	150	6,532
	完工甲產品總成本	380,000	250,000	8,200	15,000	653,200
	單位成本	3,800	2,500	82	150	6,532
	月末在產品成本	456,000	300,000	4,920	9,000	769,920

本章小結：

　　分步法是按照產品的品種及生產步驟為對象，歸集生產費用計算產品成本的方法，廣泛用於大量大批複雜生產且管理上要求提供各步驟成本數據的情況下，比如機器製造、紡織、冶金、造紙、家用電器等生產類型的企業。在分步法下，成本計算對象是產品的品種和生產步驟，成本計算期一般與會計報告期一致，期末在產品可以按約當產量比例法、定額法等方法計算。

　　分步法按照各步驟是否計算半成品成本，分為逐步結轉分步法與平行結轉分步法。

　　逐步結轉分步法是為了分步計算半成品成本而採用的一種方法，具體計算時需將下一步驟耗用上一步驟的半成品的成本從上一步驟成本計算單（在設半成品庫的

情況下，是自制半成品明細帳）轉入下一步驟成本計算單，從而在最後一個生產步驟計算出完工產品的總成本和單位成本。逐步結轉分步法在結轉各步驟半成品的成本時，又可以採用兩種方式：一種是分成本項目進行結轉，從而形成分項逐步結轉分步法；另一種是不分成本項目而是按半成品的總成本進行結轉，形成綜合逐步結轉分步法。在綜合逐步結轉分步法下，由於不能夠反應產品的原始成本構成，在需要產品原始成結構數據的情況下，還需進行成本還原計算，以便分析產品結構合理性。

所謂產品成本還原，就是將每一步驟所耗上一步驟半成品的綜合成本，按照上一步驟本期半成品的成本結構（即比重）分解還原為原始成本項目，從而按照原始成本構成計算產品成本。成本還原是從最後一個步驟開始，依次向上一步驟還原，直到求得原始成本構成為止。

在平行結轉分步法下，各步驟之間不結轉半成品成本，而是將每個步驟發生的生產費用在最終完工產品和本步驟的廣義在產品之間進行分配，計算出最終完工產品在各步驟的份額即所耗用的費用，然後將最終完工產品在各步驟的份額按照成本項目平行相加就是最終完工產品在整個生產過程的總成本，除以產量就是單位成本。

本章思考拓展問題：

1. 說明分步法成本計算的特點，以及適用的生產類型。
2. 在分步法下，產品生產工藝技術步驟與產品成本計算步驟是什麼關係？如何根據工藝技術步驟確定成本計算步驟？
3. 說明分步法下廣義在產品與狹義在產品的關係。
4. 逐步結轉分步法與平行結轉分步法在成本計算程序上有何差異性？
5. 在大量大批多步驟生產類型中，為什麼要計算各步驟的半成品的成本？
6. 什麼是成本還原？為什麼要進行成本還原？怎樣進行成本的還原計算？
7. 平行結轉分步法的特點是什麼？適用哪一種生產類型的企業？
8. 在平行結轉分步法下，如果各步驟完工半成品都要入半成品倉庫，最後總裝車間直接在半成品庫領用所需的半成品，是否應當計算各步驟的半成品成本？成本計算上有何變化？

第九章
其他幾個行業成本計算

【導入案例】

　　某稽查局對該市宏大建築安裝公司進行了企業稅收檢查。在與宏大建築安裝公司財務工作人員座談中，稽查人員獲知該企業近年來中標工程項目多，職工工資增長較快。經審核企業財務報表，其反應的全年利潤總額卻為負數，稽查人員懷疑宏大建築安裝公司有少計收入或多結轉成本，人為造成虧損從而少繳企業所得稅的問題。

　　經調取該企業簽訂的所有施工合同，向有關監理部門瞭解工程施工情況，分項目核對工程進度和成本結轉情況，稽查人員發現該企業有提前結轉工程成本行為，造成帳面虧損，少繳企業所得稅的實事。

　　問題：施工企業工程成本計算方法有哪些？如何根據工程價款結算方式確定已完工程成本？

學習目標：

　　在國民經濟中，除了製造業之外，還有建築業、房地產開發業、商品流通業、交通運輸業等行業，這些行業的成本計算與製造業相比較有其特殊性。本章在製造業成本計算方法基礎上，介紹一些有代表性行業成本計算方法，豐富對其他行業成本計算方法瞭解。

　　在學習本章的過程中應當注意：
　　1. 瞭解每個行業與製造業相比，其生產經營特徵或特殊性。
　　2. 掌握每個行業成本計算的特點，特別是成本計算對象確定方法。
　　3. 掌握每個行業成本項目設置方法及成本計算流程。

本章難點提示：

　　1. 如何根據行業特徵按成本控制要求設置成本計算單？
　　2. 行業成本項目設置方法有什麼規律？

第一節　施工企業成本計算

一、施工企業生產及其成本計算的特點

(一) 施工企業的生產特點

施工企業是從事建築安裝工程的生產經營性企業，其主要生產經營活動是建設房屋、建築物與安裝各種設備，產品一般為不動產。施工企業與一般製造企業相比較，在生產經營上具有以下特點：

(1) 施工生產的週期長。由於建築產品一般規模較大，生產週期較長，所以一般要跨年度施工。加之受自然、氣候條件的直接影響，以及施工現場與工藝本身的要求，施工工期往往較長。

(2) 施工生產的流動性。建築產品不同於一般產品，它從建設到使用，直到報廢，始終固定在同一地點。這種固定性特點，決定了施工企業生產活動的流動性。主要表現在三個方面：一是不同工種的工人要在同一建築物的不同崗位上進行流動施工；二是生產工人要在同一工地的不同單位工程之間進行流動施工；三是施工隊伍要在不同工地、不同地區承包工程，進行區域性流動施工。

(3) 施工生產的單一性強。由於建築產品都是有特定目的、用途的產品，企業只能按照建設單位各個建設項目的設計要求進行施工生產。而且由於不同的建築產品要受諸如投資規模、地形、地質、水文、氣象等眾多因素的約束或影響，因此，每一建築產品之間極少完全相同。這就導致了施工生產的單一性或單件性。

(二) 施工企業成本計算的特點

施工企業主要從事建築安裝活動。除此之外，也要從事其他多種經營活動。這裡主要介紹建築安裝工程的成本計算問題。

1. 成本計算對象的確定

工程成本計算對象一般應根據工程承包合同、施工生產特點、生產費用的發生情況和成本管理要求確定。

一般來說，施工企業可以以每一個單位工程作為成本計算對象。這是因為施工圖預算一般是按單位工程編製的，按單位工程計算確定它的實際成本，有利於與工程預算成本相比較，以檢查、分析預算的執行情況。不過，有時候一個施工企業要同時承接多個建設項目，每個建設項目的具體情況常常不相同。有的建設項目規模很大，工期長；有的建設項目規模較小，工期短；還有的建設項目在一個工地上有若干個結構、類型、規模相同的單位工程同時施工，交叉作業，共同耗用現場堆放的材料等。因此，一般應根據與施工圖預算相結合的原則，聯繫企業施工組織的特點、承包工程的實際情況和加強成本管理的需要，確定建築安裝工程成本的計算對象。主要有以下幾種確定方法：

(1) 一般情況下，應以每一獨立編製施工圖預算的單位工程作為成本計算對象；

（2）一個單位工程由幾個施工單位共同施工時，各施工單位都應以同一單位工程為成本計算對象，各自計算自己完成的部分；

（3）規模大、工期長的單位工程，可以劃分為若干個分部工程，以各分部工程作為成本計算對象；

（4）同一建設項目、同一單位工程以及同一施工地點、同一結構類型且開工、竣工時間相近的若干單位工程，也可以合併作為一個成本計算對象；

（5）改建、擴建的零星工程，可以將開竣工時間接近、同屬於一個建設項目的各個單位工程合併作為一個成本計算對象。

2. 成本計算期

由於建築安裝工程一般規模較大，生產週期較長，如果待工程全部竣工之後才進行成本計算和價款結算，不利於企業加強成本管理和流動資金週轉。因此，施工企業對於已完成預算定額規定一定組成部分的工程，可以視為「已完工程」進行成本計算。雖然這部分工程不是企業的竣工工程，不具有完整的使用價值，但它不再需要進行任何施工活動便可以確定工程的數量和質量。當整個工程竣工時，為了反應竣工工程的成本，有必要對竣工工程進行成本決算。

3. 成本項目

施工企業工程成本分為直接成本和間接成本。直接成本是指施工過程中耗費的構成工程實體或有助於工程實體形成的各項支出，包括人工費、材料費、機械使用費和其他直接費。

（1）人工費是指施工過程中從事建築安裝工程施工人員的工資、獎金、職工福利費、工資性津貼、勞動保護費等；

（2）材料費是指施工過程中耗用的構成工程實體的原材料、輔助材料、構配件、零件、半成品的費用以及週轉材料的攤銷和租賃費用；

（3）機械使用費是指施工過程中使用自有施工機械所發生的機械使用費和租用外單位施工機械所發生的租賃費，以及施工機械安裝、拆卸、進出場費；

（4）其他直接費是指施工過程中發生的材料二次搬運費、臨時設施攤銷費、生產工具及用具使用費、檢驗試驗費、工程定位復測費、場地清理費等。

間接成本是指施工單位為組織和管理工程而發生的各種支出，主要包括施工單位管理人員的工資、獎金、職工福利費、行政管理用固定資產的折舊費及修理費、物料消耗、低值易耗品攤銷、取暖費、水電費、辦公費、差旅費、財產保險費、檢驗試驗費、工程保修費、勞動保護費、排污費及其他費用。

這裡的施工單位，是指施工企業所屬的直接從事施工生產的單位，如工程處、工區、不具備法人資格的分公司、項目經理部、施工隊伍、相當於工業生產單位的車間等。這些單位為組織和管理施工工程所發生的全部支出應作為間接成本，計入工程成本。

4. 未完工程的計價

未完工程是指期末尚未辦理工程價款結算的工程。對未完工程進行計價是施工企業計算已完工程成本的前提。對未完工程進行計價，可以採用「估量法」和「估

價法」兩種方法。

（1）估量法，也叫約當產量法，即根據施工現場盤點確定未完成預算定額規定工序的未完實物量，經過估計，折合成相當於已完分部分項工程量，再乘以該分部分項工程的預算單價，計算出未完工程預算成本。其計算公式為：

$$\frac{期末未完工}{程預算成本}=\frac{期末未完工程折合成}{已完分部分項工程量}\times\frac{該分部分項}{工程預算單價}$$

（2）估價法，即先確定分部分項工程內各個工序耗用的直接費占整個預算單價的百分比，並據以計算出每個工序的單價，然後乘以未完工程各工序的完成量，確定未完工程的成本。其計算公式為：

$$某工序單價=\frac{分部分項工}{程核算單價}\times\frac{某工序耗用的直接費}{占預算單價的百分比}$$

期末未完工程成本=Σ（未完工程中某工序完成量×該工序單價）

採用估價法計算未完工程成本，先要計算出每個工序的單價。如果工序過多，應將工序適當歸並，先計算每一擴大的工序單價，然後乘以未完工程各擴大工序完成量。

二、施工企業工程成本計算

（一）人工費的分配

人工費的核算方法，一般應根據企業實行的具體工資制度而定。採用計件制的，一般都能分清所支付的工資是哪一個工程發生的，所以應根據「工程任務單」計算並計入各個成本計算對象的「人工費」項目。採用計時工資制的，計入各工程成本的工資，一般是按照當月工資總額和工人總的出勤工日計算的日平均工資及各工程當月實際用工數計算分配的。其計算公式為：

$$某施工隊當月每工日平均工資=\frac{該隊當月全部計時工資總額}{該隊當月建安工人實際工日數}$$

$$\frac{某工程應分配的}{人工費工資數}=\frac{該工程當月}{實際耗用工時}\times\frac{某施工隊當月}{每工日平均工資}$$

（二）材料費的分配

施工企業的材料，除了主要用於工程施工外，還可能用於臨時設施、福利設施建設以及其他非生產性耗用等。因此，企業必須建立健全材料管理制度，嚴格區分工程耗用和其他耗用的界限，只有直接用於工程的材料，才能計入工程成本中的「材料費」項目。

建築安裝工程耗用的材料品種多，數量大，領用的次數頻繁。企業在核算工程的材料費用時，應區別不同材料，採用不同的方法進行歸集和分配。

（1）凡是領用時能夠點清數量、分清用料對象的，應在領料憑證上填明受益對象的名稱，財會部門據以直接計入受益對象的成本。

（2）領用時雖然能夠點清數量，但屬於集中配料或統一下料的，應當在領料憑證上註明「集中配料」的字樣，月末由材料部門會同領料班組，根據配料情況，結

合材料耗用定額編製「集中配料耗用計算表」，據以分配計入各受益對象成本。

（3）既不易點清數量又難以分清成本對象的，可以根據具體情況，先由材料員或施工生產班組保管（實行集中攪拌的混凝土或砂漿，由攪拌站驗收保管），月末進行實地盤點，並根據「月初結存量+本月收入量－月末盤點結存量＝本月耗用量」的公式確定本月實際耗用量。然後根據各工程對象應完成的實物工程量和材料耗用定額，編製「大堆材料耗用計算表」，據以分配計入有關工程成本。

（4）施工使用的模板、腳手架等週轉材料，應按各工程成本計算對象實際領用數量及規定的攤銷方法，編製「週轉料具攤銷計算表」，確定各工程成本計算對象應攤銷的費用數額。

對於某些對週轉材料實行內部租賃或向外部租賃使用的企業來講，應當按實際支付的租賃費直接計入受益的工程成本。

上述各種不同的材料，採用不同的方法進行分配後，應根據各有關的分配計算表，編製「材料發出匯總分配表」，確定各受益成本計算對象應分配的總材料費用，計入各工程成本中的「材料費」項目。

（三）機械使用費的分配

工程成本中的機械使用費是指在施工過程中使用自有施工機械的臺班費和使用從外單位租入施工機械的租賃費，以及支付的施工機械進出場費。

使用自有施工機械或運輸設備進行機械作業所發生的各項費用，應通過「機械作業」帳戶，按機械類別或每臺機械分別歸集，月末再根據各個成本核算對象實際使用施工機械的臺班數、預算數或作業量計算各工程成本計算對象應分攤的施工機械使用費。

（四）其他直接費的分配

其他直接費一般在發生時可以分清受益對象，直接計入對應的工程成本。

（五）間接成本的分配

間接成本是指施工企業各施工隊、工程隊、工區等這一級單位為組織管理施工生產而發生的支出，類似於工業企業車間這一級單位發生的各項生產管理費用。在實踐中，由於一個施工隊、工程隊或工區往往同時從事多個工程項目的建設，有幾個成本計算對象，所以間接成本一般不能由某一個工程成本計算對象負擔，而應採用一定的分配方法計入各工程成本。

在分配間接成本時，可以選擇各工程人工費用、直接費用為標準進行分配。其計算公式為：

$$間接成本分配率 = \frac{實際發生的間接成本總額}{各工程人工費用（直接費用）總數}$$

$$\begin{matrix}某工程成本計算對象\\應負擔的間接成本\end{matrix} = \begin{matrix}該工程成本計算對象\\的人工費用（直接費用）\end{matrix} \times \begin{matrix}間接成本\\分配率\end{matrix}$$

（六）已完工程成本的計算

按照有關財務規定，建設工程價款的結算可以採用按月結算、分段結算、竣工後一次結算方式或者雙方約定的其他結算方式。

採用按月結算工程價款方式的工程,應按月結轉已完工程成本;採用竣工後一次結算或分段結算工程價款方式的工程,應按合同規定的工程價款期結轉已完工程成本。已完工程成本可以根據以下公式計算:

已完工程成本 = 期初未完工程成本 + 本期發生的施工生產費用 – 月末未完工程成本

上式中,期初未完工程成本是已知的,本期發生的施工生產費用經過歸集、分配之後可以確定下來,只要計算出期末未完工程成本就可以確定本期完工工程成本。期末未完工程成本的計算可以採用前面介紹的「估量法」或「估價法」。

施工企業工程成本計算是在「工程施工」明細帳內進行的,「工程施工」明細帳的格式參見表 9-1。

表 9-1　　　　　　　　　　工程施工明細帳

工程名稱:××工程　　　　　　　　　　　　　　　　　　　　　　單位:元

201×年		憑證編號	摘要	工程實際成本						工程預算成本	月末未完施工成本	已完工程	
月	日			材料費	人工費	機械使用費	其他直接費用	間接成本	合計			實際成本	預算成本
×	1	(略)	期初餘額							80,000			
	31		分配材料費	720,000									
	31		分配人工費		47,000								
	31		分配機械費			20,000							
	31		分配其他費用				10,000						
	31		分配間接成本					50,000					
	31		合計	720,000	47,000	20,000	10,000	50,000	847,000	850,000	100,000	827,000	830,000

第二節　房地產開發企業成本計算

一、房地產開發企業成本劃分的特點

房地產開發企業是指從事土地、房屋建設開發、銷售、出租等生產經營活動的企業。

房地產開發企業從事開發產品的建設一般可以分為五個階段:規劃設計、徵地拆遷、組織施工、竣工驗收、產品銷售。無論開發產品是建設場地還是房屋,從開工到產品最後建成出售,都要經過這五個階段。

根據開發產品所經歷的階段和企業成本管理的需要,可以將房地產開發企業的整個成本費用劃分為九個部分:土地徵用及拆遷補償費、前期工程費、基礎設施費、建築安裝工程費、公共配套設施費、開發間接費、管理費用、銷售費用、財務費用。

房地產開發企業同製造企業一樣,也是採用製造成本法對開發產品進行成本核

算的。在製造成本法下，可以將企業上述九個方面的成本費用劃分為兩大部分：開發產品的成本和企業的期間費用。開發產品的製造成本包括上述九個部分的前六項內容，後三項內容則歸為期間費用。期間費用不再計入開發產品成本，而是同製造企業一樣，直接計入當期損益。

二、開發產品成本計算的特點

開發產品成本是指企業在建設、開發過程中所發生的各種耗費，它綜合地反應了房地產開發企業的生產經營管理水平，是制定開發產品價格的重要依據。

開發產品在成本構成上與一般產品不同，在成本計算上具有如下特點：

（一）成本計算對象的確定

開發產品的成本計算對象應根據開發項目的地點、用途、結構、裝修、層高、施工隊伍的管理等因素，按以下原則來確定：

（1）一般的開發項目，可以以每一獨立編製的設計概（預）算，或者以每一獨立的施工圖預算所列的單項開發工程為成本計算對象，以利於分析工程概（預）算和施工合同的完成情況；

（2）同一開發地點、同一結構類型的群體開發建設項目，如果開工、竣工時間相近，並且由同一施工單位施工，可以合併作為一個成本計算對象，以簡化核算手續和核算工作；

（3）對於規模較大、工期較長的開發項目，可以結合經濟責任制的需要，按開發項目的一定區域或部分，劃分為若干個分部開發項目，然後以若干個分部開發項目作為成本計算對象。

（二）成本計算期

開發產品的成本計算期，一般以開發產品的開發週期為準，以便計算出整個開發項目從開發建設直到竣工驗收所發生的一切耗費，以利於同開發項目的設計概（預）算和施工合同相對比，考核其開發成果。

（三）開發產品的成本項目

開發產品在開發、建設過程中發生的各項費用，可以按照不同的標準分類。當開發、建設過程中的各項費用按照其經濟用途，即開發產品經歷的階段來劃分時，便構成開發產品成本項目。開發產品的成本項目主要有：

（1）土地徵用及拆遷補償費。土地徵用及拆遷補償費是指房地產開發企業按照城市建設總體規劃進行土地開發而發生的各項費用，包括土地徵用費、耕地占用費、勞動力安置費以及有關地上、地下附著物拆遷補償的淨支出（即扣除拆遷舊建築物回收的殘值收入）和安置動遷用房支出等。

（2）前期工程費。前期工程費是指開發項目在前期工程階段發生的各項費用，包括規劃、設計、項目可行性研究、水文、地質、勘察、測繪、「三通一平」等支出。

（3）建築安裝費。建築安裝費是指開發項目在開發過程中發生的各種建築工程

費用，包括企業以出包方式支付給承包單位的建築安裝工程費和以自營方式發生的各種建築安裝工程費。

（4）基礎設施費。基礎設施費是指開發項目在開發過程中發生的各項基礎性設施支出，包括開發小區內道路、供水、供電、供氣、排污、排洪、通訊、照明、環衛、綠化等工程建設發生的支出。

（5）公共配套設施費。公共配套設施費是指不能有償轉讓的開發小區內公共配套設施支出，包括居委會、派出所、幼兒園、消防、水塔、公共廁所等設施的支出。在確定公共配套設施支出的內容時應注意兩點：一是公共配套設施必須限定在開發小區內；二是必須是不能有償轉讓的公共配套設施。

（6）開發間接費。開發間接費是指房地產開發企業在開發現場組織、管理開發產品的開發建設所發生的工資、獎金、福利費、修理費、折舊費、辦公費、水電費、勞動保護費以及週轉房攤銷等。開發間接費從性質上看，屬於直接組織、管理開發項目而發生的支出，應計入開發產品的成本。

在實踐中分清「開發間接費」和「管理費」的界限是重要的。如果開發企業不設立現場機構，而是由公司定期或不定期地派人到開發現場組織開發建設活動，則所發生的費用可以直接並入企業管理費用。

（四）開發產品在成本中預提公共配套設施費用的處理

一個住宅小區的開發建設，通常需要若干年的時間。房地產開發企業在開發進度安排上，一般是先建住宅，後建配套設施。所以，往往是住宅已經建成而配套設施尚未投入使用，或者是住宅已經銷售，而道路、綠化等配套設施工程尚未完工。這種開發產品與配套設施建設的時間差，使得那些已具有使用條件並已出售的開發產品應負擔的配套設施建設費用無法按照配套設施的實際建設成本進行分攤和計算。為此，房地產開發企業一般只能以未完配套設施概算（或預算）為基礎，計算出已出售住宅應負擔的數額，並以預提方式計入所出售住宅的開發成本，待小區正式竣工結算時，再調整預提數。

三、開發產品的成本計算

按照會計制度的規定，開發產品的成本計算應通過「開發成本」和「開發間接費用」兩個成本類帳戶進行。

「開發成本」帳戶用來核算房地產開發企業在土地、房屋、配套設施和代建工程的開發建設過程中發生的各項費用。該帳戶下應按開發成本的種類，如「土地開發」「房屋開發」「配套設施開發」和「代建工程開發」等設置成本計算單，並按成本項目設專欄以反應成本結構。企業發生的土地徵用及拆遷補償費、前期工程費、基礎設施費和建築安裝工程等開發費用，凡屬於直接費用的，直接計入有關的成本計算單；凡應由開發產品成本負擔的間接費用，應先在「開發間接費用」帳戶進行歸集，期末再按一定的分配標準將匯總的開發間接費用分配計入有關開發產品成本計算單。「開發間接費用」帳戶可以按企業內部不同單位、部門設置明細帳，進行

明細核算。

　　企業開發土地、房屋、配套設施和代建工程等，採用出包方式的，應根據承包企業提出的「工程價款結算帳單」，在承付工程款之後，計入有關開發產品成本計算單；採用自營方式的，發生的各項費用可以直接計入有關開發產品成本計算單。如果企業自營施工大型建築安裝工程，可以根據需要增設「工程施工」「施工間接費用」等帳戶，用來歸集自營建築安裝費用，期末再按實際成本將其轉入有關開發產品成本計算單。應由開發產品負擔但不能有償轉讓的公共配套設施費用等，應在計算開發產品的成本時及時地按規定及時計入有關開發產品成本計算單。

　　企業已經完成並驗收合格的土地、房屋、配套設施、代建工程等，應及時根據開發產品成本計算單內的實際成本結轉，以便將企業的收入和成本費用進行對比，確定損益。

　　不同的房地產開發項目有其特殊性，下面我們以土地開發、房屋開發項目為例說明房地產開發企業的成本計算。

　　（一）土地開發成本的計算

　　土地開發是房地產開發企業的主要業務之一，其開發產品為建設場地。土地開發主要有兩個目的：一個是為銷售或有償轉讓而開發土地，即商品性建設場地；另一個是直接為企業興建商品房和其他經營性用房而開發土地，即自用建設場地。

　　土地開發成本是指企業在開發土地過程中所發生的各種費用。土地開發過程中發生的直接費用，如土地徵用補償費和拆遷補償費、前期工程費、基礎設施費等費用，可以直接計入土地開發成本；土地開發過程中發生的各種間接費用，如開發現場機構發生的工資費用、福利費、折舊費、修理費、辦公費、水電費、勞動保護費、週轉房攤銷等，先通過「開發間接費用」帳戶進行歸集，期末再按一定的分配標準分配計入土地開發成本。土地開發的各項直接費用加上應負擔的間接費用，就是土地開發的實際成本。

　　【例9-1】華西房地產開發企業開發土地（甲地）100畝，支付徵地拆遷費3,000,000元、耕地占用稅6,000,000元、勞動力安置費600,000元，出售拆遷房屋回收材料50,000元，發生前期工程費450,000元，支付給施工單位甲地基礎設施費700,000元，發生建築安裝工程費300,000元。經分配、計算，甲地應負擔的開發間接費用為400,000元。甲地開發完成後經驗收合格。其中，40畝對外銷售，60畝留在企業，準備進一步開發為商品房。根據上述資料，計算該土地的開發成本。計算結果見表9-2。

表 9-2　　　　　　　　　　　　　　開發產品成本計算單
工程名稱：甲地開發工程　　　　　　　　　　　　　　　　　　　　　　　單位：元

201×年 月	日	憑證編號	摘要	土地徵用及拆遷補償費	前期工程費	基礎設施費	建築安裝工程費	公共配套設施費	開發間接費用	合計
×	×	(略)	發生徵地拆遷費	3,000,000						
			發生耕地占用稅	6,000,000						
			發生勞動力安置費	600,000						
			回收拆遷房殘值	50,000						
			發生前期工程費		450,000					
			發生基礎設施費			700,000				
			發生建安費				300,000			
			應分配間接開發費						400,000	
			合　計	9,550,000	450,000	700,000	300,000		400,000	11,400,000
			結轉開發成本	3,820,000	180,000	280,000	120,000		160,000	4,560,000
			期末餘額	5,730,000	270,000	420,000	180,000		240,000	6,840,000

（二）房屋開發成本的計算

房屋開發也是房地產開發企業的主要業務之一。房屋開發分為四個方面：一是為銷售而開發商品房；二是為出租經營而開發經營房；三是為安置拆遷居民週轉使用而開發週轉房；四是受其他單位委託而開發建設代建房。儘管這些開發建設的目的不同，但其費用支出和建設開發的過程基本上是相同的。

企業在房屋開發過程中發生的土地徵用及補償費、前期工程費、基礎設施費，凡能分清成本計算對象的，應直接計入有關房屋開發成本計算單的對應成本項目；發生時分不清成本計算對象，由兩個或兩個以上成本計算對象負擔的費用，應先通過「開發成本——土地開發」帳戶進行歸集，待土地開發完成並用於房屋的建設開發時，再採用一定的方法分配之後結轉到有關房屋開發成本計算單的對應成本項目。

在房屋建設開發過程中進行的建築安裝工程，有的採用出包方式，有的採用自營方式。採用出包方式的企業，其建安工程費用應根據承包企業的「工程價款結算帳單」所列的建設工程款，計入有關房屋開發成本計算單的對應成本項目；採用自營方式的企業，其實際發生的建安工程費，一般可以直接計入有關房屋開發成本計算單。如果自行施工的工程較大，可以增設「工程施工」和「施工間接費用」兩個帳戶，歸集所發生的建安工程費，然後定期將所發生的建安工程費轉到有關房屋開發成本計算單的對應成本項目。

房屋開發項目應負擔的開發間接費用，平時通過「開發間接費用」帳戶進行歸集，月末分配結轉到有關房屋開發成本計算單的對應成本項目。

【例9-2】接【例9-1】，華西房地產開發企業將留下的60畝土地繼續用於商品房開發，並將該商品房建設工程出包給本市某家建築公司，承包合同規定的工程款為40,000,000元。按照規定，該房地產開發企業在建設與該商品房配套的公共設施

過程中發生建築安裝費 3,160,000 元，在商品房建設中應負擔的開發間接費用為 500,000 元。根據上述資料，計算房屋開發成本。計算結果見表 9-3。

表 9-3　　　　　　　　　　房屋開發成本計算單

房屋開發——商品房（甲地）　　　　　　　　　　　　　　　　單位：元

201×年 月 日	憑證號數	摘要	土地租用及拆遷補償費	前期工程費	基礎設施費	建築安裝工程費	公共配套設施費	開發間接費用	合計
× ×	（略）	結轉土地開發成本	5,730,000	270,000	420,000	180,000		240,000	6,840,000
		結轉房屋建設費				40,000,000			40,000,000
		結轉配套設施費					3,160,000		3,160,000
		結轉開發間接費						500,000	500,000
		合計	5,730,000	270,000	420,000	40,180,000	3,160,000	740,000	50,500,000
		結轉完工成本	5,730,000	270,000	420,000	40,180,000	3,160,000	740,000	50,500,000
		期末餘額	—	—	—	—	—	—	—

第三節　商品流通企業成本計算

一、商品流通企業經營特點

商品流通企業是指組織商品購銷活動、自主經營和獨立核算的企業，主要有商業、糧食、外貿企業，供銷合作社，圖書發行企業，物資供銷企業以及以商品流通活動為主營業務的其他企業。商品流通企業的主要經營活動是商品的購進、銷售、調撥和儲存，將社會產品從生產領域轉移到消費領域，從而實現商品的價值並獲得盈利。

商品流通企業和製造企業等其他行業企業的經營活動相比較，商品流通企業有三個特點：一是經營活動的主要內容是商品購銷，沒有生產環節；二是商品資產在企業全部資產中佔有較大的比例，是企業資產管理的重點；三是企業營運中資金活動的軌跡是從貨幣資金到商品再到貨幣資金轉化。

商品流通企業的經營環節主要有兩個：一個是商品採購；另一個是銷售。商品採購過程中涉及商品進價成本計算，商品銷售過程涉及商品銷售成本計算問題。

二、商品進價成本的計算

商品進價成本就是商品採購成本。企業採購商品的途徑不同，增值稅納稅人不同，進價成本的構成也就不同。

（一）國內採購商品的進價成本

根據中國稅法的規定，增值稅納稅人分為一般納稅人與小規模納稅人。這兩種

納稅人的計稅方法不同，因而商品進價成本的構成也不同。

1. 一般納稅人國內採購商品的進價成本

中國稅法規定，增值稅是價外稅，應納稅額不包括在商品的價值之中。企業購進商品支付的增值稅稅額（簡稱進項稅額）可以從銷售商品時應納的增值稅稅額（簡稱銷項稅額）中抵扣。因此，國內採購商品的進價成本應是增值稅專用發票上列明的商品的貨款，以及採購過程發生運輸、倉儲、保險、裝卸、包裝等採購費用，但不包括增值稅稅額。

2. 小規模納稅人國內採購商品的進價成本

中國稅法規定，小規模納稅人不得抵扣購進商品時支付的增值稅稅額。這樣，小規模納稅人國內採購商品的進價成本應由採購時支付的商品貨款，採購環節發生運輸、保險、裝卸等採購費用，以及支付的增值稅組成。

（二）國外採購商品的進價成本

企業從國外採購商品，即進口商品，其採購成本由進口商品的國外進價、進口關稅和消費稅組成。

進口商品的國外進價一律以到岸價格（CIF）為基礎。倘若以離岸價格（FOB）成交，商品離開對方口岸後，應由我方負擔的運雜費、保險費和佣金等費用，也應計入商品的進價。商品到達中國口岸目的港後發生的採購費用，均應計入商品進價成本。無論是按離岸價格結算還是按到岸價格結算，如果均以外幣計價，則應按支付日中國人民銀行公布的外幣匯率折合成人民幣計價。

進口關稅是指海關對進入國境的商品徵收的稅。消費稅是國家對某些特定商品進行特殊調節而徵收的稅。徵收消費稅的商品僅包括菸、酒及酒精、化妝品、護膚護髮品、貴重首飾、鞭炮焰火、汽油、柴油、汽車輪胎、小汽車、摩托車等稅目。

三、商品銷售成本的計算

商品流通企業的庫存商品可以採用進價或售價進行核算。採用進價核算的商品（如批發銷售的商品），其庫存商品成本按商品進價成本記帳；採用售價核算的商品（如零售商品），其庫存商品成本按商品的銷售價格記帳。由於庫存商品計價、核算方法不同，從而導致商品銷售成本的計算方法也有所不同。

（一）進價核算方法下商品銷售成本的計算

採用進價核算方法時，企業應設置「庫存商品」帳戶。該帳戶的借方記錄入庫商品的進價成本，貸方反應已銷商品的銷售成本或其他原因引起的庫存商品的減少。

為了全面反應庫存商品的增減變動情況，企業財會部門除了按商品進價成本設置「庫存商品」總帳之外，還必須按商品的種類設置一套完整的商品數量、金額明細帳，以提供庫存商品增減變動情況的詳細資料。明細帳可以按商品的品種、等級、規模、規格分戶設置，還可以在總帳和明細帳之間按商品大類設置二級帳，以保證商品購進、儲存以及核算的完整和及時。

商品銷售之後，為了正確反應企業的銷售利潤，確定庫存商品的餘額，還必須對已銷商品的成本進行計算和結轉。這種計算和結轉工作，一般是在月末進行，平

時只在庫存商品明細帳內登記各種商品的銷售數量（不記金額）。在月底計算銷售成本時，由於各種商品的每一批進價成本不盡相同，因此有各種不同的計算方法。至於選擇哪一種方法，企業應根據管理的要求，從企業經營業務的特點出發，本著既要簡單適用又要盡可能準確的原則來選擇。商品銷售成本的計算和結轉方法一經確定，年度內不得變更，以保證成本核算的可比性和一致性。

採用進價核算的商品，銷售成本計算可以採用方法是先進先出法、移動加權平均法、全月一次加權平均法、個別計價法。此外，還可以採用：

1. 毛利率法

毛利率法就是根據本月銷售總額和上季度實際毛利率計算出本月銷售毛利，再求出本月商品銷售成本。其計算公式為：

銷售毛利＝本月銷售總額×上季度實際毛利率

商品銷售成本＝本月銷售額－銷售毛利＝本月銷售額×（1－上季度實際毛利率）

2. 最後進價法

最後進價法就是根據當月最後進貨的單價先確定庫存商品成本，然後根據下列公式計算確認已售商品銷售成本。

已售商品銷售成本＝期初庫存商品成本＋本期購進商品進價成本－期末庫存商品成本

（二）售價核算方法下商品銷售成本的計算

採用售價核算法時，財會部門應按實物負責小組設立庫存商品明細帳戶。庫存商品的增減變動，只記售價，不記數量，其帳面餘額就是實物負責小組所經營的商品。在售價核算法下，由於庫存商品是按商品售價登記的，為了反應商品進價成本與售價之間的差異，應設置「商品進銷差價」帳戶。該帳戶是「庫存商品」帳戶的調整帳戶。庫存商品進價與售價之差，按差價的方向分別計入該帳戶的借方或貸方。當銷售商品結轉其銷售成本時，進銷差價也同時結轉，結轉的進銷差價一般計入該帳戶的借方。該帳戶的期末餘額為期末庫存商品的進銷差價。

採用售價核算法時，期末庫存商品的數量應通過實地盤點來確定。將庫存商品的數量分別按種類乘以銷售單價，就可以得到庫存商品以售價計算的實有商品，可以與營業櫃組庫存商品明細帳進行核對（營業櫃組收貨、銷貨時，其明細帳是按售價記帳的，商品售出之後，按售價交回貨款），以保證帳實相符，加強對實物的控制與管理。

在售價核算法下，一般是按營業櫃組設置明細帳，因而可以大大減少會計人員的工作量，簡化銷售手續，方便顧客和營業員。但是，從另一方面看，這種方法也存在著某些缺點：庫存商品明細帳只記金額，不記數量，如果各種商品在月末盤點結束之後發現溢缺情況，很難查明原因，因而不利於加強成本管理和實物管理。為了防止差錯和弊端，可以採取一些補救措施。如：對某些數量少、品種少、價格高的商品設立數量帳，進行數量控制，定期盤點檢查；對其他不設數量帳的商品，也應加強盤點，確保帳實相符。

採用售價核算的商品，可以採用一定的進銷差價率將商品的售價調整為商品的進價成本，進而確定商品的銷售成本和庫存商品的進價成本。

所謂進銷差價率，就是商品進銷差價占商品售價的百分比。按照該百分比，分別計算出庫存商品和已售商品應負擔的進銷差價，然後計算出庫存商品和已售商品的進價成本。可以按零售商品的總額計算綜合進銷差價率，也可以按類（或櫃組）計算分類進銷差價率。二者的計算方法相同，只是計算所用的數額大小不同。

1. 綜合差價率計算法

綜合差價率計算法就是按整個商品的存銷比例平均分攤進銷差價的方法。其計算方法是：月末經過盤點，確定按售價計算的商品總額（即本月銷售總額加上月末庫存商品售價總額），再除以月末庫存商品進銷差價餘額（分配前的），求得綜合平均差價率；然後求出已售商品和庫存商品的進銷差價，進而計算出已售商品的銷售成本。

其計算公式為：

$$綜合平均差價率 = \frac{月末分配前「商品進銷差價」帳戶餘額}{月末庫存商品餘額 + 本月零售商品銷售總額} \times 100\%$$

已售商品應分攤的進銷差價 = 本月零售商品銷售總額 × 綜合平均差價率

已售商品的銷售成本 = 已售商品的售價 − 已售商品應分攤的進銷差價

採用綜合平均差價率，可以簡化進銷差價的計算工作。但是，當各類商品或各櫃組商品的進銷差價率和存銷比例相差較大時，計算結果不夠準確。

2. 分類（分櫃組）進銷差價率的計算

採用分類方法計算商品的進銷差價率，不僅使計算出的差價率較為符合實際，而且有利於分類考核商品經營的經濟效益。分類進銷差價率的計算公式為：

$$\frac{某類商品的}{進銷差價率} = \frac{月末結轉前某類「商品進銷差價」帳戶餘額}{月末某類庫存商品的餘額 + 本月該類商品的銷售總額} \times 100\%$$

某類已售商品應分攤的進銷差價 = 某類商品本月銷售總額 × 該類商品進銷差價率

$$\frac{某類已售商品的}{銷售成本} = 該類已售商品的售價 − 該類已售商品應分攤的進銷差價$$

【例9-3】紅豔百貨零售超市201×年6月30日有關帳戶的分類核算資料見表9-4。

表9-4　　　　　　　　　　　　　　　　　　　　　　　　　　　　　單位：元

商品大類	月末庫存商品餘額	本月商品零售額	月末結轉前 進銷差價餘額
百貨類	60,000	80,000	16,800
針織類	100,000	150,000	35,000
鞋帽類	50,000	70,000	18,000
合計	210,000	300,000	69,800

根據上述資料，計算分類進銷差價率和已售商品銷售成本。計算過程見表9-5。

表9-5　　　　　　分類進銷差價率和已售商品銷售成本計算表

紅豔百貨零售超市　　　　　　201×年6月30日　　　　　　　　單位：元

類別	月末結轉前進銷差價餘額	月末庫存商品餘額	本月商品零售額	分類進銷差價率	庫存商品進銷差價	已售商品進銷差價	已售商品銷售成本
	(1)	(2)	(3)	$(4)=\dfrac{(1)}{(2)+(3)}$	(5)=(2)×(4)	(6)=(3)×(4)	(7)=(3)-(6)
百貨類	16,800	60,000	80,000	$\dfrac{16,800}{60,000+80,000}\times 100\%=12\%$	7,200	9,600	70,400
針織類	35,000	100,000	150,000	$\dfrac{35,000}{100,000+150,000}\times 100\%=14\%$	14,000	21,000	129,000
鞋帽類	18,000	50,000	70,000	$\dfrac{18,000}{50,000+70,000}\times 100\%=15\%$	7,500	10,500	59,500
合計	69,800	210,000	300,000		28,700	41,100	258,900

採用售價核算的商品，年度內各月份可以採用綜合平均差價率或分類（分櫃組）差價率計算分攤商品的進銷差價，年終應對各商品的差價進行一次核實、調整，以保證各商品全年進銷差價計算的正確性。

第四節　運輸企業成本計算

一、運輸企業生產過程和成本計算的特點

（一）運輸企業生產過程的特點

運輸企業是通過具有勞動技能的人使用運輸工具及設備，使旅客、貨物的空間位置發生移動，而不創造新的物質產品的特殊物質生產部門。運輸企業包括鐵路、公路、水路、航空運輸及機場、港口、外輪代理、理貨等企業。運輸企業生產過程的特點如下：

（1）運輸企業是物質生產過程的有機組成部分。隨著社會生產的分工，運輸企業成為一個獨立的物質生產部門。但就其發揮的作用來看，運輸企業是連接社會生產領域和消費領域的橋樑和紐帶，仍然是生產過程的組成部分。

（2）運輸企業生產活動的結果只能使勞動對象（旅客、貨物）的空間位置發生移動，而不能像製造業那樣，通過對勞動對象——原材料進行生產加工來創造新的物質產品。

（3）運輸企業的產品不是以實物形態獨立存在的，其生產過程就是消費過程，二者表現為時間上和空間上的統一。所以，運輸產品不能儲存。

(4) 運輸企業的生產過程流動而且分散，由此會產生大量的結算工作。

(5) 運輸企業的生產過程只消耗勞動工具（運輸工具及設備），而不能消耗勞動對象（旅客、貨物）。

(二) 運輸企業成本計算的特點

運輸企業的以上特點，決定了運輸企業成本計算也有自身的特點。

(1) 運輸企業由於不創造實物產品，在生產過程中沒有消耗勞動對象，只是消耗勞動工具，所以其營運成本中運輸工具的消耗、設備折舊費、修理費、燃料消耗以及營運生產過程中的營運性費用支出佔較大比重。

(2) 運輸企業的成本計算對象分為客貨綜合運輸業務、旅客運輸業務和貨物運輸業務。企業根據管理的需要，可以按照車型將成本分為大型車組運輸成本、集裝箱車輛運輸成本，按照船型將成本分為煤船運輸成本、油品船運輸成本、集裝箱船運輸成本，按照運輸種類將成本分為班輪運輸成本、租船運輸成本等。對於港口企業而言，其成本核算對象主要劃分為裝卸業務、堆存業務、港務管理及其他業務等。

(3) 運輸企業的成本計算單位為週轉量，分為換算噸千米、人千米和噸千米。對於遠洋和沿海船舶運輸企業而言，分為換算噸海里、人海里和噸海里。港口企業的成本計算單位為工作量，分為裝卸工作量（噸）和堆存工作量（噸/天）。

(4) 運輸企業的成本計算期一般採用月曆制。從事遠洋運輸業務的船舶運輸企業，則以航次作為成本計算期。

(5) 運輸企業營運成本耗費的多少，主要取決於運輸距離的長短，而與所完成的運量和週轉量沒有直接關係。

二、運輸企業成本構成和成本計算程序

(一) 運輸企業的成本構成內容

運輸企業在營運生產過程中實際發生的與運輸、裝卸和其他業務等直接相關的各項支出構成了運輸企業的成本。具體包括以下內容：

(1) 企業在營運生產過程中實際消耗的各種燃料、材料、備品配件、航空高價週轉件、墊隔材料、輪胎、專用工器具、動力照明、低值易耗品等物質性支出；

(2) 企業直接從事營運生產活動人員的工資、福利、獎金、津貼和補貼等支出；

(3) 企業在營運生產過程中實際發生的固定資產折舊費、修理費、租賃費（不包括融資租賃費）、取暖費、水電費、辦公費、差旅費、保險費、設計制圖費、試驗檢驗費、勞動保護費（包括制服費）、季節性和修理期間的停工損失、事故淨損失等支出。

除上述費用外，還有以下規定：

鐵路運輸企業的成本還應當包括鐵路線路災害防治費、鐵路線路綠化費、鐵路

護路護橋費、乘客緊急救護費等營運性支出；

公路運輸企業的成本還應當包括車輛牌照檢驗費、車輛清洗費、車輛冬季預熱費、公路養路費、公路運輸管理費、過橋費、過渡費、過隧道費、司機途中住宿費、行車雜費等營運性支出；

水路運輸企業的成本還應當包括引水費、港務費、拖輪費、停泊費、代理費、理貨費、開關艙費、集裝箱費用、燈塔費、航道養護費、水路運輸管理費、船舶檢驗費、旅客接送費以及航行於國外及港澳地區的船舶發生的噸稅、過境稅、運河費等營運性支出；

航空運輸企業的成本還應當包括熟練飛行訓練費、乘客緊急救護費等支出。

運輸企業的成本項目一般包括：

(1) 直接材料費。直接材料費具體包括的內容為上述第 (1) 項內容。
(2) 直接人工費。直接人工費具體包括的內容為上述第 (2) 項內容。
(3) 其他費用。其他費用具體包括的內容為上述第 (3) 項內容。

(二) 運輸企業的成本計算程序

運輸企業在計算營運成本時應按各項運輸業務設置成本計算單。成本計算單內應按成本項目進行分欄反應。

運輸企業在經營業務（如運輸企業、裝卸業務、堆存業務、各種代理業務、各項港務管理及其他業務）時所發生的各項費用，應按成本計算對象和規定的成本項目予以歸集。凡是能夠直接計入成本項目的費用，應借記「運輸支出」（「裝卸支出」「堆存支出」「代理業務支出」「港務管理支出」以及「其他業務支出」等）帳戶，貸記「燃料」「材料」「輪胎」「應付職工薪酬」等帳戶。對於那些不能直接計入成本項目的其他費用，應先在「船舶固定費用」「船舶維護費用」「集裝箱固定費用」「營運間接費用」「輔助營運費用」等帳戶核算，月末再將這些費用按規定的分配標準分配計入有關的成本計算對象。

因為運輸企業的生產過程就是消費過程，企業的產品不是以實物形態獨立存在的，所以不存在生產費用在完工產品與在產品之間分配的問題。一定時期的運輸支出（或裝卸支出、堆存支出、代理業務支出、港務管理業務支出和其他業務支出）即為該時期的運輸（或裝卸、堆存、代理業務、港務管理業務和其他業務）總成本。單位產品負擔的運輸支出，即為運輸產品單位成本。

綜上所述，運輸企業的成本計算程序如圖 9-1 所示。

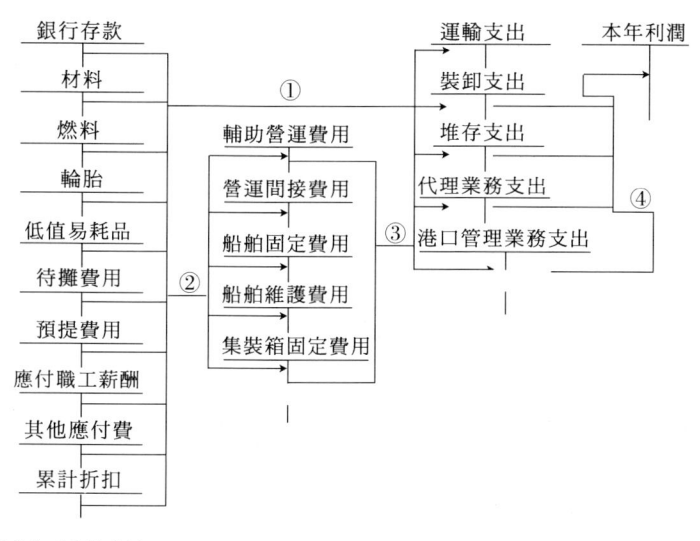

```
銀行存款 ──┐        ┌─→ 運輸支出 ──┐  本年利潤
材料    ──┤        │   裝卸支出 ──┤    ↑
燃料    ──┤  ①     │   堆存支出 ──┤
輪胎    ──┤    輔助營運費用       │
低值易耗品─┤    營運間接費用  ③   代理業務支出 ──┤ ④
待攤費用 ──┤ ②  船舶固定費用       港口管理業務支出
預提費用 ──┤    船舶維護費用
應付職工薪酬┤    集裝箱固定費用
其他應付費 ─┤
累計折扣  ─┘
```

註：①歸集各項直接費用；
　　②歸集各項間接費用；
　　③按成本計算對象的受益程度選擇合適的分配標準分配各項間接費用；
　　④期末結轉各類營運業務成本。

圖 9-1

三、運輸企業成本的計算

（一）公路運輸企業的成本計算

公路運輸企業成本計算的對象是客車運輸和貨車運輸，即會計上按客車和貨車運輸分別匯集費用計算成本。還可以進一步計算主要車型營運成本。一般採用複合計量單位作為核算單位，如元/千米、元/噸千米等，按月計算成本。

企業應設置「運輸支出」帳戶，並在「運輸支出」帳戶下分設「客車運輸支出」「貨車運輸支出」等明細帳戶，用來核算公路運輸企業客、貨運輸業務發生的直接費用；設置「營運間接費用」帳戶，用來核算營運過程中發生的間接費用。裝卸業務成本在「裝卸支出」帳戶中核算。

營運生產過程中發生的直接費用，直接記入「運輸支出」帳戶及各成本計算對象的明細帳戶；發生的營運間接費用，先在「營運間接費用」帳戶中匯集，期末按各營運業務的直接費用比例分配給運輸業務成本和裝卸業務成本，記入「運輸支出」和「裝卸支出」帳戶。期末匯總「運輸支出」「裝卸支出」各明細帳的金額，即為各運輸業務的總成本，總成本除以運輸週轉量為單位成本。

（二）鐵路運輸企業的成本計算

鐵路運輸的主要生產任務是運送旅客和貨物，由於運送距離遠近的不同，消耗

的費用差別也很大，因而採用複合單位如換算噸千米、旅客人千米、貨運噸千米作為成本計算單位。鐵路運輸往往是跨鐵路局、由幾條鐵路共同完成的，因此發生的一些由各鐵路局共同負擔的費用，需要進行合理的分配，鐵路的固定設備大多是客貨運共同的，所發生的客、貨共同費用所占比重較大，在分別計算旅客運輸和貨物運輸成本時需要按一定的分配標準分配。由於不同種類的貨物在不同運輸距離時，其運輸成本不同，旅客乘坐不同種類的車輛、不同鐵路區段、不同運輸方向的運輸成本也不同。因此，除了定期計算成本外，還要進行非定期的、具體條件下的運輸成本計算，如計算軟席、硬席客運成本等。

鐵路運輸企業的成本是指一定時期內的鐵路運輸支出。應設置「運輸支出」總帳帳戶，用來核算各項費用，並在該帳戶下設置「客運支出」和「貨運支出」帳戶進行明細核算。凡是能夠直接分清客運支出或貨運支出的，直接將該項支出列入「客運支出」和「貨運支出」帳戶，不能直接列入的共同性支出應採用適當的標準分配計入。

鐵路運輸生產是由許多部門共同協作完成的，其成本的核算分別由各鐵路局、分局、基層站、段分級進行，逐級匯總，計算出運輸總成本、複合單位成本。

(三) 民航運輸成本計算

民航運輸企業的主要業務是實現社會產品空中位移和進行空中作業，噸千米、通用航空飛行小時或作業面積就是民航企業的產品成本計算單位。由於各種型號飛機的經濟技術性能不同，所計算出來的成本差異也很大，因而航空公司的成本核算必須以每種機型為成本計算對象來歸集和分配各類費用，在此基礎上，進一步計算任務成本和航線成本。成本計算單位是噸千米。貨物週轉量和旅客週轉量可按一定比例換算。

民航運輸的成本主要有飛行費用、飛機維修費及經營業務費。應設置「運輸成本」帳戶，用來核算航空運輸業務中所發生的各項費用。在該帳戶下，按費用的項目或按機型設置明細帳戶進行核算。設置「飛機維修費」帳戶，用來核算飛機、發動機維護檢修所發生的費用及零附件的修理費用。它包括人工費、材料費、間接維修費，月末再分配計入各機型成本。營業費用應按照各機型完成的運輸週轉量比例進行分配，計入各機型成本。期末，按機型編製運輸成本計算表，計算運輸總成本和單位成本。

本章小結：

國民經濟中有許多非製造的行業，我們在本章主要對施工、房地產開發、商品流通、交通運輸四個代表性行業經營業務特點，成本計算方法特點，成本項目設置方法，具體工程或作業費用分配方法等問題進行重點討論分析。

可以發現，雖然這些行業的企業從事具體業務內容看同製造業相有很大差異性，但從成本計算方法核心要素看，依然是三個關鍵問題：成本計算對象確定、成本計算期劃分，以及期末在產品計價問題。其中比較難也是比較靈活的是成本計算對象確定，這是我們在學習中必須充分重視的問題。

　　儘管行業業務內容差異很大，但我們仍然需要根據行業企業經營特點、內部成本控制對成本信息需要來選擇具體成本計算方法，這個規律同製造業是相同的。

　　與製造業相比，其他行業工程成本或服務成本計算複雜性沒有製造業那麼複雜。

本章思考拓展問題：

1. 施工企業成本由哪些內容組成？與製造企業相比有何異同？
2. 房地產開發企業成本計算對象確定依據是什麼？開發成本構成有什麼特點？
3. 商品流通企業為什麼會出現進價核算法與售價核算法兩種方法？
4. 運輸企業成本計算是否就是物流成本計算？物流成本計算方法有哪些？

第十章
成本規劃

【導入案例】

　　華晨齒輪廠是一家專業化齒輪設計、生產企業，主要原材料是從同城的某鋼鐵廠購進的鑄件。201×年上半年企業共生產銷售 6 萬套，實現利潤 120 萬元。該齒輪市場平均售價 180 元／套，單位變動成本 120 元。

　　201×年下半年，估計企業面臨的市場競爭會加劇，產品在技術上已不具備十分明顯優勢，管理層將市場售價預計調整為 170 元／套，以鞏固擴大市場份額。與此同時，主要原材料供應商也要求提高原材料售價，使得單位變動成本會從 120 元上升到 130 元。為了應對上述因素變化，企業管理層要求挖掘成本降低潛力，重點控制企業製造費用支出，提高設備等固定資產利用效率。

　　201×年全年如果企業要實現年初預定的 200 萬元目標利潤：

　　問題：如果銷量與上半年持平，固定成本最多不能超過多少？

　　　　　如果固定成本與上半年持平，銷量至少要達到多少？

學習目標：

　　我們曾經指出成本會計的內容是隨著企業生產經營環境的變化而變化的。早期成本會計主要是為企業存貨計價和損益計算提供依據。而現代成本會計的內容早已遠遠超出早期成本會計的範疇，強調成本會計為企業的經營決策提供有用的成本信息，將成本會計的職能擴展到成本的全面規劃與控制。

　　在成本規劃中，大量的數學方法被引入成本會計領域，運用預測理論和方法建立起一定數量模型，對成本的發展變化趨勢做出預測；運用預算理論與方法，建立起全面成本計劃；運用現代決策理論與方法，根據成本數據，做出最優成本方案選擇。正是基於這種理解，在前面討論了成本會計基礎內容即成本核算之後，在本章我們將對成本的規劃內容進行討論，這部分內容有些與管理會計內容有交叉和聯繫，我們只是做最基本的討論。

　　在學習本章的過程中應當注意：

1. 瞭解成本預測的內容、基本程序、基本方法，能比較熟練地做簡單的成本預測；

2. 瞭解成本決策基本要素、程序、方法，比較熟練地進行成本方案選擇；

3. 瞭解成本計劃的內容、基本程序、基本方法，會編製小型企業成本計劃表。

本章難點提示：

1. 成本預測模型、成本決策方法選擇，以及限制條件；
2. 在成本計劃編製中，計算量大，過程複雜，前後步驟聯繫緊密，要求有較高理解力和計算能力。

第一節　成本預測

　　成本預測是以預測理論為基礎，根據有關歷史成本資料和成本信息，在分析目前技術經濟條件、市場經營環境等內外條件變化的基礎上，對未來成本水平及發展趨勢所做的定性描述、定量估計和邏輯推斷。

　　成本預測是企業經濟預測的重要組成部分，是成本管理的重要環節。在市場經濟下，競爭日益激烈。企業進行有效的成本預測，對於提高經濟效益，降低成本，在競爭中求發展，有著十分重要的現實意義。

一、成本預測的基本內容

　　成本預測涉及企業生產經營的方方面面。按照企業成本預測涉及的時間長短劃分，成本預測可以分為中長期成本預測和短期成本預測。

　　（一）中長期成本預測

　　中長期成本預測是指成本預測涉及的時間超過一個年度，涉及面比較廣，內容比較複雜的一種預測。通常包括以下內容：

　　1. 企業投資項目的成本預測

　　企業投資項目，主要指企業的新建、擴建、改建和其他重大基建項目。這類項目投資大、回收期長、不確定性和風險大，往往要結合宏觀產業政策和結構、貨幣時間價值等進行分析，需要對投產後的生產成本水平進行預測，對方案的可行性進行技術經濟論證，以便為日後的成本管理奠定基礎。

　　2. 新產品開發與老產品改造的成本預測

　　新產品的開發與老產品的改造，由於涉及開工前對產品生產的重大選擇，需要在保證產品質量的前提下，以成本低、功能多為目標，對不同產品設計方案和改造方案的成本進行預測，以確定新產品開發和老產品改造是否能夠滿足市場需求。

　　（二）短期成本預測

　　短期成本預測主要解決日常生產經營過程中如何有效控制生產經營耗費的問題，所涉及的時間期限一般在一年以內。短期成本預測的內容比較單一，主要是測定成本耗費水平的高低，以及年度成本計劃能否完成，以便為事中成本控制提供可靠的數據。

二、成本預測的基本程序

科學、合理的預測程序是保證預測結果準確性的必要條件。成本預測的程序通常可以分為以下五個步驟：

（一）確定預測目標

預測未來是為了決定當前如何行動。因此，首先要根據預測的對象和內容，明確預測的目標。成本預測的目標就是要在企業總體目標已定的條件下，通過預測尋求降低產品成本的途徑。要通過最佳方案的選擇，使產品成本降低到可能達到的水平。

（二）收集、分析、篩選所需的資料

要得到比較準確的預測結果，必須有足夠的能揭示事物本質的資料，如歷年成本水平、產品市場佔有率、國內外競爭價格、目標利潤等資料。在收集資料時，應隨時分析資料的完整性和可靠性，補充必要資料，剔除虛假因素和偶然因素，保證預測結果的準確性和可靠性。

（三）建立預測模型

為了準確地進行預測，應當建立預測模型，使預測規範化和科學化。對於定性預測，應設定一些邏輯思維和推理程序；對於定量預測，則應建立數學模型，根據推導和模型進行成本預測。預測模型是對被預測事物過去和現在發展規律的一種模擬，它是否與實際相符直接關係到預測結果的準確程度。

（四）利用模型進行具體預測

建立成本預測模型後，就可以將有關歷史成本資料或變動因素置於預測模型中進行成本計算。不過，預測模型是在一定的條件下建立起來的，它的應用也需要一定的條件。因此，必須對預測期內的具體條件加以分析，確認該時期是否具備模型的應用條件。

（五）分析預測結果

由於所建立的模型和利用的資料是過去與現在情況的反應，而所預測的未來情況只是近似於該模型反應的情況，而且在計算和推測過程中會產生一些誤差，再加上模型本身又是在很多假定條件下建立起來的，因而預測結果的假定程度較高，不能直接使用，預測完成之後還必須對預測結果加以分析和評價。分析和評價的內容包括：一是檢查、判斷預測結果是否合理，是否可能與實際結果存在較大的誤差，並判斷未來的條件變化會對預測結果產生多大的影響；二是預測方案實施後，要及時將預測結果與實際結果相比較，以檢驗預測結果是否準確，如不準確，誤差有多大。

三、成本預測方法

隨著預測科學技術的發展，成本預測方法日益增多。按預測結果的性質分類，通常將成本預測方法分為定性預測分析法和定量預測分析法兩大類。

（一）定性預測分析法

成本預測的定性預測分析法是指成本管理人員根據專業知識和實踐經驗，運用

邏輯思維方法對未來成本變化趨勢做出分析和判斷。由於定性預測分析的各種具體方法都是利用現有資料，依靠管理人員的工作經驗和分析能力進行的直觀判斷，因此定性預測分析法也稱為直觀判斷法。

直觀判斷法簡單易行，節省時間，應用範圍廣泛，但由於缺乏可依據的原始資料，需要主觀判斷，因而準確程度不高，有一定的片面性。

1. 德爾菲法

德爾菲法（Delphi Method）是由美國的蘭德公司於20世紀40年代末首創和發展起來的一種有效預測方法。它的做法是：採用函詢調查的方式，通過中間機構以匿名方式徵求各個專家的意見，以消除專家之間在個性、感情等方面的相互影響，然後經過幾輪反覆調查和總結，取得專家們意見一致的預測結果。德爾菲法的特點是匿名調查、統計處理、信息反饋。其優點是能在模糊的領域求得對問題的一致判斷，費用較低，用途廣泛，花費的時間較少；其缺點在於可靠性不夠，難以評判專家們意見的準確程度，無法考慮意外事件。

【例10-1】光輝機器廠準備投產一種新產品，估計市場承受價格為1,200元。現請A、B兩類專家進行預測。A類專家為技術專家，擬定的加權權數為5；B類專家為管理專家，擬定的加權權數為3。另外，該廠直接生產人員預測的新產品單位成本為1,040元，擬定的加權權數為2。A、B兩類專家對新產品單位成本的分析判斷如表10-1所示。

表10-1　　　　　　　　　　專家調查表

狀　況	A類專家（權數5）			B類專家（權數3）		
	成本水平	概率（％）	期望值	成本水平	概率（％）	期望值
1	952	30	285.60	920	10	92
2	1,080	60	648	952	50	476
3	1,160	10	116	1,080	40	432
合　計		100	1,049.6		100	1,000

根據表10-1的資料，考慮該廠直接生產人員的意見，新產品的單位成本預測值為：

$$新產品單位成本 = \frac{1,049.6 \times 5 + 1,000 \times 3 + 1,040 \times 2}{5+3+2}$$

$$= 1,032.8（元）$$

2. 主觀概率法

主觀概率法是指在調查個人對事件可能發生程度預測結果的基礎上，用數值說明人們對事件可能發生程度的主觀估計的方法。利用主觀概率法能匯總並考慮不同專家的意見，得出一種量化的結果。

【例10-2】華晨電器股份公司在編製成本計劃時需要對下一年度的可比產品成本降低率進行預測。為此，該公司計劃部門將2014年1月—2015年9月共21個月的產量和單位成本資料分別寄給8位成本預測專家，要求他們根據前21個月的成本

降低率趨勢預測 2016 年的成本降低率，預測誤差不能超過 ±1%。8 位專家填寫的調查資料統計匯總表如表 10-2 所示。

表 10-2　　　　　　　　　　主觀概率匯總統計表　　　　　　　　單位:%

累積概率 專家編號	1% ①	12.5% ②	25% ③	37.5% ④	50% ⑤	62.5% ⑥	75% ⑦	87.5% ⑧	99% ⑨
1	6.0	6.25	6.5	6.75	7.3	7.25	7.5	7.75	8
2	6.0	6.4	6.5	7	8.3	8.4	8.5	9.4	9.5
3	8	8.13	8.25	8.38	8.5	8.63	8.75	8.88	9
4	5	5.5	6	6.5	7.5	8	8.25	8.5	9.9
5	7.8	8	8.2	8.5	8.8	9	9.3	9.4	9.6
6	7.2	7.8	8.26	8.4	8.6	8.8	9.2	9.6	10
7	9.2	9.25	9.3	9.35	9.4	9.45	9.5	9.7	9.8
8	6.5	6.8	7.2	8.1	8.9	9	9.1	9.3	9.4
平均值	6.96	7.27	7.53	7.87	8.41	8.57	8.76	9.07	9.4

根據表 10-2 中的數據分析、說明如下：

（1）20×3 年的成本降低率最低可能為 6.96%，最高可能為 9.4%。

（2）取最低值與最高值之間的中間值，即累計概率為 50% 時的降低率 8.41% 作為 20×3 年的預測值。

（3）取誤差為 ±1% 的區間作為預測區間（即 7.41%~9.41%）。這個預測區間相當於第③欄到第⑨欄的範圍，發生概率相當於 0.865（0.99~0.125）。也就是說，實際成本降低率在 7.41%~9.41% 之間的可能性為 86.5%。

（二）定量預測分析法

定量預測分析法是指根據歷史成本資料和其他相關資料，採用一定的數學模型對成本未來的發展趨勢和水平進行預測。下面介紹幾種常用的定量預測方法。

1. 移動平均法

移動平均法是一種最簡單的時序預測方法。它是將統計資料按時間順序劃分為若干個數據點相等的組，並依次向前平均移動一個數據，計算各組的算術平均數，並組成新的時間序列進行預測。

移動平均法假定預測值與近期的觀察值關係較密切，因此它在處理歷史資料時不像簡單平均法那樣進行一次平均，而是順次重疊分組求出該組的平均值，並逐步向後移動，用新的平均值修改原來的平均值，從而反應實際的增減變動趨勢。該方法下的預測公式是：

$$預測值 = 最近一次移動平均數 + 據預測的時期數 \times 二次移動平均增長值$$

【例 10-3】康紅制藥廠 201× 年 1~12 月感冒靈產品的單位生產成本如表 10-3 所示。按 $n=5$ 計算的一次移動平均值見表 10-3 的第 3 列，則 10 月份的一次移動平均數值為：

$$\frac{46+47+52+45+55}{5}=49$$

表 10-3　　　　　　　　　感冒靈產品單位成本移動平均值

單位：元

月份	單位成本	一次移動平均值 （五期移動平均）	變動趨勢	二次移動平均增長值 （三期移動平均）
1月	33	—	—	—
2月	34	—	—	—
3月	37	35.8	—	—
4月	34	38	2.2	—
5月	41	41.2	3.2	2.4
6月	44	43	1.8	2.5
7月	50	45.6	2.6	2.2
8月	46	47.7	2.1	1.6
9月	47	48	0.3	1.1
10月	52	49	1.0	
11月	45			
12月	55			

根據表 10-3，康紅制藥廠預測次年 1 月份感冒靈產品的單位成本如下：
感冒靈單位成本＝49+3×1.1＝52.3（元）

2. 盈虧平衡分析法

根據產品成本、銷量、售價和利潤的關係，會計上應當有以下公式：

利潤＝銷量×（單價−單位變動費用）−固定費用

$$保本銷售額 = \frac{固定費用}{單價-單位變動費用}$$

如果要預測企業成本升降臨界點（成本升降臨界點是指未來期間單位成本與基期單位成本相等時的臨界產量）的業務量，一般可以採用上述盈虧平衡分析模型，只需將其變為以下公式：

$$成本升降臨界點 = \frac{固定費用}{基期單位成本-單位變動費用}$$

【例 10-4】華光機械廠軸承產品的基期單位成本為 170 元，單位變動成本為 120 元，固定成本為 10,000 元。該企業下期準備擴大生產能力，增添新設備 4,000 元。由於生產效率提高可以使變動成本降低 5%，問產量至少要達到多少才能保持基期水平？

$$臨界產量 = \frac{1,000+4,000}{170-120×(1-5\%)} = 250（件）$$

第二節　成本決策

成本決策是指根據成本預測結果和其他相關資料，在多個備選的成本方案中選擇最優方案過程。成本決策是企業成本管理的一個重要組成部分，其目的是通過各種決策方案優化尋求途徑降低產品、工程或服務的成本。

一、成本決策的基本要素

按照決策原理，有效而合理的決策一般取決於三個基本要素：合理的決策目標、科學的決策方法和適當的評價標準。在成本決策中，同樣要面對這三個基本要素。成本決策的過程，也就是在一定的決策目標下運用決策方法進行定性、定量分析，並對決策結果做出評價、判斷的過程。

確立目標是決策的前提，它決定著決策的性質。同一個經營問題，如果確立的決策目標不同，則其決策的性質及所擬定的方案也會隨之改變。成本決策目標通常有一定的附加約束條件，是一種有條件的決策目標。同時，成本本身也可能成為其他經營決策目標的約束條件。這些情況都是在確立決策目標時需要考慮的。

決策方法是進行決策的手段。方法本身是客觀的，而方法的選擇是主觀的。不同方法的選擇首先取決於決策目標的不同，其次取決於決策期的長短、預測資料的完備和可靠程度以及方案本身各變量的狀況等。

為了便於對各種決策方案進行選擇和評價，必須制定決策方案評價標準。從理論上講，評價決策方案優劣的標準應與決策目標的要求一致。在成本決策中，評價的直接標準當然是成本耗費的高低。此外，還要注意堅持全面評價的原則，即要從經濟、技術、社會等方面來綜合評價。

二、成本決策的基本程序

決策的程序由若干相互聯繫的步驟組成。成本決策的基本程序為：

(一) 提出決策目標

決策目標是決策的出發點和歸宿點，沒有明確的決策目標只會造成決策過程的混亂和決策的無效。成本決策的總目標是成本最低。在這個總目標下，要注意幾點：一是需要與可能相結合；二是目標要具體化並盡可能量化；三是適當考慮目標的約束條件；四是正確處理多重目標之間的相互關係。

(二) 擬定備選方案

備選方案是保證實現決策目標的可行性方案。擬定備選方案的過程實際上是根據決策目標的要求對預測資料及其他相關資料進行設想、分析的過程。一個成功的決策應有一定數量和質量的可行性方案作為保證，因此，一定要在可靠、充分的預測資料的基礎上制訂多個可行的備選方案。

(三) 選擇最優方案

擬定了各種備選方案之後，就應對各備選方案進行分析評價和效果對比，論證

各方案所能達到的成本水平和經濟效果。選擇最優方案的關鍵是評價標準是否適當，特別是在多目標決策中更應該注意評價標準的多重性和綜合性。

（四）方案的實施準備

方案確定之後，還要考慮其他不可計量的因素，如國家產業政策等。只有充分考慮了其他不可計量的因素後，才能作為最後方案加以實施。在實施前，還應根據所選定的方案，擬定落實實施方案的各項措施，以保證實現決策目標。

三、成本決策的方法

成本決策的方法很多，企業應根據決策性質、決策內容和取得資料的不同進行選擇。一般可以將成本決策方法按決策的性質分為定性分析法和定量分析法。

（一）定性分析法

定性分析法又稱非數量法，它是依靠專家和具有豐富知識、經驗的專業人員的分析能力，利用直觀材料和邏輯推理對所提出的各種備選方案做出正確評價和選擇的方法。一般來說，定性分析法有單項評估法、關係估計法、權數估計法等方法。

1. 單項評估法

單項評估法即對某一因素的確定結果做出評估，如某種產品的單位成本、某項具體費用等。在進行單項評估時，必須統一指標的確切含義和計算口徑，並對不同的評估結果做出統計，進行綜合計算。

2. 關係估計法

關係估計法即向專家提供兩個以上相關因素及有關資料，請專家對它們之間的關係做出估計，如總成本與產量的關係、工資費用與勞動生產率的關係等。當然，不可能要求專家直接提出一個帶有各種參數的函數關係式來，而是要求他們根據變量之間的關係，採用點估計方法，在坐標圖上描繪出一條曲線或推算出其經驗公式。

3. 權數估計法

權數估計法即估計多個事件、變量、方案或指標的重要程度，據以決策。由於影響決策的因素很多，因此權數估計法是一種比較綜合的定性決策方法。

（二）定量分析法

定量分析法是運用一定的數學原理，將決策所涉及的變量與決策目標之間的關係用一定的數學模型或公式表示並據以決策的分析方法。在實務中，可供使用的成本決策方法很多，下面討論常用的幾種方法。

1. 差量分析法

差量分析法是對兩個備選方案的差量收入與差量成本進行比較，以確定最優方案的決策方法。在這裡，所謂「差量收入」和「差量成本」，是指兩個備選方案之間的預期收入或預期成本的差異數。決策時，若差量收入大於差量成本，則前一個方案較優；反之，則後一個方案較優。

【例10-5】清江機器廠年產 A 半成品 1,000 件，該半成品售價為 10 元，單位變動成本為 6 元。A 半成品若進一步加工為 B 產品，則其單價為 15 元，單位變動成本增加 3 元，另外還需增加固定成本 1,000 元。問是否對 A 半成品進行進一步加工？

採用差量分析法進行分析，結果如表 10-4 所示。

表 10-4　　　　　　　　　　差量分析表　　　　　　　　　　單位：元

項目	進一步加工 A 產品	差異
相關收入	（15－10）×1,000＝5,000	5,000
相關成本	3×1,000＋1,000＝4,000	4,000
相關利潤	1,000	1,000

上述分析表明，進一步對 A 半成品進行加工可多獲得 1,000 元利潤，因此應決定進一步加工。表 10-4 中，相關收入 5,000 元按進一步加工前後的增量計算，相關成本 4,000 元包括增量總單位變動成本 3,000 元和增量固定成本 1,000 元。

2. 量本利分析法

量本利分析法是根據各備選方案的成本與業務量、利潤的依存關係來確定何種方案為最優方案的決策方法。該方法的關鍵在於確定成本分界點，即確定兩個備選方案預期成本相等時的業務量。

【例 10-6】清江機器廠甲產品可採用兩種工藝進行生產：一種是自動化生產，另一種是機械化生產。在自動化生產條件下，產品的單位變動成本為 10 元，年固定成本為 26,000 元。在機械化生產條件下，產品的單位變動成本為 12 元，年固定成本為 20,000 元。問應選擇哪種方案生產甲產品？

本例中，若採用自動化生產，則單位變動成本較低，年固定成本較高；若採用機械化生產，則年固定成本較低，單位變動成本較高。因此，當生產量較大時，雖然年固定成本較高，但分攤下來單位固定成本並不高，宜採用自動化生產；反之，則宜採用機械化生產。設甲產品的年計劃產量為 x，當兩方案的年成本相等時，可得到如下公式：

$10x+26,000=12x+20,000$

$x=3,000$（件）

因此，當甲產品的年計劃產量小於 3,000 件時，應選擇機械化生產；當甲產品的年計劃產量等於 3,000 件時，兩種方案均可行；當甲產品的年計劃產量大於 3,000 件時，應選擇自動化生產。

第三節　成本計劃

成本計劃是指以貨幣的形式預先規定企業在計劃期內的生產消耗水平、產品成本水平，以及成本降低任務和措施的計劃文件。編製成本計劃，對加強成本管控，降低產品成本，提高經濟效益具有重要意義。

一、成本計劃的內容

成本計劃的內容在不同行業、不同時期、不同企業和部門是有差別的。企業應

當以滿足企業內部成本管理需要為準，以有利於控制生產經營成本為原則設計成本計劃。就一般製造企業來說，成本計劃應當包括以下幾個部分：

（一）主要產品單位成本計劃

此項計劃應根據企業管理當局確定的主要生產經營產品，按主要產品的成本項目編製，用以反應各主要產品在計劃期內規定的單位成本水平以及單位成本降低任務。

（二）全部商品產品成本計劃

全部商品產品成本計劃反應企業在計劃期內生產的全部商品產品總成本水平。在編製過程中，全部商品產品成本計劃又可以分為兩種：

1. 按產品品種（即產品別）編製的全部商品產品成本計劃

此項計劃應按產品類別編製，用以反應全部商品產品的成本計劃，包括可比產品的單位成本、總成本以及成本降低任務，不可比產品的單位成本和總成本，以及全部產品的總成本水平。

2. 按成本項目編製的全部商品產品成本計劃

此項計劃應按不同成本項目分別反應計劃期內可比產品、不可比產品、全部產品的總成本，以及可比產品成本降低任務。此項計劃的編製依據與按產品類別編製的全部商品產品成本計劃的編製依據是相同的，因此兩項計劃所反應的全部產品總成本水平以及可比產品成本降低任務應完全一致。

（三）製造費用預算

製造費用是綜合性間接費用，既包括固定資產折舊費、管理人員工資等固定製造費用，又包括消耗性材料、動力費等變動製造費用，以及一些混合性製造費用，如修理費等。製造費用不像直接人工、直接材料那樣單一，因此，應先編製製造費用預算，即按費用項目反應計劃期內各項費用的支出數。編製時可以按各項費用與業務量的關係來確定。

（四）期間費用預算

企業的期間費用是指直接計入當期損益的管理費用、財務費用和銷售費用等。這些費用不計入產品成本，但影響企業利潤水平。在整個成本費用計劃體系中，離不開期間費用預算。

（五）降低成本的措施方案

降低成本的措施方案是在企業內部各個部門提出相應的技術組織措施的基礎上，經過全廠綜合平衡並加以匯總編製的。它主要提出企業在計劃期內降低成本的方法和途徑，反應成本降低的項目、內容、數額和所產生的經濟效果。

二、成本計劃的編製程序

不同的企業生產特點不同、規模不同，管理的要求也各有差異，不同企業編製成本計劃的程序也不一樣。一般小型企業與產品品種較少的企業採取集中編製法，由廠部直接編製全廠的成本計劃，各車間不再編製本車間成本計劃；大中型企業則通常採取分級編製的方法，由車間編製本車間成本計劃，再由廠部匯總平衡編製全

廠成本計劃。綜合兩種方式，企業成本計劃的一般編製程序為：

(一) 收集、整理資料

為使成本計劃先進、合理，企業應盡量收集有關成本的歷史資料、同行業先進資料、市場調查資料和其他資料等，並結合管理當局對成本降低的要求對這些資料進行整理。

(二) 確定目標成本和費用控制限額

在初步確定了成本降低的要求後，應在成本預測和成本決策的基礎上，考慮各項消耗定額的降低和物價上漲因素，進行成本試算平衡，以確定可行的目標成本水平和費用控制額度。

(三) 各車間、部門分別編製成本計劃及費用預算

實行分級歸口管理的企業，由廠部將成本費用目標下達給各相關職能部門、生產車間和輔助生產車間，由各部門和車間結合自身的具體情況加以修正，連同成本降低的措施方案上報廠部。集中編製成本計劃的小型企業，應組織生產一線的人員對成本費用目標進行調整、修正。這樣，成本計劃的執行者參與了成本計劃的修訂，成本計劃的可行性得到加強，盲目性減少。

(四) 廠部綜合平衡，正式確定計劃

在各職能部門、生產車間、輔助生產車間反饋的成本費用計劃和預算的基礎上，廠部應從全局出發對計劃數進行綜合平衡，並盡量考慮局部要求，動員職工深入挖掘降低成本的潛力，使成本計劃既不激進又不保守，使之有利於貫徹成本管理責任制。

三、成本計劃的編製方法

(一) 製造費用預算的編製方法

製造費用是企業為生產產品和提供勞務而發生的各項間接費用。它們是生產成本中除直接材料和直接人工以外的一切生產性費用。製造費用主要有工資和福利費、折舊費、修理費、辦公費、水電費、機物料消耗、勞動保護費、季節性或修理期間的停工損失、非融資性租賃費、低值易耗品、差旅費等。

製造費用預算是一種能反應直接人工預算和直接材料使用與採購預算以外的所有產品成本的預算計劃。為了編製該預算，通常可按其成本性態可分為變動性製造費用、固定性製造費用和混合性製造費用三部分。固定性製造費用可在上年的基礎上根據預期變動加以適當修正進行預計；變動性製造費用根據預計生產量乘以單位產品預定分配率進行預計；混合性製造費用則可利用公式 $Y = A + BX$ 進行預計（其中，A 表示固定部分，B 表示隨產量變動部分，可根據統計資料分析而得）。對於製造費用中的混合成本項目，應將其分解為變動費用和固定費用兩部分，並分別列入製造費用預算的變動費用和固定費用。

製造費用預算編製通常都是先分析上一年度有關報表，制定總體成本目標（通常是營業收入的百分比），再根據下一年度的銷售預測和成本目標，制定各項營運成本，匯總具體市場舉措所需的額外成本的基礎上編製。

為了全面反應企業資金收支，在製造費用預算中，通常包括各費用方面預期的現金支出。需要注意的是，由於固定資產折舊費是非付現項目，在計算時應予剔出。製造費用預算為兩個步驟，首先計算預計製造費用，然後再計算預計需用現金支付的製造費用，各自的計算公式為：預計製造費用＝預計直接人工小時×變動性費用分配率＋固定性製造費用；預計需用現金支付的製造費用＝預計製造費用－折舊。

　　企業只有編製了製造費用預算，然後在直接材料預算、直接人工預算基礎上才可能編製年度產品成本計劃或預算。製造費用預算的編製方法有固定預算法、彈性預算法等。

1. 固定預算法

　　固定預算法是按某一預定業務水平確定相應的固定預算數的方法。其預算計劃額一般是由廠部根據經驗提出一個固定的數額。固定預算法適用於編製與日常經營業務量無關或關係不大的費用預算，如辦公費用預算（參見表10-5）。

表 10-5　　　　　　　　　　　辦公費用固定預算

（201×年×月）　　　　　　　　　　　　　單位：元

費用項目	預算數			
辦公紙張	3,000			
辦公會議費	8,000			
取暖費	2,000			
……				
年辦公費用	18,000			

2. 彈性預算法

　　彈性預算法是與固定預算法相對應的一種預算編製方法，它是根據可以預見的不同業務量水平分別確定相應的預算額的方法。編製彈性預算時應注意兩點：其一，確定適當的業務量範圍，因為費用的變動性和固定性是在一定業務量範圍內成立的；其二，正確確定混合費用中固定性費用的總額和變動性費用的變動率，以便確定不同業務量水平下的預算數額。其編製方法參見表10-6。

表 10-6　　　　　　　　　　　製造費用預算

（201×年×月）　　　　　　　　　　　　　單位：元

生產量	35,000	40,000	45,000	50,000	55,000
生產能力百分比	70%	80%	90%	100%	110%
變動費用					
間接材料（3元/件）	105,000	120,000	135,000	150,000	165,000
間接工資（2元/件）	70,000	80,000	90,000	100,000	110,000
……					
變動費用小計	175,000	200,000	225,000	250,000	275,000

表10-6(續)

混合費用： 維修費 (15,000+1元/件) 水電費 (30,000+0.8元/件) ……	50,000 58,000	55,000 62,000	60,000 66,000	65,000 70,000	70,000 74,000
混合費用小計	128,000	143,000	161,000	176,000	189,000
固定費用： 折舊費 管理人員工資及福利費 保險費	230,000 62,000 18,000	230,000 62,000 18,000	230,000 62,000 18,000	230,000 62,000 18,000	230,000 62,000 18,000
固定費用小計	310,000	310,000	310,000	310,000	310,000
總　　計	613,000	653,000	696,000	736,000	774,000

表10-6所列示的預算包括製造費用的彈性預算和固定預算。

(二) 產品成本計劃的編製方法

產品成本計劃包括主要產品單位成本計劃、全部商品產品成本計劃等內容。

產品成本計劃的編製方法很多，主要有直接計算法等方法。

直接計算法就是根據各消耗定額和費用預算，按成本核算的程序和方法，分成本項目詳細計算各種產品的計劃成本，最後匯總編製全部產品成本計劃。

直接計算法與成本核算的口徑一致，有利於日常成本控制。小型企業財務部門直接集中編製成本計劃。大中型企業一般分級編製成本計劃，編製程序如圖10-1所示。

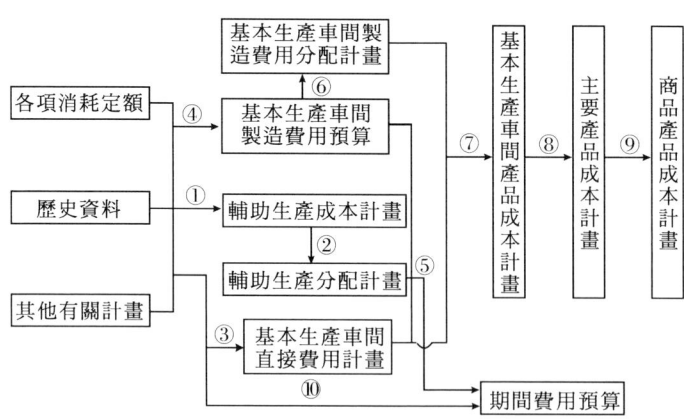

四、直接計算法編製產品成本計劃案例

【例10-7】清江機器廠有兩個基本生產車間生產甲、乙兩種可比產品和不可比產品丙，還有一個機修車間。原材料分次投入，按從一車間到二車間的順序生產完工，採用平行結轉分步法計算產品成本。間接費用按生產工時比例分配。該廠2015年10月份編製下年度2016年成本計劃，該企業採用按分級方式編製成本計劃。

2015年度的有關資料如下：

（1）甲產品預計全年產量為4,000件，乙產品為3,000件。其中，1~3季度實際生產甲產品2,800件，乙產品2,200件。

（2）甲產品1~3季度平均單位成本為400元，乙產品單位成本為680元，預計第四季度甲產品單位成本為385元，乙產品單位成本為660元。

（3）成本項目構成如下：原材料60%，燃料6%，動力4%，工資8.77%，福利費1.23%，製造費用20%。

計劃年度（即2016年）的有關資料如下：

（1）各產品消耗定額及計劃單價（見表10-7）。

表10-7　　　　　　　　　各產品消耗定額及計劃單價

項　目	單位	計劃單價	單位消耗量定額					
			甲產品		乙產品		丙產品	
			一車間	二車間	一車間	二車間	一車間	二車間
原材料： 　甲料 　乙料	千克 千克	5 2	20 30	10 15	20 60	20 65	60 60	20 0
燃料	立方	0.06	150	350	300	600	300	800
動力	度	0.05	150	120	250	200	100	250
工資	工時	0.5	50	30	80	40	40	40
福利費	工時	0.07	基本工資的14%					

（2）各車間材料、燃料、動力一般消耗（見表10-8）。

表10-8　　　　　　　　　各車間一般消耗

項　目	單　位	計劃單價	一車間	二車間	機修車間	
					生產用	管理用
材料： 　甲料 　乙料	千克 千克	5 2	700 1,000	1,100 1,500	1,800 700	300 250
動力 燃料	度 立方	0.05 0.06	20,000 8,000	18,000 1,000	30,000 2,500	9,000 500

(3) 各車間一般費用計劃（見表10-9）。

表10-9　　　　　　　　　　　各車間一般費用計劃

項目	一車間	二車間	機修車間 生產用	機修車間 管理用
工資	140,000	9,000	24,000	17,600
福利費	19,600	12,600	3,360	2,464
折舊費	64,000	50,000	22,000	6,000
辦公費	30,000	24,000		2,000
勞保費	6,600	7,000	4,200	
低值易耗品	5,000	2,200	1,600	500
修理費	30,000	26,000	16,000	2,000
其他支出	1,000	600		400

(4) 生產工時消耗資料（見表10-10）。

表10-10　　　　　　　　　　　生產工時消耗

部門	單位產品工時定額 甲產品	單位產品工時定額 乙產品	單位產品工時定額 丙產品	機修總工時 一車間	機修總工時 二車間	機修總工時 企業管理部門
一車間	50	80	40			
二車間	30	40	40			
機修車間	—	—	—	16,000	23,000	1,000

(5) 其他情況：

①年初、年末在產品、自制半成品餘額相同，本期生產量等於完工量；

②計劃期投料按生產任務進行；

③原材料、燃料、動力外購；

④計劃期甲產品計劃產量為5,000件，乙產品計劃產量為4,000件，丙產品計劃產量為2,000件。

清江機器廠編製2016（即計劃期）成本計劃如下：

(1) 計算2015年度（即基期）預計平均單位成本。

甲產品預計平均單位成本 $= \dfrac{2,800 \times 400 + 1,200 \times 385}{4,000} = 395.50$（元）

乙產品預計平均單位成本 $= \dfrac{2,200 \times 680 + 800 \times 660}{3,000} = 674.67$（元）

(2) 按2015年預計平均單位成本計算計劃年度可比產品總成本。

甲產品總成本 = 5,000×395.50 = 1,977,500（元）

乙產品總成本 = 4,000×674.67 = 2,698,680（元）

(3) 編製輔助生產車間成本計劃。

①編製輔助生產車間生產費用預算（見表10-11）。

表 10-11　　　　　　　　　機修車間生產費用預算

費用項目＼費用要素	外購材料	外購燃料	外購動力	工資	福利費	折舊費	其他	本年預算
直接材料：								
甲料	9,000							9,000
乙料	1,400							1,400
燃料		150						150
動力			1,500					1,500
直接工資：				24,000				24,000
福利費					3,360			3,360
製造費用：								
工資				17,600				17,600
福利費					2,464			2,464
折舊費						2,800		28,000
辦公費	1,200		200				600	2,000
勞保費	4,200							4,200
低值易耗品	2,100							2,100
修理費	10,000		1,000				7,000	18,000
物料消耗	2,000							2,000
燃料動力消耗		30	450					480
其他支出							400	400
合　　計	29,900	180	3,150	41,600	5,824	28,000	8,000	116,654

②編製輔助生產車間費用分配表（見表 10-12）。

表 10-12　　　　　　　　機修車間生產費用分配表

單位：元

受益單位	分配標準（修理工時）	分配率（元/工時）	分配金額
一車間	16,000	116,654÷40,000=	46,662
二車間	23,000	2.916,35	67,076
企業管理部門	1,000		2,916
合　　計		2.916,35	116,654

（4）編製基本生產車間成本計劃。

①分車間編製直接費用計劃（見表 10-13、表 10-14）。

表 10-13　　　　　　　　　　第一基本生產車間直接費用計劃　　　　　　金額單位：元

費用項目	單價	甲產品 5,000 件			乙產品 4,000 件			丙產品 2,000 件		
		消耗定額	單位成本	總成本	消耗定額	單位成本	總成本	消耗定額	單位成本	總成本
原材料：										
甲料	5	20	100	500,000	20	100	400,000	60	300	600,000
乙料	2	30	60	300,000	60	120	480,000	60	120	240,000
燃料	0.06	150	9	45,000	300	18	72,000	300	18	36,000
動力	0.05	150	7.5	37,500	250	12.5	50,000	180	9	18,000
工資	0.50	50	25	125,000	80	40	160,000	40	20	40,000
福利費	0.07	50	3.5	17,500	80	5.6	22,400	40	2.8	5,600
產品總成本			205	1,025,000		296.10	1,184,400		469.80	939,600

表 10-14　　　　　　　　　　第二基本生產車間直接費用計劃　　　　　　金額單位：元

費用項目	單價	甲產品 5,000 件			乙產品 4,000 件			丙產品 2,000 件		
		消耗定額	單位成本	總成本	消耗定額	單位成本	總成本	消耗定額	單位成本	總成本
原材料：										
甲料	5	10	50	250,000	20	100	400,000	20	100	200,000
乙料	2	15	30	150,000	60	130	520,000	0	0	0
燃料	0.06	350	21	105,000	600	36	144,000	800	48	96,000
動力	0.05	120	6	30,000	200	10	40,000	250	12.5	25,000
工資	0.5	30	15	75,000	40	20	80,000	40	20	40,000
福利費	0.07	30	2.1	10,500	40	2.8	11,200	40	2.8	5,600
產品總成本			124.1	620,500		298.8	1,195,200		183.30	366,600

②分別編製第一、二基本生產車間製造費用預算及分配表（見表 10-15、表 10-16、表 10-17、表 10-18）。

表 10-15　　　　　　　　　第一基本生產車間製造費用預算表　　　　　　單位：元

費用項目＼費用要素	外購材料	外購燃料	外購動力	工資	福利費	折舊費	其他支出	分配費用	全年預算
工資					140,000					140,000
福利費							19,600				19,600
折舊費									64,000			64,000
辦公費	8,000	16,000	2,000						4,000	30,000
勞保費	6,000								600	6,600
低值易耗品			5,000								5,000
修理費	20,000	8,000	2,000						46,662	76,662
物料消耗：										
甲料	3,500										3,500
乙料	2,000										2,000

表10-15(續)

費用項目＼費用要素	外購材料	外購燃料	外購動力	工資	福利費	折舊費	其他支出	分配費用	全年預算
燃料		480							480
動力			1,000						1,000
其他							1,000		1,000
合　計	39,500	24,480	10,000	140,000	19,600	64,000	5,600	46,662	349,842

表 10-16　　　　　第一基本生產車間製造費用分配表

產品	計劃產量	單位定額工時	生產總工時	分配率（元/工時）	單位產品分配額	總分配額
甲產品	5,000	50	250,000	349,842÷650,000	26.91	134,550
乙產品	4,000	80	320,000	=0.538,2	43.06	172,224
丙產品	2,000	40	80,000		21.53	43,068
	—	—	650,000	0.538,2	—	349,842

表 10-17　　　　　第二基本生產車間製造費用預算表　　　　　　　單位：元

費用項目＼費用要素	外購材料	外購燃料	外購動力	工資	福利費	折舊費	其他支出	分配費用	全年預算
工資									90,000
福利費									12,600
折舊費									50,000
辦公費			2,000				12,000		24,000
勞保費	6,000	10,000					1,000		7,000
低值易耗品	2,200								2,200
修理費	16,000		6,000	90,000	12,600	50,000			93,076
物料消耗：		4,000						67,076	
甲料	5,500								5,500
乙料	3,000								3,000
燃料									60
動力		60	900						900
其他							400		400
合　計	32,700	14,060	8,900	90,000	12,600	50,000	13,400	67,076	288,736

表 10-18　　　　　第二基本生產車間製造費用分配表　　　　　　　單位：元

分配對象	分配標準（生產工人工時）	分配率	分配金額	
			單位產品	合　計
甲產品	5,000×30=150,000	0.740,3	22.21	111,045
乙產品	4,000×40=160,000	0.740,3	29.61	118,448
丙產品	2,000×40=80,000	0.740,3	29.62	59,243
合　計	390,000	0.740,3	—	288,736

$$\text{分配率} = \frac{\text{待分配費用}}{\text{分配標準總計}} = \frac{288,736}{390,000} \approx 0.740,3。誤差是四捨五入引起的。$$

③分車間編製基本生產車間產品成本計劃（見表 10-19、表 10-20）。

表 10-19　　　　　第一基本生產車間產品成本計劃　　　　　單位：元

費用項目	甲產品 5,000 件 單位成本	甲產品 5,000 件 總成本	乙產品 4,000 件 單位成本	乙產品 4,000 件 總成本	丙產品 2,000 件 單位成本	丙產品 2,000 件 總成本
直接材料						
其中：甲料	100	500,000	100	400,000	300	600,000
乙料	60	300,000	120	480,000	120	240,000
燃料	9	45,000	18	72,000	18	36,000
動力	7.5	37,500	12.5	50,000	9	18,000
直接工資	25	125,000	40	160,000	20	40,000
福利費	3.5	17,500	5.6	22,400	2.8	5,600
製造費用	26.91	134,550	43.06	172,224	21.53	43,068
產品合計	231.91	1,159,550	339.16	1,356,624	491.33	982,668

表 10-20　　　　　第二基本生產車間產品成本計劃表　　　　　單位：元

費用項目	甲產品 5,000 件 單位成本	甲產品 5,000 件 總成本	乙產品 4,000 件 單位成本	乙產品 4,000 件 總成本	丙產品 2,000 件 單位成本	丙產品 2,000 件 總成本
直接材料						
其中：甲料	50	250,000	100	400,000	100	200,000
乙料	30	150,000	130	520,000	0	0
燃料	21	105,000	36	144,000	48	96,000
動力	6	30,000	10	40,000	12.5	25,000
直接工資	15	75,000	20	80,000	20	40,000
福利費	2.1	10,500	2.8	11,200	2.8	5,600
製造費用	22.21	111,045	29.61	118,448	29.62	59,243
產品合計	146.31	731,545	328.41	1,313,648	212.92	425,843

（5）匯總編製全廠產品成本計劃。

①編製全廠主要產品單位成本計劃（見表 10-21）。

表 10-21　　　　　　　　　　主要產品單位成本計劃表

201×年　　　　　　　　　　　　　單位：元

項　目	計量單位	計劃單價	甲產品 消耗量	甲產品 單位成本	乙產品 消耗量	乙產品 單位成本	丙產品 消耗量	丙產品 單位成本
直接材料								
其中：甲料	千克	5	30	150	40	200	80	400
乙料	千克	2	45	90	125	250	60	120
燃料	立方	0.06	500	30	900	54	1,100	66
動力	度	0.05	270	13.5	450	22.5	430	21.5
直接工資	工時	0.50	80	40	120	60	80	40
福利費	工時	0.07	80	5.6	120	8.4	80	5.6
製造費用				49.12		72.67		51.15
產品製造成本				378.22		667.57		704.25

②編製全廠商品成本計劃表（按品種別），見表 10-22。

表 10-22　　　　　　　商品產品成本計劃表（按品種別）

201×年　　　　　　　　　　　　　單位：元

項　目	計量單位	計劃單價	單位成本 上年計劃	單位成本 本年計劃	總成本 按上年預計單位成本計算	總成本 按計劃單位成本計算	計劃降低額	計劃降低率
一、可比產品								
其中：甲產品	件	5,000	395.50	378.22	1,977,500	1,891,100	86,400	4.37%
乙產品	件	4,000	674.67	667.57	2,698,680	2,670,280	28,400	1.05%
二、不可比產品								
其中：丙產品	件	2,000		704.25		1,408,500		
全部商品產品成本					4,676,180	5,969,880	114,800	2.46%

③編製全廠商品成本計劃表（按項目別），見表 10-23。

表 10-23　　　　　　　商品產品成本計劃表（按項目別）

201×年　　　　　　　　　　　　　單位：元

成本項目	可比產品總成本 按上年平均成本計算	可比產品總成本 按計劃單位成本計算	可比產品總成本 計劃降低率	可比產品總成本 計劃降低額	不可比產品計劃總成本	全部商品產品計劃總成本
直接材料						
其中：原材料	2,805,708	3,000,000	-194,292	-6.92%	1,040,000	4,040,000
燃料	280,570.8	366,000	-85,429.2	-30.45%	132,000	498,000
動力	187,047.2	157,500	29,547.2	15.80%	43,000	200,500
直接工資	410,100.99	440,000	-29,899	-7.30%	80,000	520,000
職工福利費	57,517.01	61,600	-4,083	-7.30%	11,200	72,800
製造費用	935,236	536,280	398,956	42.66%	102,300	638,580
產品製造成本	4,676,180	4,561,380	114,800	2.46%	1,408,500	5,969,880

本章小結：

　　本章將企業的成本預測、決策、計劃這三部分內容統稱為成本規劃，都是事前成本控制內容。

　　成本預測是以經濟預測理論為基礎，根據有關的歷史成本資料和相關信息，在分析目前市場環境、經濟技術條件下，對企業未來成本水平及發展趨勢所做的定性描述、定量估計與推斷。成本預測涉及企業生產經營的各個方面，按照成本預測涉及的時間長短，一般將其分為短期成本預測和中長期成本預測。具體成本預測應根據預測內容、要求、目的，選擇定性或定量的預測方法。

　　成本決策是根據成本預測結果和相關其他資料，在多個備選的成本方案中選擇最優成本方案的過程。同任何決策一樣，成本決策必須解決好三個基本要素：第一個是成本決策的目標，第二個是成本決策的方法，第三是成本決策方案評價的標準。成本決策的方法很多，常用的定量決策方法有差量分析法、量本利分析方法。

　　成本計劃是以貨幣形式預先規定企業在計劃期內生產消耗水平、產品成本水平，以及成本降低任務和措施的計劃文件。行業不同，成本計劃種類和內容有一定差異。就製造業而言，一般有：主要產品單位成本計劃；商品產品成本計劃；製造費用預算等。產品成本計劃編製方法主要是直接計算法。

本章思考拓展問題：

　　1. 成本預測基本步驟有哪些？各步驟之間是什麼關係？這些步驟是否受預測方法的影響而有改變？

　　2. 成本決策有三個基本要素，各要素彼此間是什麼關係？

　　3. 成本決策中的差量分析法，本質上是在比較各種備選方案的成本大小還是利潤大小，為什麼？

　　4. 在市場經濟條件下，企業處於自由競爭，為什麼還要編製成本計劃？

第十一章
成本控制

【導入案例】

20世紀80年代日本公司控制成本的順序是：目標成本→產品設計→成本預算→計劃成本。在新產品設計前先制定目標成本，是日本公司成本管理的特點之一。以汽車製造商為例，汽車的每一項功能都被視為產品成本的一個組成部分，從汽車的擋風玻璃、引擎滑輪箱都事前制定一個目標成本。在日產汽車公司做了8年成本計劃員的山本一田說，制定目標成本「這只是成本核算戰役的開始」。這一「戰役」的過程就是公司同外部供應商之間，以及負責產品不同方面的各部門之間緊張的談判過程。最初的成本預算結果也許高出目標成本20%左右，或是一個更高比例，但通過成本計劃人員、工程設計人員以及營銷專家之間協商和利益權衡後，最終制定出與當初制定的目標成本最為接近的計劃成本，並以此作為日常成本控制與評價依據[1]。

問題：目標成本控制方法與傳統成本控制思維方式有何變革？

學習目標：

成本控制是所有企業都必須面對的一個重要管理課題，成本領先是企業在競爭中取勝的關鍵戰略之一。企業無論採取何種改革、激勵措施始終都代替不了強化成本管理、降低成本這一工作，它是企業成功最重要的方面之一。有效的成本控制是每個企業都必須重視的問題，抓住它就可以帶動全局工作。

本章在學習過程中應注意：
1. 瞭解成本控制的概念、內容、原則、程序，以及基本方法。
2. 熟悉目標成本、標準成本、責任成本控制成本的基本原理與共同性。
3. 能利用倒算法、公式法、對比法測定企業的目標成本，並對其分解。

本章難點提示：

1. 目標成本分解與控制；
2. 標準成本差異計算與分析。

---

[1] 陳良華. 成本管理 [M]. 北京：中信出版社，2005.

第一節　成本控制內容、原則與程序

　　成本控制是成本經營管理的核心內容，它主要是根據成本預測和成本決策所確定的成本目標，在成本規劃的基礎上，對企業生產經營活動中的各種耗費進行指導、限制和監督，以及時發現偏差，採取糾正措施，使各項生產經營耗費被控制在目標所規定的範圍之內，保證成本目標的實現。

一、成本控制的內容

　　成本控制的內容非常廣泛，但是這並不意味著事無鉅細地平均使用力量，成本控制應該有計劃有重點地區別對待。各行各業不同企業有不同的控制重點。控制內容一般可以從成本形成過程和成本費用分類兩個角度加以考慮。

　　(一) 按照成本形成過程

　　不同行業企業經營過程可能有所差異，就製造業看，按照企業成本在經營過程中的形成可以分為：

　　1. 產品投產前的控制

　　這部分控制內容主要包括產品設計成本、加工工藝成本、物資採購成本、生產組織方式、材料定額與勞動定額水平等。這些內容對成本的影響最大，可以說產品總成本的60%取決於這個階段的成本控制工作的質量。這項控制工作屬於事前控制方式，在控制活動實施時真實的成本還沒有發生，但它決定了成本將會怎樣發生，它基本上決定了產品的成本水平。

　　2. 製造過程中的控制

　　製造過程是成本實際形成的主要階段。絕大部分的成本支出在這裡發生，包括原材料、人工、能源動力、各種輔料的消耗、工序間物料運輸費用、車間以及其他管理部門的費用支出。投產前控制的種種方案設想、控制措施能否在製造過程中貫徹實施，大部分的控制目標能否實現和這個階段的控制活動緊密相關，它主要屬於始終控制方式。由於成本控制的核算信息很難做到及時，會給事中控制帶來很多困難。

　　3. 流通過程中的控制

　　這部分控制內容包括產品包裝、廠外運輸、廣告促銷、銷售機構開支和售後服務等費用。在目前強調加強企業市場管理職能的時候，很容易不顧成本地採取種種促銷手段，反而抵消了利潤增量，所以也要做定量分析。

　　(二) 按照成本構成

　　製造企業的成本按照構成可以分為：

　　1. 原材料成本控制

　　在製造業中原材料費用占了總成本的很大比重，一般在60%以上，高的可達90%，是成本控制的主要對象。影響原材料成本的因素有採購、庫存費用、生產消

耗、回收利用等，所以控制活動可從採購、庫存管理和消耗三個環節著手。

2. 工資費用控制

工資在成本中佔有一定的比重，增加工資又被認為是不可逆轉的。控制工資與效益同步增長，減少單位產品中工資的比重，對於降低成本有重要意義。控制工資成本的關鍵在於提高勞動生產率，它與勞動定額、工時消耗、工時利用率、工作效率、工人出勤率等因素有關。

3. 製造費用控制

製造費用開支項目很多，主要包括折舊費、修理費、輔助生產費用、車間管理人員工資等。雖然它在成本中所佔比重不大，但因不引人注意，浪費現象十分普遍，是不可忽視的一項內容。

二、成本控制的原則

成本控制的原則是指進行成本控制的行為規範和準則，是成本控制特點的高度概括和總結。成本控制的一般原則有：

（一）全面介入原則

全面介入原則是指成本控制的全方位、全員、全過程的控制。

全方位是對產品生產的全部費用要加以控制，不僅對變動費用要控制，對固定費用也要進行控制，成本控制一定要兼顧產品的不斷創新並保證和提高產品的質量，絕不能片面地為了降低成本而忽視產品的品種和質量，更不能通過偷工減料和粗製濫造等來降低成本；否則，其結果不僅會坑害消費者，最終也會使企業喪失信譽，破產倒閉。

全員控制是要發動領導幹部、管理人員、工程技術人員和廣大職工建立成本意識，參與成本的控制，認識到成本控制的重要意義，才能付諸行動。

全過程控制，對產品的設計、製造、銷售過程等進行控制，並將控制的成果在有關報表上加以反應，借以發現缺點和問題。

（二）例外管理原則

成本控制要將注意力集中在超乎常規的情況。因為實際發生的費用往往與預算有差異。如果發生的差異不大，也就沒有必要一一查明其原因，而只要把注意力集中在非正常的例外事項上，並及時進行信息反饋。

（三）經濟效益原則

提高經濟效益，不單是依靠降低成本的絕對數，更重要的是實現相對的節約，取得最佳的經濟效益，以較少的消耗，取得更多的成果。

（四）分級控制原則

分級控制原則是指統一領導、分級管理原則，它是指成本控制應在廠長（經理）的領導下實行歸口分級管理。具體做法是：財務部門將成本控制指標分解為各項具體指標並層層分解和落實，各業務部門根據其業務範圍對所承擔的具體指標實行歸口管理，保證成本控制目標的實現。

四、成本控制的程序

製造企業的成本控制，就是在產品的製造過程中，對成本形成的各種因素，按照事先擬定的標準嚴格加以監督，發現偏差就及時採取措施加以糾正，從而使生產過程中的各項資源的消耗和費用開支限在標準規定的範圍之內。

成本控制按照控制行為的先後順序分為如下環節：

（一）制定控制標準

成本標準是成本控制的準繩，成本標準包括成本計劃中規定的各項指標。但成本計劃中的一些指標都比較綜合，還不能滿足具體控制的要求，這就必須規定一系列具體的標準。確定這些標準的方法，大致有三種：

（1）計劃指標分解法。即將大指標分解為小指標。分解時，可以按部門、單位分解，也可以按不同產品和各種產品的工藝階段或零部件進行分解，若更細緻一點，還可以按工序進行分解。

（2）預算法。即用制訂預算的辦法來制訂控制標準。有的企業基本上是根據季度的生產銷售計劃來制訂較短期的（如月份）的費用開支預算，並把它作為成本控制的標準。採用這種方法特別要注意從實際出發來制訂預算。

（3）定額法。即建立起定額和費用開支限額，並將這些定額和限額作為控制標準來進行控制。在企業裡，凡是能建立定額的地方，都應把定額建立起來，如材料消耗定額、工時定額等。實行定額控制的辦法有利於成本控制的具體化和經常化。

在採用上述方法確定成本控制標準時，一定要進行充分的調查研究和科學計算。同時還要正確處理成本指標與其他技術經濟指標的關係（如和質量、生產效率等關係），從完成企業的總體目標出發，經過綜合平衡，防止片面性。必要時，還應搞多種方案的擇優選用。

（二）監督實施標準

監督實施標準就是根據控制標準，對成本形成的各個項目，經常地進行檢查、評比和監督。不僅要檢查指標本身的執行情況，而且要檢查和監督影響指標的各項條件，如設備、工藝、工具、工人技術水平、工作環境等。所以，成本日常控制要與生產作業控制等結合起來進行。成本日常控制的主要方面有：

（1）材料費用的日常控制。供應部門材料員要按規定的品種、規格、材質實行限額發料，監督領料、補料、退料等制度的執行。生產調度人員要控制生產批量，合理下料，合理投料，監督期量標準的執行。車間材料費的日常控制，一般由車間材料核算員負責，它要經常收集材料消耗信息，分析對比，追蹤原因，並會同有關部門和人員提出改進措施。

（2）工資費用的日常控制。主要是車間勞資員對生產現場的工時定額、出勤率、工時利用率、勞動組織的調整、獎金、津貼等的監督和控制。此外，生產調度人員要監督車間內部作業計劃的合理安排，要合理投產、合理派工，控制窩工、停工、加班、加點等。車間勞資員（或定額員）對上述有關指標負責控制和核算，分析偏差，尋找原因。

（3）間接費用的日常控制。生產單位間接費用的項目很多，發生的情況各異。有定額的按定額控制，沒有定額的按各項費用預算進行控制，如採用費用開支手冊、企業內費用券（又叫本票、企業內流通券）等形式來實行控制。各個部門、車間、班組分別由有關人員負責控制和監督，並提出改進意見。

上述各生產費用的日常控制，不僅要有專人負責和監督，而且要使費用發生的執行者實行自我控制。還應當在責任制中加以規定。這樣才能調動全體職工的積極性，使成本的日常控制有群眾基礎。

（三）檢查考評

檢查考評屬於事後成本控制環節。檢查考評就是階段性地集中查找和分析成本差異產生的原因，判明責任歸屬，對成本目標和標準的執行情況進行考核評價，獎優罰劣，並採取措施，防止不利因素再次產生，總結和推廣經驗，為修訂標準提供可靠的參數，使成本控制的方法標準化。

以上三個步驟相互聯繫，循環往復，構成成本控制循環。每一次循環，成本控制標準都應有所改變，成本控制手段應更加科學、合理。

五、成本控制的方法

成本控制的方法主要是解決怎樣控制成本的問題，成本控制的方法多種多樣。

從成本控制所依據的標準來看，有目標成本控制法、標準成本控制法、責任成本控制法等。目標成本控制法是以目標成本作為成本控制的依據，標準成本控制法是以標準成本作為成本控制的依據，責任成本控制法是以責任成本作為控制成本的依據。

從成本控制的技術方法來看，有對比法、差異因素分析法、量本利分析法、迴歸分析法、ABC 分析法、價值工程法等等。

第二節　目標成本控制

一、目標成本控制的特點

目標成本是根據產品的性能、質量、價格和目標利潤確定的企業在一定時期內應達到的成本水平，是企業目標管理的重要組成部分。目標管理在美國、日本、西歐等地的企業廣泛使用，在 20 世紀 80 年代初傳入中國，並在邯鋼等企業中推廣運用，取得較好成效。

目標成本控制是成本控制的一種重要方法。它是根據目標成本來控制成本活動，使實際成本符合目標成本的要求，並不斷地降低成本。作為控制方法，它具有以下幾個特點：

（1）目標成本控制以價格和利潤為基礎，改變了以實際消耗為基礎的傳統成本控制觀念。以實際消耗為基礎的成本控制，要麼把費用支出轉嫁給消費者，損害消費者的利益，要麼把費用支出歸屬企業，導致企業虧損；而以價格和利潤為基礎的

目標成本控制則認為，只有建立在消費者能夠接受的價格和企業能實現的目標利潤基礎上的費用支出，才是必要的，這為降低成本指明了方向。

（2）目標成本控制以目標管理理論為基礎強化了成本控制的理論依據。目標管理是一種現代的、民主的和科學的管理理論與方法，目標成本控制正是這一理論與方法在成本控制中的具體體現和運用。目標成本控制，能夠把目標管理具體化，把民主管理、全員管理具體化，把以提高經濟效益為中心和建立責任制具體化。

（3）目標成本控制以全時序控制為基礎，改變了以事後控制為基礎的傳統成本控制觀念。目標成本控制將事前控制、事中控制和事後控制有機地融為一體，增強了成本控制的預見性、目的性和科學性。

目標成本控制是一個系列的行動過程。這一行動過程就是目標成本控制的一般程序，它包括制定目標成本、分解目標成本、控制目標成本、考評目標成本。為了加強目標成本控制，與目標成本控制的一般程序相適應，要採用一系列目標成本控制的技術方法，它包括制定目標成本的方法、分解目標成本的方法、控制目標成本的方法、考評目標成本的方法。

二、目標成本制定的程序

目標成本的制定是目標成本控制的起點，目標成本制定的科學性和合理性直接影響到目標成本控制的有效性。

目標成本的制定要依照一定的程序進行，這一程序由下列步驟構成：

（1）收集成本信息。制定目標成本需要的信息包括兩個方面：一是預測銷售量和價格。以新產品來說，價格是一個未知數，要進行市場調查和預測，進行分析，並與同類產品相比較，確定消費者對價格的接受程度；對產品而言，要對現行銷售價格進行分析，特別是結合產品市場壽命週期和產品競爭能力，預測出價格上下波動的趨勢和幅度。二是取得先進企業成本資料，可以按成本項目來收集。先進企業的成本水平是制定目標成本的重要依據。

（2）確定目標利潤。根據企業經營目標規定的目標利潤進行分解，確定某產品在計劃期內應完成的目標利潤。目標利潤水平應考慮產品市場預測的銷售量和價格水平。

（3）初定目標成本。目標成本可採取倒算的方法進行匡算，即：

目標總成本＝預測銷售收入－稅金－目標利潤

目標單位成本＝預測單價×（1－稅率）－預測單位銷售量的目標利潤

（4）確定目標成本。在初定目標成本之後，要發動群眾討論匡算的目標成本指標，提出降低成本的措施，根據降低成本的主要措施對未來成本進行預測，尋找降低成本的方向和途徑，經過目標成本的綜合平衡，即可確定企業為之奮鬥的目標成本。

三、目標成本制定的方法

制定目標成本的方法較多，下面介紹幾種基本方法：

(一) 公式法

公式法就是根據目標成本的計算公式確定目標成本，它一般用於新產品目標成本的制定。由於消費者可以接受的價格及銷售數量不可能預測得十分準確，所以用公式法制定目標成本，應把目標成本與產品的設計成本聯繫起來用目標成本校正設計成本，用設計成本調整目標成本。公式法用於產品目標成本制定時，可採用以下公式：

$$目標成本 = \frac{有競爭能力的市場價格}{銷售單價} \times 實際成本$$

例如，某企業生產的甲產品實際成本為 600 元，售價為 960 元，有競爭能力的價格是 900 元，則目標成本為 562.5 元（$\frac{900}{960} \times 600$）。這樣，售價降低到 900 元以後，企業仍可獲得相同的成本利潤率。

(二) 倒算法

倒算法是以產品銷售收入減去產品銷售稅金及附加和目標利潤來制定目標成本的方法。其公式如下：

$$目標成本 = 產品銷售收入 - 稅金 - 目標利潤$$

$$單位產品目標成本 = 產品單價 \times (1 - 產品稅率) - \frac{目標利潤}{銷售數量}$$

(三) 對比法

對比法就是比較本企業的成本水平與先進企業成本水平，來確定目標成本。此方法主要用於老產品。對比的標準可以是國內外同種產品的先進成本水平或歷史上最好水平，或按平均先進水平制定的標準成本、定額成本。

例如，某企業成本項目如下：直接材料為 29 元，直接工資為 7 元，製造費用為 16 元。同類先進企業直接材料為 26 元，直接工資為 8 元，製造費用為 13 元。則本企業目標成本為 46 元（26+7+13）。這樣，確定的目標成本實際上可低於先進企業的成本。

四、目標成本的分解

目標成本確定出來以後，就要進行分解，層層落實到責任單位和個人，成為各個單位和個人奮鬥的目標。

目標成本的分解要有利於明確經濟責任和加強成本控制，不僅要使各個單位和個人明確自己的責任，而且要給予相應的管理權力和經濟利益，目標成本才能夠落到實處；同時，分解給各個單位和個人的目標成本必須是該單位與個人可以控制的成本，將不可控成本分給他們，是毫無意義的。不僅要自上而下地分解目標成本，而且要自下而上地提出保證措施。此外，要結合企業工藝技術過程和企業組織機構特點分解目標成本。

目標成本分解的方法主要有以下幾種：

(一) 按組織結構分解目標成本

按企業組織結構分解目標成本是一種廣泛適用的目標成本分解方法。這種方法

是首先把全廠的目標成本分解給各個車間和職能科室，成為這些車間和職能科室的目標成本；然後，各個車間和職能科室再將其目標成本分解給各個班組，成為該班組的班組目標成本；最後各個班組將其負責的目標成本分解落到個人頭上，形成崗位目標成本。個人對崗位目標成本提出個人保證措施，班組對班組目標成本提出班組保證措施，車間和科室對車間和科室目標成本提供車間、科室保證措施，全廠對總的目標成本提出保證措施。這樣就形成了自上而下的層層分解和自下而上的層層保證的縱橫交錯的目標成本分解控制體系。

（二）按產品結構分解目標成本

在機械製造企業中，產品的生產首先要對各種不同的材料進行加工，制成各種零件；然後經過組裝裝配成部件；最後對部件進行裝配形成產成品。在這種情況下，目標成本的分解可以按產品的結構進行，即把產品的目標成本分解到零件、部件和產成品上去，從而構成零件的目標成本、部件的目標成本和產成品的目標成本。然後，將零部件、產成品的目標成本按責任中心再分解。

（三）按成本形成過程分解目標成本

由於產品成本的形成要經過供應過程、生產過程和銷售過程。在每一過程中成本有不同的表現形式，即供應過程的採購成本、生產過程的製造成本、銷售過程的銷售成本，因此，產品目標成本可以按成本的形成過程進行分解。這種分解方法有利於按成本形成過程來控制成本。

（四）按成本項目和成本特性分解目標成本

這種分解方法是以成本項目為主並參照成本特性來分解目標成本。其具體分解方法是：將目標成本分解為直接材料成本、直接工資成本和製造費用。其中：直接材料成本又具體分為由生產中用量引起的成本和由供應中價格變動引起的成本；直接工資成本具體分為由工時定額變動引起的成本和由於小時工資率變動引起的成本；製造費用則按其與產量的關係，分為變動製造費用和固定製造費用。

五、目標成本的控制

目標成本分解落實以後，就進入了目標成本的實際執行過程，在這一過程中，進行成本控制尤其重要。

目標成本控制就是要根據目標成本的要求，規定各種定額和標準，採取各種控制方法和手段，按照定額和標準進行控制，並且要經常對比檢查，發現差異，及時加以調節。

目標成本控制的手段和方法是多種多樣的。對於材料成本來說，要嚴格材料的驗收入庫和領退制度；加強發出外加工材料的管理；降低單位產品的材料用量；建立健全材料核算制度和定期盤點制度，做到帳實相符。對於工資成本而言，要編製工資基金計劃；嚴格工資開支範圍；審核工資核算的主要原始記錄，正確計算和支付工資，劃清資金渠道分配工資。對費用成本來講，要建立費用定額管理制度，嚴格費用開支，為了便於群眾參加管理，便於監督，企業可採用廠內貨幣、費用手冊、內部結算券等手段，加強費用控制。

在目標成本的控制中，對於符合目標成本要求的行為，可以不予干預。對於超標準、超定額的支出，就必須加以限制。對於違反國家財經制度規定的支出，就要實行監督，加以糾正。對於達不到目標成本的行為，則要加以指導和幫助，分析原因，採取措施，促使其達到目標成本。如果目標成本本身確實存在著不合理的地方，或者在執行中客觀條件發生了重大變化，就應進行必要的修改，使目標成本能夠真正成為職工奮鬥的方向。

六、目標成本的考評

為了使成本控制起到指導和督促使用，必須經常檢查各個單位和個人對目標成本的執行情況。檢查可以定期進行，每旬、每月或每季檢查一次，特別是對於那些佔成本比重很大、經常發生波動並且控制比較困難的目標成本更要經常性地進行檢查。在檢查過程中，不僅要檢查目標成本的實現程度，而且要檢查成本核算的真實性和正確性。特別要檢查有無任意擴大成本開支範圍和標準，人為地抬高成本的現象，對於亂攤亂擠成本的行為，必須嚴肅處理。在檢查的基礎上還要進行分析，通過分析，分清主觀因素和客觀因素、有利因素和不利因素以及主要因素和次要因素，對比差距，揭露矛盾，充分挖掘企業內部潛力，為今後制定目標成本提供新的依據。最後，以目標成本為依據對成本控制工作進行考核和評價，表揚先進，懲罰落後，貫徹多勞多得的按勞分配原則，從而調動企業各方面降低成本的積極性。

第三節　標準成本控制

標準成本制度最早可追溯到20世紀20年代的泰羅制。當時只是根據標準化原理來控制生產工人的生產效率，後來逐漸將標準化原理運用於人工成本、材料成本和製造費用的控制。

所謂標準成本，就是在一定的條件下，根據科學的方法預先制定的、用以衡量實際成本高低的一種成本尺度，是一種預定的目標成本。

標準成本控制由標準成本的制定、差異的計算和分析以及差異的帳務處理三個部分組成。其中，制定標準成本是控制的起點。

一、標準成本的制定

標準成本通常按製造成本制定，即分別制定直接材料、直接人工和製造費用的標準成本。對於非製造成本，一般採取編製預算的方法實行預算控制。

標準成本的基本形式是：

單位產品標準成本＝單位產品耗用數量標準×單位價格標準

數量標準包括直接材料、直接人工和製造費用的用量標準，價格標準包括材料價格標準、工資率標準和製造費用分配率標準。

（一）直接材料標準成本的制定

直接材料標準成本是直接材料的標準用量和標準價格的乘積。

直接材料的標準用量是由生產技術部門根據設計圖紙和工藝特點並參照實際生產情況，通過分析研究，採用工程標準確定的單位產品需耗用的材料數量。它包括有效材料用量與生產中的廢料和損失。

直接材料的標準價格是由採購部門和財會部門共同根據材料供貨單位的價格和運輸等因素確定的材料單價。它包括買價和採購費等。

(二) 直接人工標準成本的制定

直接人工標準成本是直接工資數量標準和價格標準的乘積。

直接人工數量標準是生產技術部門根據歷史資料或技術測定的單位產品必須消耗的時間。它包括產品直接加工時間、必要的停工時間以及必要的廢品工時。

直接人工價格標準就是工資率標準，它是以當時實際支付的工資率或預計支付的工資率為依據，結合工資形式來制定的。在計時工資制下，直接人工價格標準就是每一標準工時應分配的工資；在計件工資制下，直接人工價格標準就是單位產品直接支付的工資。

(三) 製造費用標準成本的制定

製造費用標準成本就是製造費用數量標準和價格標準的乘積。

製造費用數量標準是指生產單位產品所需要的直接人工工時或機器小時。

製造費用價格標準是指製造費用分配率標準，即單位生產能量應負擔的製造費用。在制定製造費用價格標準時，應注意兩點：一是根據製造費用與生產能量的關係，將全部製造費用分為變動製造費用和固定製造費用；二是生產能量應該是實際生產能量，即企業充分利用現有生產能力可以達到的生產能量。由於企業一般生產多種產品，因此，為了便於匯總，生產能量一般用直接人工小時或機器小時表示。

可見，單位產成品的標準成本就是單位產品的直接材料標準成本、直接工資標準成本和製造費用標準成本之和。

二、標準成本差異的計算和分析

標準成本制定之後，在實際生產過程中就要按照標準成本實施控制。實際成本與標準成本之間的差異稱為成本差異。當實際成本大於標準成本時，所產生的差異稱為不利差異（或逆差）；當實際成本小於標準成本時，所產生的差異稱為有利差異（或順差）。標準成本控制的目的就在於努力擴大有利差異，縮小不利差異，降低產品成本。

成本差異的通用計量模型是：數量差異按標準價格計算，價格差異按實際數量計算。即：

數量差異 =（實際數量−標準數量）×標準價格

價格差異 = 實際數量×（實際價格−標準價格）

下面分別討論標準成本各種差異的計算和分析。

(一) 直接材料成本差異

直接材料成本差異是指一定量的直接材料的實際成本與標準成本之間的差異。它按不同的材料，從用量差異和價格差異兩方面計算。

材料用量差異＝（實際用量－標準用量）×標準價格

材料價格差異＝實際用量×（實際價格－標準價格）

價格差異的計算可以採用兩種處理方法：一種是在購買材料時計算購入材料的價格差異，即將材料的標準成本計入「材料」帳戶，價格差異計入「材料價格差異」帳戶；另一種是在領用材料時計算領用材料價格差異，即材料帳戶按實際成本記帳，領用材料時計算價格差異，領用材料的標準成本由「材料」帳戶轉入「在產品」帳戶，然後把價格差異由「材料」帳戶轉入「材料價格差異」帳戶。

（二）直接人工成本差異

直接人工成本差異是一定產量的直接人工的實際成本與標準成本之間的差異。它主要從人工效率差異和工資率差異兩個方面計算。

人工效率差異＝（實際工時－標準工時）×標準工資率

工資率差異＝實際工時×（實際工資率－標準工資率）

直接人工效率差異產生的原因有：工人經驗不足，操作不熟練；設備發生故障或設備生產能力降低；材料品種、規格不符，質量不高；等等。直接人工效率差異除材料質量下降因素外，基本上應由生產部門負責。

直接人工工資率差異一般是由高級技術工從事普通工作以及工人調度不當等原因引起的。它主要應由生產部門和人事部門負責。

（三）變動製造費用成本差異

變動製造費用成本差異是一定產量的實際變動製造費用與標準變動製造費用之間的差額。它要分別按變動製造費用效率差異和分配率差異計算。變動製造費用效率差異是一種數量差異，它類似於直接材料數量差異和直接人工效率差異；變動製造費用分配率差異是一種價格差異，它類似於直接材料價格差異和直接人工工資率差異，所以又稱為開支差異。其計算公式是：

$$\frac{變動製造費用}{效率差異}=\left(\frac{實際}{工時數}-\frac{標準}{工時數}\right)\times\frac{變動製造費用}{標準分配率}$$

$$\frac{變動製造費用}{開支差異}=\frac{實際}{工時數}\times\left(\frac{變動製造費用}{實際分配率}-\frac{變動製造費用}{標準分配率}\right)$$

變動製造費用效率差異與變動製造費用的耗用無關，它實際上反應的是產品製造過程中的工時利用率，因此應結合人工效率差異進行分析。變動製造費用開支差異產生的原因主要是費用預算控制不當，或者是多耗用了間接材料和間接人工，或者是由於製造費用超支。它主要應由生產部門負責。

（四）固定製造費用差異

固定製造費用差異是一定期間的實際固定製造費用與標準固定製造費用之間的差額。其中，標準固定製造費用是標準工時數與固定製造費用標準分配率的乘積。固定製造費用差異具體包括三種：

（1）效率差異。效率差異是實際工時數同標準工時數相比所引起的固定製造費用差異。實際工時數與標準工時數之間的關係反應了工人的操作效率。生產同樣多的產品，實際工時比標準工時越少，說明操作效率越高；反之，說明操作效率越低。

（2）能量差異。它說明即使固定製造費用的實際數和預算數相等，只要實際和預算的生產工時總時數不同，也會產生固定製造費用分配率方面的差異。

（3）開支差異。它反應了固定製造費用實際支出數與預算數之間的差異，體現了製造費用預算規劃的結果。

固定製造費用三種差異的計算公式是：

固定製造費用開支差異＝實際固定製造費用－預算固定製造費用

$$\text{固定製造費用能量差異} = (\text{預算工時數} - \text{實際工時數}) \times \text{固定製造費用標準分配率}$$

$$\text{固定製造費用效率差異} = (\text{實際工時數} - \text{標準工時數}) \times \text{固定製造費用標準分配率}$$

固定製造費用能量差異產生的主要原因是：產品銷路不好，訂貨減少；原有生產能量過剩，利用不充分；原材料供應不足，設備損耗或出現故障；人工不足；等等。這些因素應由企業管理部門負責。固定製造費用開支差異和效率差異產生的原因，則與變動製造費用開支差異和效益差異產生的原因相同。

三、標準成本的帳務處理

在標準成本控制中，各種成本差異反應了有關部門成本控制的業績。為了便於進行成本控制和考核，必須在會計系統中設置各種差異帳戶，分別記錄各種成本差異，為成本控制和考核提供必要的信息。

標準成本控制在帳務處理上具有以下幾個特點：

（1）「材料」「基本生產」「產成品」等帳戶的借方和貸方都按標準成本入帳。

（2）實際成本和標準成本之間的各種差異都要設置專門的帳戶來歸集。在各個成本差異帳戶中，借方登記不利差異，貸方登記有利差異。

（3）各種成本差異在帳務上的處理有三種方法可供選擇：

第一種方法：各種成本差異按月結轉，為了均衡各期產品成本負擔，應對本期生產產品的各種差異在銷貨成本、產成品和在產品成本之間按比例進行分配。

第二種方法：各種成本差異在每月月末不辦理結轉手續，而是在成本差異帳戶中累積下來，直到年底才將當年累積的各種成本差異一次結轉。在這種情況下，如果成本差異數量較大，可以按比例分配到銷貨成本、產成品和在產品成本中去，這時產品的實際成本等於標準成本加上該產品應負擔的差異；如果成本差異數量較小，可以全部結轉到銷售成本帳戶中去，這時產品的標準成本就是產品的實際成本。

第三種方法：各種成本差異按月全部結轉到銷貨成本帳戶，不再分配給產成品和在產品負擔。在這種情況下，產成品和在產品都按標準成本記帳，產品的標準成本就是產品的實際成本。其優點是帳務處理簡單，同時本期發生的各種差異是本期成本控制的結果，將它反應在本期利潤中也合乎情理。因此，這種處理方法在西方國家被廣泛採用。

四、標準成本控制的案例

【例11-1】金峰機器廠是一家專門化生產企業，有關資料如下：

(一) 產品標準成本與各種費用預算

該廠全年只生產一種專業化產品，預算月份生產能力標準總工時為 4,800 小時，單位產品標準成本卡如表 11-1 所示。

表 11-1　　　　　　　　　　單位產品標準成本卡

項　　目	標準用量	標準單價（元）	金額（元）
直接材料	8 千克	2	16
直接人工	6 小時	4	24
變動製造費用	6 小時	1.50	9
變動成本合計			49
固定製造費用	6 小時	1.20	7.20
單位產品標準成本			56.20

預算月份預計生產產品 800 件，全月需用直接人工工時 4,800 小時。全月各項費用預算經確定如下：

製造費用預算：
變動製造費用：7,200 元。
固定製造費用：5,760 元。
製造費用標準分配率：
變動製造費用：$\dfrac{7,200}{4,800}=1.50$

固定製造費用：$\dfrac{5,760}{4,800}=1.20$

銷售費用預算：
變動銷售費用：按銷售產品計算每件 4 元。
固定銷售費用：6,500 元。
行政管理費用預算：3,500 元。

(二) 材料和人工成本差異計算與分析

（1）××材料實際採購數量	8,000 千克
（2）實際單價	2.20 元
（3）標準單價	2.00 元
（4）價格差異（2）－（3）	0.20 元
（5）材料價格差異總額（4）×（1）	1,600（元）（借方）

生產部門業績報告之一：

（1）××材料實際用量	5,800 千克
（2）標準用量@8×800	6,400 千克
（3）標準單價	2 元
（4）數量差異（1）－（2）	－600 千克
（5）材料數量差異總額（4）×（3）	－1,200 元（貸方）

生產部門業績報告之二：

(1) ××工種實際工時 　　　　　　　　　　　　　　　　5,200 小時
(2) 實際工資率 　　　　　　　　　　　　　　　　　　　4.50 元
(3) 標準工資率 　　　　　　　　　　　　　　　　　　　4.00 元
(4) 工資率差異（2）-（3） 　　　　　　　　　　　　　 0.50 元
(5) 人工工資率差異總額（4）×（1） 　　　　　　　　2,600 元（借方）

生產部門業績報告之三：
(1) ××工種實際工時 　　　　　　　　　　　　　　　　5,200 小時
(2) 標準工時 　　　　　　　　　　　　　　　　　　　　4,800 小時
(3) 標準工資率 　　　　　　　　　　　　　　　　　　　4.00 元
(4) 工時差異（1）-（2） 　　　　　　　　　　　　　　 400 小時
(5) 人工效率差異總額（3）×（4） 　　　　　　　　　 1,600 元（借方）

(三) 製造費用成本差異計算與分析

表 11-2　　　　　　　　　　生產部門業績報告　　　　　　　　　單位：元

製造費用	實際數	彈性預算		耗費差異	效率差異
	5,200 小時	4,800 小時	5,200 小時		
明細項目	(1)	(2)	(3)	(4)=(1)-(3)	(5)=(3)-(2)
間接材料	3,500	3,315.70	3,592.0	92.0	276.3
間接人工	2,800	2,652.70	2,873.8	73.8	221.1
動　力	1,300	1,231.60	1,334.2	34.2	102.6
合　計	7,600	7,200	7,800	200（貸方）	600（借方）

生產部門變動製造費用效率差異的計算：
(1) 變動製造費用標準分配率 　　　　　　　　　　　　1.50 元/小時
(2) 實際工時 　　　　　　　　　　　　　　　　　　　5,200 小時
(3) 標準工時 　　　　　　　　　　　　　　　　　　　4,800 小時
(4) 變動製造費用實際分配率
　　（7,600÷5,200） 　　　　　　　　　　　　　　　1.461,5 元/小時
(5) 工時差異（2）-（3） 　　　　　　　　　　　　　　 400 小時
(6) 耗費差異〔（4）-（1）〕×（2） 　　　　　　　　　200 元（貸方）
(7) 效率差異（1）×（5） 　　　　　　　　　　　　　　600 元（借方）

假定該企業固定製造費用的有關資料如下：
本月預計產量標準工時 　　　　　　　　　　　　　　　4,800 小時
實際工時 　　　　　　　　　　　　　　　　　　　　　5,200 小時
實際產量應耗標準工時 　　　　　　　　　　　　　　　4,800 小時
固定製造費用預算總額 　　　　　　　　　　　　　　　5,760 元
固定製造費用實際支出總額 　　　　　　　　　　　　　5,000 元

根據以上資料計算該企業固定製造費用差異額為：
(1) 固定製造費用實際支出總額　　　　　　　　　　　5,000 元
(2) 固定製造費用預算總額　　　　　　　　　　　　　5,760 元
(3) 標準生產能量工時　　　　　　　　　　　　　　　4,800 小時
(4) 標準固定製造費用分配率 (2) ÷ (3)　　　　　　1.20 元/小時
(5) 實際產量應耗標準工時　　　　　　　　　　　　　5,000 小時
(6) 實際耗用工時　　　　　　　　　　　　　　　　　5,200 小時
(7) 耗費差異 (1) - (2)　　　　　　　　　　　　　-760 元（貸方）
(8) 能量差異 (4) × [(3) - (6)]　　　　　　　　-480 元（貸方）
(9) 效率差異 (4) × [(6) - (5)]　　　　　　　　240 元（借方）

為便於對各個預算項目進行控制與考核，根據固定性製造費用靜態預算與實際發生額的對比，可以編製企業固定性製造費用實績報告（見表 11-3）。

表 11-3　　　　　　　　　　　　　　　　　　　　　　　　　　單位：元

固定製造費用實際支付總額	固定製造費用預算總額	標準固定製造費用分配率	預計產量標準生產能量工時	實際耗用工時	實際產量應耗標準工時	耗費差異	能力差異	效率差異
(1)	(2)	(3)	(4)	(5)	(6)	(7)=(1)-(2)	(8)=(4)×[(3)-(6)]	(9)=(4)×[(6)-(5)]
5,000 元	5,760 元	1.2 元/小時 (5,760÷4,800)	4,800	5,200	5,000	-760 (貸方)	-480 (貸方)	240 (借方)

假定企業預算月份生產產品 800 件，本期出售 750 件（無期初餘額），單位售價為 100 元。

（四）帳務處理

根據以上資料，按照標準成本控制的要求，對發生的經濟業務作會計分錄如下：

(1) 購進材料
借：原材料　　　　　　　　　　　　　　　　　　　　　16,000
　　材料價格差異　　　　　　　　　　　　　　　　　　　1,600
　貸：應付帳款　　　　　　　　　　　　　　　　　　　　　　17,600

(2) 生產領用材料
借：生產成本　　　　　　　　　　　　　　　　　　　　12,800
　貸：原材料　　　　　　　　　　　　　　　　　　　　　　　11,600
　　　材料數量差異　　　　　　　　　　　　　　　　　　　　1,200

(3) 生產耗用人工成本
借：生產成本　　　　　　　　　　　　　　　　　　　　20,800
　　直接人工工資率差異　　　　　　　　　　　　　　　　2,600
　　直接人工效率差異　　　　　　　　　　　　　　　　　1,600
　貸：應付職工薪酬　　　　　　　　　　　　　　　　　　　　25,000

(4) 實際支出變動製造費用
借：變動製造費用　　　　　　　　　　　　　　　　7,600
　　貸：各有關帳戶　　　　　　　　　　　　　　　　　7,600
(5) 生產中耗用變動製造費用
借：生產成本　　　　　　　　　　　　　　　　　　7,200
　　變動製造費用效率差異　　　　　　　　　　　　　　600
　　貸：變動製造費用　　　　　　　　　　　　　　　7,600
　　　　變動製造費用耗費差異　　　　　　　　　　　　200
(6) 實際支付固定製造費用
借：固定製造費用　　　　　　　　　　　　　　　　5,000
　　貸：各有關帳戶　　　　　　　　　　　　　　　　5,000
(7) 生產中耗用固定製造費用
借：生產成本　　　　　　　　　　　　　　　　　　6,000
　　固定製造費用效率差異　　　　　　　　　　　　　　240
　　貸：固定製造費用　　　　　　　　　　　　　　　5,000
　　　　固定製造費用耗費差異　　　　　　　　　　　　760
　　　　固定製造費用能量差異　　　　　　　　　　　　480
(8) 產品完工入庫
借：產成品　　　　　　　　　　　　　　　　　　　44,960
　　貸：生產成本　　　　　　　　　　　　　　　　　44,960
(9) 出售產成品
借：銀行存款（或應收帳款）　　　　　　　　　　　75,000
　　貸：產品銷售收入　　　　　　　　　　　　　　　75,000
(10) 轉銷出售產品銷售成本
借：產品銷售成本　　　　　　　　　　　　　　　　42,150
　　貸：產成品　　　　　　　　　　　　　　　　　　42,150
(11) 銷售費用與行政管理費的帳務處理
這兩項費用的預算執行情況如表 11-4 所示。

表 11-4　　　　　　　　　　　　　　　　　　　　　　　　　單位：元

	預算數	實際數	預算差異
變動銷售費用	3,200	3,360	+160
固定銷售費用	6,500	6,400	−100
行政管理費	3,500	3,600	+100
合　計	13,200	13,360	160

借：變動銷售費用　　　　　　　　　　　　　　　　3,360
　　固定銷售費用　　　　　　　　　　　　　　　　6,400

行政管理費　　　　　　　　　　　　　　　　　　　3,600
　　貸：各有關帳戶　　　　　　　　　　　　　　　　　　13,360
　（五）匯總成本差異

月終根據各個成本差異帳戶的月末餘額編製「成本差異匯總表」(見表11-5)。各項成本差異帳戶應予以結清。如果差異不大，可以全部計入本期銷售產品成本，作為銷售毛利的調整項目；如果差異大，則可以在在產品、產成品和本期已售產品之間進行分配，以便把它們的年終餘額由標準成本調整為實際成本。

表 11-5　　　　　　　　　　成本差異匯總表　　　　　　　　　單位：元

帳戶名稱	借方餘額（逆差）	貸方餘額（順差）
材料價格差異	1,600	—
材料數量差異	—	1,200
直接人工工資率差異	2,600	—
直接人工效率差異	1,600	—
變動製造費用耗費差異	—	200
變動製造費用效率差異	600	—
固定製造費用耗費差異	—	760
固定製造費用能量差異	—	480
固定製造費用效率差異	240	—
合　計	6,640	2,640
差異淨額	4,000	—

（六）將已發生差異轉入本月產品銷售成本

　借：產品銷售成本　　　　　　　　　　　　　　　　　4,000
　　　材料數量差異　　　　　　　　　　　　　　　　　1,200
　　　變動製造費用耗費差異　　　　　　　　　　　　　　200
　　　固定製造費用耗費差異　　　　　　　　　　　　　　760
　　　固定製造費用能量差異　　　　　　　　　　　　　　480
　　貸：材料價格差異　　　　　　　　　　　　　　　　1,600
　　　　直接人工工資率差異　　　　　　　　　　　　　2,600
　　　　直接人工效率差異　　　　　　　　　　　　　　1,600
　　　　變動製造費用效率差異　　　　　　　　　　　　　600
　　　　固定製造費用效率差異　　　　　　　　　　　　　240

（七）編製損益表

月終根據以上有關資料按完全成本法編製損益表（見表11-6）。

表 11-6　　　　　　　損　益　表（按完全成本計算）
　　　　　　　　　　　　　201×年×月　　　　　　　　　　　　　　單位：元

（按完全成本計算）		
產品銷售收入（100×750）		75,000
產品銷售成本（標準）：		
期初存貨	0	
加：本期生產成本（56.20×800）	44,960	
可供銷售的成本	44,960	
減：期末存貨（56.20×50）	2,810	
銷售成本合計		42,150
毛利		32,850
減：成本差異淨額		(4,000)
調整後的毛利		28,850
減：變動銷售費用	3,360	
固定銷售費用	6,400	
行政管理費	3,600	13,360
稅前利潤		15,490

第四節　責任成本控制

一、責任成本控制的特點

責任成本是以成本責任單位為控制對象，根據「誰負責，誰承擔」的原則歸集和分配的可控成本。所謂可控成本，是指責任單位能夠預測、計算和控制的各種成本。可控成本必須具備以下特徵：責任單位可以預測的各種耗費；責任單位有辦法計量的耗費；責任單位可以控制並調節的耗費。凡不符合這些特徵的成本，即為不可控成本。

責任成本控制是在企業內部確定責任成本層次，建立責任中心，並對各責任成本層次和責任中心的責任成本進行核算和考評的一種內部控制制度。具體地講，責任成本控制的特點是：

（1）責任成本控制以成本責任單位作為成本核算和控制的對象；

（2）責任成本控制以「誰負責，誰承擔」作為成本計算和控制的基本原則；

（3）責任成本控制以可控成本作為成本控制的內容，而將不可控成本作為參考指標；

（4）責任成本控制以內部管理為目的，服從於經濟責任制的要求。

進行責任成本控制，首先要劃分責任層次，建立責任中心，明確各責任中心的成本責任和權限；其次，要根據可控性原則將責任成本目標分解到各成本責任中心，作為考核和評價各成本中心實績的標準；最後，要建立一套完整的計量、記錄和報

告責任成本的核算體系，通過責任成本實際發生數和控制標準的對比，檢查和考核各責任成本層次和責任中心的實績。

二、成本責任中心的建立

劃分成本責任層次，建立成本責任中心，是進行責任成本控制的前提。成本責任層次就是企業對責任成本的管理層次。責任層次的數目應根據企業的具體情況和管理需要而定。成本責任中心就是負責控制成本和保證完成成本控制任務的責任單位。

在責任成本控制的實踐中，劃分責任層次，建立責任中心應遵循以下原則：
(1) 必須使責任中心對其職能範圍內可以控制的經濟責任負責；
(2) 必須明確各責任單位的經濟權力、經濟責任和經濟利益；
(3) 必須與企業組織結構的特點相適應。

三、責任成本核算與報告

(一) 責任成本的內容

不同的責任層次和不同的責任中心，其責任成本的內容也各不相同。假設某公司由製造部、銷售部和財務部組成。其中，製造部下屬的成本中心有班組、車間兩個層次。則其責任成本的內容如下：

1. 班組責任成本由班組長負責

$$\text{班組責任成本} = \text{可控直接材料成本} + \text{可控直接人工成本} + \text{可控製造費用成本} \pm \text{經濟責任轉帳}$$

2. 車間責任成本由車間主任負責

$$\text{車間責任成本} = \sum \text{各班組責任成本} + \text{車間的可控成本} \pm \text{經濟責任轉帳}$$

3. 製造部責任成本由製造部副總經理負責

$$\text{製造部責任成本} = \sum \text{各車間責任成本} + \text{製造部門可控成本} \pm \text{經濟責任轉帳}$$

4. 公司責任成本由公司總經理負責

$$\text{公司責任成本} = \text{製造部責任成本} + \text{銷售部責任成本} + \text{財務部責任成本}$$

(二) 責任成本的核算

責任成本的控制和考評離不開責任成本的核算，因為責任成本核算所提供的信息是進行責任成本控制和考評的重要依據。由於責任成本和產品成本本質上都是生產經營過程中的各種耗費，因此，責任成本和產品成本可以結合起來進行核算。就其結合的方式而言，一般有「雙軌制」和「單軌制」兩種核算方式。

「雙軌制」就是在現有產品成本核算體系之外另行建立一套責任成本核算體系，兩個體系所提供的指標可以相互補充、相互利用，但在核算中這是兩個不同的體系，執行著不同的任務：產品成本核算體系依據有關財務規定進行核算，以滿足財務規

定的有關要求；責任成本核算體系則依據責任成本的原理進行核算，以滿足內部管理的要求。

「單軌制」就是將責任成本核算和產品成本核算結合起來，形成一套既能滿足財務規定的要求又能為內部管理服務的核算體系。這種核算方法簡便易行，同樣可以獲得有關責任成本核算的資料。

(三) 責任成本報告

責任成本報告是提供責任成本控制信息的媒介，也是成本控制工作的成果。

在實行責任中心成本控制的企業中，根據企業所建立的責任制度要求，對各責任中心責任成本完成情況予以報告是成本中心的最高職責。責任成本報告主要是為企業內部提供信息，因此與財務報告相比，無論是在報告對象、報告內容、報告時間等方面都有其自身的特點。概括地講，責任成本報告具有如下特徵：

1. 報告對象是各責任中心的責任成本

關心責任目標完成情況的主要是各責任中心和企業最高管理部門，因此，需要為每一個責任中心編製一份與其業績相關的責任報告，同時為企業最高管理部門編製一份總括的責任成本報告。由於責任中心往往劃分為幾個層次，所以對某些處在中上層的責任中心來說，其責任報告的編製常常是對下屬責任中心責任成本報告的匯總。

2. 報告形式

責任成本報告的形式主要有報表、數據分析和文字說明等。將責任成本目標、實際履行情況及所產生的差異用報表予以列示是責任成本報告的基本形式。由於責任成本報告是對各責任中心責任履行情況所做的專門報告，因此，在揭示差異的同時，必須對重大差異予以分析，查明其產生的原因，並做出說明或提出改進建議，以便各責任中心和最高管理部門進一步予以控制。所以，責任成本報告的形式除報表外，還必須採用數據分析和文字說明等形式。

3. 報告時間

責任成本報告的編製時間在每個企業一般都是定期的，但由於各個責任中心的特點不一樣，所以各責任中心的報告期可能不一致，應根據企業組織結構和內部責任控制需要確定。

4. 報告內容

責任成本報告的基本要求是各責任中心必須報告其責任目標實際執行情況及所產生的差異，以便各責任中心進行自我控制，以及上層責任中心對下屬責任中心進行控制。除此之外，還應根據例外管理原則對重要成本差異做進一步的定量分析和定性分析。定量分析主要是確定差異發生程度，定性分析主要是分析差異產生的原因，以便明確責任，評價各責任中心的工作業績。

由於各責任中心是逐級設置的，因而報告也應自下而上，從最基層的成本中心逐級向上匯編，直到最高管理層。每一級責任報告除了最基層的只含有本身的可控成本外，都應包括下屬單位轉來的責任成本、本身的可控成本以及有關經濟責任的轉帳，從而形成「責任連鎖」。

責任成本報告的內容與格式參見表11-7。

表11-7　　　　　　　　　　　責任成本業績報告
單位：W公司　　　　　　　　　201×年×月　　　　　　　　　　　單位：元

	計劃	實際	差異	原因分析
甲班組業績報告：				
直接材料	2,200	2,000	-200	單耗下降
直接人工	580	545	-35	人數減少
製造費用	450	498	+48	輔助材料費用超支
經濟責任轉帳	—	100	+100	零件質量差使成本升高
甲班組責任成本合計	3,230	3,143	-87	
A車間業績報告：				
甲班組責任成本	3,230	3,143	-87	單耗下降
乙班組責任成本	2,560	2,400	-160	勞動效率提高
A車間可控成本	1,800	2,000	+200	輔助材料費用超支
經濟責任轉帳	—	-200	-200	材料質量差轉出責任成本
A車間責任成本合計	7,590	7,343	-247	
製造部業績報告：				
A車間責任成本	7,590	7,343	-247	主要是勞動效率提高
B車間責任成本	5,510	6,137	627	主要是單耗上升
製造部可控成本	3,000	2,500	-500	主要是費用降低
經濟責任轉帳	—	—	—	
製造部責任成本合計	16,100	15,980	-120	
W公司業績報告：				
製造部責任成本	16,100	15,980	-120	主要是費用降低
銷售部責任成本	2,450	3,180	+730	費用超支
財務部責任成本	1,500	1,200	-300	費用節約
W公司可控成本	1,950	1,140	-810	費用節約
W公司責任成本合計	22,000	21,500	-500	主要是費用節約

註：乙班組和B車間的計算過程同甲班組和A車間，故略。

本章小結：

　　成本控制是根據成本預測和決策所確定的成本目標為前提，在成本計劃或預算基礎上，對企業生產經營活動中各種耗費進行引導、限制、干預、監督，及時發現偏差，糾正偏差，使各種生產經營耗費被控制在成本目標所規定的範圍之內，保證成本目標的實現過程。

　　成本控制按生產經營的時序，可以分為事前、事中、事後三個環節；按照控制內容，可以分為材料燃料費用控制、人工費用控制、製造費用和其他費用的控制；按照成本控制的標準，可以分為目標成本控制、標準成本控制、責任成本的控制等。從中國企業過去實踐看，目標成本控制方法應用較為普遍，以邯鄲鋼鐵公司為代表的一大批企業歷史上較為成功地採用目標成本管理實現了企業效益的提高。

本章復習拓展問題：

　　1. 成本控制需要遵守的原則很多，你認為最根本性原則是什麼？為什麼？

　　2. 目標成本制定方法很多，除了公式法、倒算法之外，你瞭解的方法還有哪些？試舉例說明。

　　3. 你認為標準成本控制方法與品種法、分批法、分步法根本差異在哪些地方？為什麼在國內使用此方法的企業不多？

　　4. 責任成本核算是一種專業成本計算，怎樣與產品、服務的實際成本計算相結合？

第十二章
成本報表編製與分析

【導入案例】

　　江蘇康緣藥業股份有限公司（以下簡稱「公司」）是由連雲港康緣制藥有限責任公司整體變更設立。公司發起人為連雲港恒瑞集團有限公司等5家法人和公司管理層肖偉等5位自然人，於2002年9月在上交所掛牌交易。

　　截至2013年12月31日，公司註冊資本為人民幣41,564.669,1萬元，許可經營項目為：片劑、硬膠囊劑、軟膠囊劑、顆粒劑、糖漿劑、丸劑、滴丸劑、合劑、茶劑、酊劑（內服）、小容量注射劑、大容量注射劑、凍干粉針劑、中藥前處理及提取、原料藥製造。公司醫藥產品分為膠囊、口服液、顆粒衝劑、片丸劑、注射液幾大類。

　　2013年公司年度報告中，在董事會報告部分討論公司當年經營狀況時披露如下重要信息：

表12-1　　　　　　　　　主營業務分行業情況　　　　　　　　　單位：元

分行業	營業收入	營業成本	毛利率(%)	營業收入比上年增減(%)	營業成本比上年增減(%)	毛利率比上年增減(%)
醫藥工業	2,225,817,208	560,410,408	74.82	17.23	18.89	-0.35

表12-2　　　　　　　　主營業務產品成本結構表　　　　　　　　單位：元

	產品成本構成項目	本期金額	本期占總成本比例(%)	上年同期金額	上年同期占總成本(%)	本期金額較上年同期末變動比例(%)
主營業務成本	原材料	278,359,308	55.21	227,082,887	48.22	22.60
	包裝物	34,064,997	6.76	28,935,075	6.15	17.73
	燃料及動力	36,245,138	7.19	37,471,743	7.96	-3.27
	工資及福利費	26,444,391	5.24	22,000,237	4.67	20.20
	製造費用	129,111,167	25.60	155,405,332	33.00	-16.92
	合　　計	504,261,001	100	470,895,274	100	33,365,727

問題：該公司 2013 年產品成本比收入增加更快的原因？
該公司總體毛利率高？為什麼？

學習目標：

　　成本報表是綜合性反應企業一定時期內總成本和單位成本狀況的書面總結性文件，為企業成本規劃與控制分析提供直接的信息。按照國際慣例，由於成本信息是商業秘密範疇，企業對外不需要披露成本信息，企業會計準則中也不對成本報表做統一規定。

　　作為服務於內部規劃與控制使用的成本報表，種類與具體格式從理論上講都應由企業自行決定。但是由於長期習慣和行業管理需要，在許多行業仍然要匯總成本指標和相關成本信息，便於做行業內部的規劃與控制。因此，不管是基於行業管理還是企業內部管理，仍然需要編製格式基本一致的成本報表。各行業成本報表內容與格式有一定差異。製造業常用的成本報表有商品產品成本表、主要產品單位成本表、製造費用預算表等。

　　成本分析是將企業實際成本與計劃成本相比較，揭示實際成本與計劃成本的差異，並對差異進行分析，查明原因，提出改進措施，達到降低成本目的的一項成本管理工作。成本分析主要包括商品產定品總成本分析和主要產品單位成本分析兩大部分。成本分析的方法主要有比較法、連鎖替代法、差量分析法、比率分析法等。

　　在學習本章的過程中應當注意：
1. 市場經濟下企業為什麼還需要編製成本報表，編製哪些成本報表。
2. 瞭解商品產品成本表的基本結構，掌握其編製具體的方法。
3. 瞭解主要產品單位成本表結構，掌握其編製的具體方法。
4. 熟悉商品產品成本表分析的基本內容，掌握全部商品產品總成本計劃完成情況分析的方法，理解可比產品成本分析的原理與方法。
5. 熟悉主要產品單位成本分析的內容，掌握主要產品單位成本分析的方法。

本章難點提示：

　　1. 怎樣理解商品產品成本表的結構與用途，以及它與主要產品單位成本表之間的關係。

　　2. 可比產品成本降低額與降低率的計算，以及可比產品成本計劃完成情況分析。

第一節　成本報表種類、特徵與編製要求

一、編製成本報表的意義

　　成本報表是用以反應企業生產費用與產品成本構成及其升降變動情況，以考核

各項費用與生產成本計劃執行結果的會計報告性文件，是企業會計報表體系的重要組成部分。成本報表從實質上看，它是企業內部成本管理的報表，是為企業內部管理需要而編製，對加強成本管理，提高經濟效益有著重要的作用。

（1）可以綜合反應報告期內的產品成本。產品成本是反應企業生產經營各方面工作質量的一項綜合性指標。也就是說，企業的供、產、銷的各個環節的經營管理水平，最終都直接、間接地反應到產品成本中來，通過成本報表資料，能夠及時發現在生產、技術、質量和管理等方面取得的成績和存在問題。

（2）可以評價和考核各成本環節成本管理的業績。實踐中，管理層利用成本報表上所提供的資料，經過有關指標計算、對比，可以明確各有關部門和人員在執行成本計劃、費用預算過程中的成績與差距，以便總結工作的經驗和教訓，獎勵先進，鞭策後進，調動廣大職工的積極性，為全面完成和超額完成企業成本費用計劃預算而努力奮鬥。

（3）可以利用成本資料進行成本分析。通過成本報表資料的分析，可以揭示成本差異對產品成本升降的影響程度以及發現產生差異的原因和責任，從而可以有針對性地採取措施，把注意力放在解決那些屬於不正常的、對成本有重要影響的關鍵性差異上，這樣對於加強日常成本的控制和管理就有了明確的目標。

（4）成本報表資料可以為制訂成本計劃提供依據。任何企業要制訂成本計劃，必須明確成本計劃目標。這個目標是建立在報告年度產品成本實際水平的基礎上，結合報告年度成本計劃執行的情況，考慮計劃年度中可能變化的有利因素和不利因素，來制訂新年度的成本計劃。所以，本期成本報表所提供的資料是制定下期成本計劃的重要參考資料。同時，管理部門也根據成本報表資料來對未來時期的成本進行預測，為企業制定正確的經營決策和加強成本控制與管理提供必要的依據。

二、成本報表的種類

成本報表主要是為了滿足企業內部經營管理需要編製的對內報表，因此，從報表的種類、格式、編製報表項目、編製方法、報送時間、報送對象等，國家都沒有統一規定，而是由企業根據自身生產經營過程的特點和內部成本控制需要設置的，並隨著生產經營環境條件，企業組織機構改變，以及管理要求提高適時進行修改調整。

（一）成本報表按照反應的內容分類

根據成本報表歸集對象反應的內部在成本管理中的用途不同，可以分為反應成本結構與水平的報表，反應費用發生規模與結構的報表，以及專項成本管理的報表。

1. 反應成本結構與水平的報表

這類報表主要是反應報告期內企業各種產品、服務的實際成本水平與結構，通過本期實際成本與前期平均成本、與本期計劃成本對比，瞭解企業成本發展水平和變動趨勢，考察成本計劃完成情況，為深入分析成本升降原因提供線索與路徑。這類成本報表主要包括：

（1）商品產品成本表；

（2）主要產品單位成本表。

2. 反應企業費用發生情況的報表

這類報表主要是反應企業在報告期內某些費用支出總額與結構的報表。通過此類報表可以分析費用支出合理性及其變動趨勢，有利於費用預算編製與考核。這類報表主要包括：

（1）製造費用明細表；
（2）管理費用明細表；
（3）銷售費用明細表；
（4）財務費用明細表。

3. 用於專項成本管理的報表

這類報表主要反映報告期內某些專項成本、費用發生的具體情況，是為了滿足專項成本管理而專門設置的成本報表，不一定每個企業都實施。比如，有些企業在搞質量成本專項活動，管理上為了反應產品或服務的質量成本發生情況，需設置質量成本專項報表。

（二）成本報表按編製時間分類

成本報表根據企業內部管理上的要求，按照編製的時間，一般可以分為月報、季報、年報。但對內部管理的特殊需要，也可以按日、按旬、按周，甚至按工作班來編報，目的在於滿足日常、臨時、特殊任務的需要，使成本報表資料及時服務於生產經營的全過程。

（三）成本報表按其編製範圍分類

成本報表按照編製的範圍可以分為工廠成本報表、分廠（部）成本報表、車間成本報表、班組成本報表等。一般來說，商品產品成本表、主要產品單位成本表、三個期間費用明細表都是全廠成本報表，製造費用明細表既可以是全廠成本報表，也可以是車間、部門的成本報表。

三、成本報表的特點

成本報表與財務報表相比較，有以下幾個特徵：

（1）服務於企業內部管理。在市場經濟下，成本報表主要為企業內部管理服務，滿足企業管理層、成本控制者對成本信息的需求，有利於觀察、分析、考核成本的動態，有利於控制計劃成本目標的實現，也有利於預測工作。

（2）報表內容靈活。財務報表的內容，由國家統一規定，強調完整性。內部成本報表主要是圍繞著成本管理需要反應的內容，沒有明確規定一個統一的內容和範圍，不強調成本報告內容的完整性，往往從管理出發對某一問題或某一側面進行重點反應，揭示差異，找出原因，分清責任。因此，內部成本報表的成本指標可以是多樣化，以適應不同使用者和不同管理目的對成本信息的需求，使內部成本報表真正為企業成本管理服務。

（3）報表適應性強。財務報表格式與內容都由國家統一規定，企業不能隨意改動。而內部成本報表的格式是隨著反應的具體內容，可以自己設計，允許不同內容

可以有不同格式，同一內容在不同時期也可以有不同格式。總之，只要有利於為企業成本管理服務，可以擬訂不同報表格式進行反應和服務。

（4）報表的不定時性。財務報表一般都是定期的編製和報送，並規定在一定時間內必須報送。而內部成本報表主要是為企業內部成本管理服務，所以，內部成本報表可以根據內部管理的需要適時地、不定期地進行編製，使成本報表及時地反應和反饋成本信息，揭示存在的問題，促使有關部門和人員及時採取措施，改進工作，提高服務效率，控制費用的發生，達到節約的目的。

（5）報表報送體系差異性。對外財務報表一般是按規定時間編報的，主要是報送股東、財政、稅務、銀行和主管部門。而內部成本報表是根據企業生產經營組織體系逐級上報，或者是為解決某一特定問題的權責範圍內進行傳遞，使有關部門和成本責任者及時掌握成本計劃目標執行的情況，揭示差異，查找原因和責任，評價內部環節和人員的業績。

四、編製成本報表的基本要求

為了充分發揮成本報表在加強企業內部經營管理、提高經濟效益中的重要作用，在具體編製報表時，應做到數字真實、計算正確、內容完整、編報及時，以提供真實、可靠的成本資料。

（1）數字真實。數字真實是指編製成本報表時必須客觀、如實地反應企業的費用、成本水平，報表內容所提供的各項指標必須真實、可靠。這要求企業在編製成本報表之前必須將所有有關成本的經濟業務登記入帳，做到先結帳後編表，不得為趕編報表而提前結帳；要進行財產清查，核對帳目，做到帳實相符、帳帳相符，以保證成本資料的真實、可靠，不得以估計數字編表；要保證報表內有關指標的一致性，做到表表相符，嚴禁弄虛作假，不得人為改動報表中的數字。總之，報表所提供的數據資料必須客觀、真實地反應企業生產經營的實際情況。

（2）計算正確。計算正確是指在編製成本報表的過程中，表內各項指標數據的計算必須準確無誤，不得出現計算、書寫錯誤。如果成本報表在填列過程中產生錯誤，或者帳、證等資料中出現計算錯誤，則據以編製的報表同樣不準確，也就不能客觀、真實地反應企業在一定時期內的費用、成本水平。

（3）內容完整。內容完整是指在編製成本報表時，報表種類必須齊全，表內的指標、項目、報表附註資料必須填列完整，不得少填漏填，任意取捨。但是，也要注意報表內容的實用性，注意指標項目的簡化，不拘泥於形式。

（4）編報及時。編報及時是指企業應按規定的時間編製並報送各種成本報表，及時進行成本信息資料的傳遞、反饋；否則時過境遷，即使指標非常準確，也將因此而喪失其應有的作用。

五、編製成本報表的依據

成本報表在編製過程中，涉及企業財務部門、統計部門、生產計劃部門等職能部門，還涉及各生產車間、班組等，需要在以下資料的基礎上，按照一定組織體系

具體完成其編製匯總工作,並報送相關管理層和部門。一般來說,編製成本報表的主要依據有:

(1) 報告期的成本帳簿資料;
(2) 本期成本計劃及費用預算等資料;
(3) 以前年度的成本報表資料;
(4) 企業有關的統計資料和其他資料等;
(5) 收集同行業代表性企業的成本信息資料。

第二節　成本報表編製

一、商品產品成本表的編製

商品產品成本表是反應企業在報告期內生產的全部商品產品的總成本及各種主要商品產品的單位成本和總成本的報表。

企業管理層使用商品產品成本表,可以考核全部商品產品和各種主要商品產品成本計劃的執行結果,對商品產品成本節約或超支情況進行評價;可以考核可比產品成本降低計劃的執行結果,計算各種因素對計劃執行結果的影響程度,分析其中有利的因素和不利的因素,挖掘進一步降低產品成本的潛力,探索降低成本的途徑和方法。

(一) 商品產品成本表結構和內容

商品產品成本表是反應企業在一定時期內生產商品產品而發生的全部成本費用的報表。該報表可以按產品別設計,也可以按產品成本構成(項目)設計。

1. 按產品別反應的商品產品成本表的結構與內容

按產品別反應的商品產品成本表的結構包括表首、基本部分(正表)和補充資料三大部分。其內容與格式參見表 12-3。

(1)「表首」部分,主要列示報表名稱、編報單位、編報時間、計量單位、報表的編號等。

(2)「基本部分」(正表),列示企業在一定時期內生產的全部商品產品的總成本及各種主要產品的單位成本資料。其中,「全部商品產品」包括企業生產的可比產品和不可比產品。所謂可比產品,是指企業過去正式生產過的產品;所謂不可比產品,是指企業本年度初次生產的新產品,或者雖非初次生產,但以前僅屬試製而未正式投產的產品。

(3) 補充資料部分主要有兩項成本降低指標:一個是可比產品成本降低額;另一個是可比產品成本降低率。這兩項指標都反應其計劃數和實際數。

表 12-3　　　　　　　商品產品成本表（按產品類別反應）

編製單位：××企業　　　　　　　201×年12月　　　　　　　　單位：元

產品名稱	規格	計量單位	實際產量 本月	實際產量 本年累計	單位成本 上年實際平均	單位成本 本年計劃	單位成本 本月實際	本年累計實際平均	本月總成本 按上年實際平均單位成本計算	本月總成本 按本年計劃單位成本計算	本月總成本 本月實際	本年累計總成本 按上年實際平均單位成本計算	本年累計總成本 按本年計劃單位成本計算	本年累計總成本 本年實際
			①	②	③	④	⑤=⑨÷①	⑥=⑫÷②	⑦=①×③	⑧=①×④	⑨	⑩=②×③	⑪=②×④	⑫
可比產品合計									19,400	19,100	18,850	270,000	266,000	269,400
其中：甲產品	略	件	50	500	84	82	83	81	4,200	4,100	4,150	42,000	41,000	40,500
乙產品		件	20	300	760	750	735	763	15,200	15,000	14,700	228,000	225,000	228,900
不可比產品合計									2,110	2,119		23,550	23,780
其中：丙產品		件	8	70		125	128	126		1,000	1,024		8,750	8,820
丁產品		件	3	40		370	365	374		1,110	1,095		14,800	14,960
全部商品產品										21,210	20,969		289,550	293,180

補充資料：①可比產品成本實際降低額 600，計劃降低額 2,800。
　　　　　②可比產品成本實際降低率 0.22%，計劃降低率 1.51%。

2. 按成本項目反應的商品產品成本表的結構與內容

按成本項目匯總反應企業在一定時期內生產的全部商品產品成本，可以揭示企業在一定會計報告期內產品成本結構的全貌和各成本項目在全部成本中的比重，有利於按成本構成分析全部商品產品成本計劃的執行情況，瞭解產品成本升降的原因，挖掘降低成本的潛力。

該表的基本結構是按成本項目列示商品產品總成本，並按上年實際數、本年計劃數、本月實際數和本年累計數分欄反應。其內容與格式參見表12-4。

表 12-4　　　　　商品產品成本表（按成本項目反應）　　　　　單位：元

成本項目	上年實際	本年計劃	本月實際	本年累計
直接材料	146,300	144,900	10,485	146,590
直接人工	58,500	57,956	4,190	58,636
製造費用	87,780	86,924	6,294	87,954
合計	292,580	289,780	20,969	293,180

（二）商品產品成本表的編製方法

1. 按產品別反應的商品產品成本表的編製

為了充分發揮商品產品成本表的作用，應按照有關規定正確填報該表。在編製該表時，不得將本屬於可比產品的費用轉作不可比產品成本，以確保商品產品成本表的真實、準確。同時，該表中商品產品的品種，應按企業內部主管部門的有關規定填列，不得隨意變更。

商品產品成本表基本部分（正表）各有關項目的具體填列方法如下：

（1）實際產量（第1、2欄）反應本月和從年初起至本月末止各種商品產品的累計實際產量。本欄目應根據報告期的成本計算單或產成品明細帳的資料計算填列。

（2）單位成本（第3、4、5、6欄）反應各種主要商品產品的上年實際平均、本年計劃單位成本、本月實際單位成本和本年累計實際平均單位成本。其中：

上年實際平均單位成本（第3欄）反應各種可比產品的上年實際平均單位成本，應根據上年度的商品產品成本表所列各種可比產品的全年實際平均單位成本資料填列；

本年計劃單位成本（第4欄）反應各種主要商品產品的本年計劃單位成本，應根據本年度成本計劃的有關資料填列；

本月實際單位成本（第5欄）反應本月有關主要商品產品的實際單位成本，應根據本月各主要產品成本計算單或產品成本明細帳的實際單位成本填列，也可以根據本月實際總成本（第9欄）除以本月實際產量（第1欄）計算填列；

本年累計實際平均單位成本（第6欄）反應企業從年初起至本月末止的累計實際平均單位成本，應根據本年累計實際總成本（第12欄）的資料除以本年累計實際產量（第2欄）計算填列。

（3）本月總成本（第7、8、9欄），反應各種主要商品產品本月實際產量的上年實際平均成本、本年計劃成本和本月實際總成本。

按上年實際平均單位成本（第3欄）和本月實際產量（第1欄）計算的本月總成本（第7欄）。即：

本月總成本＝上年實際平均單位成本×本月實際產量

按本年計劃單位成本（第4欄）和本月實際產量（第1欄）計算的本月總成本。即：

本月總成本＝本年計劃單位成本×本月實際產量

本月實際總成本（第9欄）根據本月實際產量（第1欄）和本月實際單位成本（第5欄）計算填列，也可以根據本月產品成本計算單的有關資料填列。

（4）本年累計總成本（第10、11、12欄）反應企業生產的各種主要商品產品本年累計實際產量的上年實際成本、本年計劃成本和本年累計實際總成本。

按上年實際平均單位成本（第3欄）和本年累計實際產量（第2欄）計算的本年累計總成本（第10欄）。即：

本年累計總成本＝上年實際平均單位成本×本年累計實際產量

按本年計劃單位成本（第4欄）和本年累計實際產量（第2欄）計算的本年累計總成本（第11欄）。即：

本年累計總成本＝本年計劃單位成本×本年累計實際產量

按本年累計實際平均單位成本（第6欄）和本年累計實際產量（第2欄）計算的本年累計總成本（第12欄），應根據本表第2欄和第6欄計算填列。即：

本年累計總成本＝本年累計實際平均單位成本×本年累計實際產量

商品產品成本表補充資料有關項目的計算填列方法如下：

「可比產品成本降低額」和「可比產品成本降低率」反應企業截至本月可比產

品成本降低計劃的實際完成情況。其計算公式如下：

可比產品成本降低額＝可比產品按上年實際平均單位成本計算的本年累計總成本（第10欄）－可比產品本年累計實際總成本（第12欄）

可比產品成本降低率＝可比產品成本降低額÷可比產品按上年實際平均單位成本計算的累計總成本×100%

例如，表12-3中的可比產品成本降低額和降低率的計算如下：

可比產品成本降低額＝270,000－269,400＝600（元）

可比產品成本降低率＝600÷270,000×100%＝0.22%

其中，可比產品成本降低率的計劃數，應根據企業內部主管部門下達的降低率指標填列。

2. 按成本項目反應的商品產品成本表的編製

按成本項目反應的商品產品成本表的編製相對於按產品別反應的商品產品成本表的編製要簡單一些。具體方法是：

(1)「上年實際」成本欄應按照該表上年「本年實際」成本欄填製；

(2)「本年計劃」成本欄應按照企業本年度成本計劃中的有關數據填製；

(3)「本月實際」成本欄應按照本月基本生產明細帳即產品成本計算單中有關完工入庫產品成本構成數字填列；

(4)「本年累計」成本欄應根據上月「本年累計」成本欄的數字加上本月「本月實際」成本欄的數字填列。

商品產品成本表是企業成本報表體系中的一種主要報表。利用商品產品成本表可以分析全部商品產品成本計劃的完成情況，可比產品成本降低計劃的完成情況，以及企業成本結構變動趨勢和方向，以便企業採取措施，努力降低產品成本。關於商品產品成本表的分析和利用，將在第十三章「成本分析與評價」中具體講述。

二、主要產品單位成本表的編製

主要產品單位成本表是反應企業在報告期內生產的各種主要產品單位成本構成情況的報表。該表應按主要產品分別編製。該表是對商品產品成本表所列主要產品成本的補充說明。

企業管理層通過主要產品單位成本表，可以分析和考核主要產品單位成本計劃的執行結果，分析主要產品單位成本升降的具體原因；可以按照成本項目將本月實際和本年累計實際平均單位成本與上年實際平均、歷史上先進的單位成本進行對比，瞭解企業核心產品與上年平均和歷史先進水平之間的差距；可以分析和考核主要產品的主要技術經濟指標的執行情況；可以為修訂各種消耗定額，編製下一期主要產品單位成本計劃提供參考資料。

(一) 主要產品單位成本表的結構和內容

主要產品單位成本表分為表首、基本部分（正表）和補充資料三大部分，如表12-5所示。

表首部分主要列示報表名稱、編製單位、編報時間，以及主要產品名稱、規格、

計量單位、銷售單價、本月實際產量和本年實際產量等資料。

基本部分（正表）主要按成本項目反應各種主要產品單位成本的構成和水平，以及主要經濟技術指標的完成情況。

補充資料部分提供主要產品的合格率資料。

主要產品單位成本表實質上是對商品產品成本表中主要產品「單位成本」欄的補充說明，以更加完整地反應產品單位成本狀況。

表 12-5　　　　　　　　　　　主要產品單位成本表

編製單位：××企業　　　　　201×年12月　　　　　　　計量單位：元
產品名稱：甲產品　　　　　　　　　　　　　　　　　　規格：
計量單位：件　　　　　　　　　　　　　　　　　　　　單位售價：96
本月實際產量：50　　　　　　　　　　　　　　　　　　本年累計產量：500

成本項目	行次	歷史先進水平 19××年	上年實際平均	本年計劃	本月實際	本年累計實際平均
直接材料	1	40	44	43	44	41
直接人工	2	21	22	22	22	23
製造費用	3	20	18	17	17	17
產品生產成本	4	81	84	82	83	81
主要經濟技術指標	計量單位	耗用量	耗用量	耗用量	耗用量	耗用量
A 材料	千克	24	29	28	27	30
B 材料	千克	35	38	36	38	39

補充資料

項　目	上年實際	本年實際
1. 可以出售的不合格品產量		
2. 不合格品的百分比	%	%

（二）主要產品單位成本表的編製方法

1. 表首有關項目的填列

（1）「產品名稱」是指主要產品的名稱。所謂主要產品，是指企業經常生產且在全部產品中所占比重較大，能從主要方面反應企業生產經營面貌的那些產品。

（2）「本月實際產量」反應企業本月生產的各種主要產品的合格品的產量，不包括可以出售的不合格品的產量。本欄目應根據產品成本計算單填列。

（3）「本年累計實際產量」反應自年初至本月止的累計實際產量。本欄目應根據產品成本計算單計算填列。

2. 基本部分（正表）有關項目的填列

（1）「成本項目」應按有關制度規定的項目填列。現行制度規定的成本項目一般包括「直接材料」「直接人工」和「製造費用」三項。

（2）「歷史先進水平」是指企業歷史上同種產品單位成本最低的實際平均成本

水平，應根據本企業同種產品單位成本最低的有關資料按成本項目分別填列。

（3）「上年實際平均」是指企業上年實際平均單位成本水平，應根據企業上年度本表的有關資料填列。

（4）「本年計劃」應根據企業本年度單位成本計劃填列。

（5）「本月實際」是指企業本月生產的各種主要產品的實際單位成本水平，應根據企業本月產品成本計算單的有關資料填列。

（6）「本年累計實際平均」是指截至本月各種主要產品的實際平均單位成本，應根據自年初至本月止的完工產品成本計算單的有關資料加權平均計算後填列。

本年累計實際平均單位成本＝本年累計實際總成本÷本年累計實際產量

主要經濟技術指標應根據有關規定和統計資料填列。

3. 補充資料有關指標的計算填列

（1）「可以出售的不合格品產量」由於在會計核算上仍包括在商品產品範圍內，因而應作為補充資料單獨反應。該指標應根據產品成本計算單的有關資料計算填列，並加上自年初至本月止的累計實際產量。

（2）「不合格品的百分比」反應企業所生產的不合格品的比例，它從另一個角度反應企業產品的合格率。該指標根據不合格品的產量除以該種產品的產量計算得出。

利用主要產品單位成本表，可以分析、考核企業生產的主要產品單位成本計劃的完成情況，比較各種主要產品成本構成和成本水平，查明產品成本升降的原因。關於主要產品單位成本表的分析內容與方法，將在第十三章「成本分析與評價」中具體討論。

三、製造費用明細表的編製

製造費用明細表是反應企業在報告期內製造費用發生總額及各項費用明細數額的一種成本報表。

通過編製製造費用明細表，可以考核製造費用計劃的執行結果，可以分析各項費用的構成情況和增減變動原因，可以為編製下期製造費用預算提供可靠的參考資料。

（一）製造費用明細表的結構

製造費用明細表的結構分為表頭和基本部分（正表）。表頭主要列示報表名稱、編製單位、編報時間及計量單位等報表的基本要素，基本部分反應各項製造費用的「本年計劃數」「上年同期實際數」及「本年累計實際數」。製造費用明細表的內容與格式參見表12-6。

表 12-6　　　　　　　　　　　製造費用明細表

編製單位：　　　　　　　　　201×年×月　　　　　　　　　計量單位：元

項目	行次	本年計劃數	上年同期實際數	本年累計實際數
工資	1			
福利費	2			
折舊費	3			
修理費	4			
辦公費	5			
水電費	6	（略）	（略）	（略）
運輸費	7			
保險費	8			
消耗材料	9			
其他	10			
合　計				

（二）製造費用明細表的編製

製造費用明細表按製造費用項目分別反應該費用的本年計劃數、上年同期實際數和本年累計實際數。其中：「上年同期實際數」應根據上年該表的數字填列；「本年計劃數」應根據本年度報審後的「製造費用計劃（預算）」填列；「本年累計實際數」反應本年製造費用的累計發生數額，應根據「製造費用明細帳」的記錄資料計算填列。

通過編製「製造費用明細表」可以分析製造費用計劃的執行情況，以及各個費用項目的增減變動情況，便於企業對增減變動幅度較大的項目進行深入分析，並採取相應措施，力求節約支出，降低產品成本。

第三節　成本分析內容、程序與方法

成本分析與評價在企業的日常管理中起著十分重要的作用，通過成本分析與評價，不僅可以檢查成本計劃的完成情況，還可以為下期編製成本計劃提供信息。

一、成本分析的內容

成本分析是指將企業的實際成本與計劃成本（或標準成本）相比較，揭示實際成本與計劃成本（或標準成本）的差異，並對差異進行分析，查明原因，提出改進措施，達到降低成本目的的一種成本管理工作。

成本分析的內容主要包括商品產品總成本分析和主要產品產品單位成本分析兩大部分。從商品產品總成本分析來看，主要包括商品產品總成本計劃完成情況分析、影響商品產品總成本升降的客觀因素分析、可比產品成本分析。

從產品單位成本分析來看，主要包括產品單位成本計劃完成情況分析、產品單

位成本項目分析等內容。

成本分析是一項深入細緻的管理工作。為了保證這一工作的順利進行，使分析結果能夠恰如其分地反應成本管理的實際情況，所提出的建議、措施對改進企業工作富有成效。開展成本分析時應注意以下問題：

(1) 把事前預測分析、事中控制分析和事後核查分析結合起來，實行全時序成本分析；把產品投產前的設計、工藝的確定以及生產過程中各環節的成本分析結合起來，實行全過程成本分析；把專職分析和群眾分析結合起來，實行全員成本分析。

(2) 把定量分析和定性分析結合起來，既不能以純粹的數學計算代替經濟分析，又不能毫無根據地憑主觀想像做出結論。只有在定量分析的基礎上進行科學的定性分析，才能得出正確結論。

(3) 遵循例外管理和目標管理的原則。成本分析一定要有目標，它是分析的標準和評價的依據。重點抓住對成本影響較大的項目進行分析，貫徹例外管理的原則，才能收到事半功倍的效果。

二、成本分析的程序

企業管理上進行成本分析，一般應遵循下列程序：

(1) 掌握情況，擬定分析提綱。首先必須全面瞭解情況，分析所依據的資料，如計劃和核算資料、實際情況的調查研究資料、企業歷史資料以及同類企業的先進水平資料等。同時，應明確分析的要求、範圍，結合所掌握的情況，擬定分析內容和步驟，逐步實施。

(2) 研究比較，揭示差距。根據分析的目的，將有關指標的實際數與計劃數或同類型企業的數據相比較。其中，實際數與計劃數的比較是最重要的，可據以初步評價企業工作，指出進一步分析的重點和方向。

(3) 分析原因，挖掘潛力，提出措施，改進工作。查明影響計劃完成的原因，才能提出改進措施。影響計劃完成的原因是多方面的、相互聯繫的，要採用一定的方法，瞭解有關因素的各自影響，並找出主要因素。在分析了影響計劃完成的因素之後，應初步明確哪些環節還有潛力可挖。要根據實際情況，提出挖掘潛力的措施並落實到有關崗位，使企業的生產經營工作不斷得到改進。

上述程序即所謂的「明情況，找差距，查原因，提措施」。其中，以第二步和第三步最為重要，必須使用專門的方法計算並取得正確數據。

三、成本分析的方法

企業進行成本分析的方法很多，具體採用哪一種方法取決於成本分析目的、成本管理要求，以及分析者收集掌握的資料，依據成本形成過程與特點進行。也就是說，分析方法必須切合所分析的內容、特點和要求。

企業進行成本分析時採用的方法主要有以下幾種：

(一) 比較法

比較法是分析的基本方法。有比較才有鑑別，才有發展。通常利用當期同一指

標的計劃數與實際數相比較，檢查計劃完成情況；本期實際數與上期或企業歷史上最好時期的數據相比較，瞭解企業工作的改進情況；本企業與先進企業的同一指標相比較，明確本企業的水平，找出客觀存在的差距，指明挖掘潛力的方向。

需要注意的是，比較法必須重視指標的可比性。只有口徑相同，進行比較才有意義。

(二) 連鎖替代法

這是用以測定一個經濟指標的各個因素影響計劃完成情況的一種方法，也稱為簡易的因素分析法或因素替換法。其計算程序為：以計劃指標各個因素的計算式為基礎，依次將各因素替代為實際數（每次只能替代一個因素），替代後計算式的乘積與替代前計算式乘積的差額，就是所替代因素對計劃指標完成情況的影響數額，各因素影響數額的綜合結果，就是該項指標計劃數與實際數的差額。

我們以材料費用為例，說明連鎖替代法的運用。比如，某企業材料費用的有關資料如表 12-7 所示。

表 12-7　　　　　　　　材料費用的計劃數和實際數資料

項 目	計量單位	計劃數	實際數
產品產量	件	1,000	1,200
單位產品的材料用量	千克	20	18
材料單價	元	4	5
材料費用總額	元	80,000	108,000

從上述資料中可以看出，影響材料費用總額變動的因素有三個：產品產量、單位產品的材料用量和材料單價。它們之間的關係可以用下列公式表示：

材料費用總額＝產品產量×單位產品的材料用量×材料單價

利用這個公式逐項替代和測定各因素的影響，就可以較為清楚地看到材料費用總額以及實際數多出計劃數的 28,000 元是怎樣形成的。其計算過程如下：

(1) 計劃數　　　　　　　　　　　　　　　　　(2) − (1)
1,000×20×4＝80,000（元）　　　　　　　　　　+16,000（元）
（產量影響）

(2) 替代產量　　　　　　　　　　　　　　　　(3) − (2)
1,200×20×4＝96,000（元）　　　　　　　　　　−9,600（元）
（單耗影響）

(3) 替代單耗　　　　　　　　　　　　　　　　(4) − (3)
1,200×18×4＝86,400（元）　　　　　　　　　　+21,600（元）
（單價影響）

(4) 替代單價
1,200×18×5 元＝108,000（元）

綜合結果　　　　　　　　　　　　　　　　　　+28,000（元）

通過上述計算可以明確：材料費用總額超支的主要原因是材料單價升高；單位耗用量減少是生產工作的成績；產量增加從而增加材料耗用量屬於正常現象，不能視為費用超支。

採用連鎖替代法，在計算上並不困難，比較困難的是因素排列順序即替代順序的確定。兩項因素就有兩種排列順序，因素越多，排列順序就越多，每一種排列順序的綜合結果與該項指標的計劃數和實際數總的差額一致。但是，排列順序不同，替代的順序不同，所得出的各個因素的影響數額就不同。因此，確定因素的排列順序，是連鎖替代法所要解決的重要問題。

一般來說，因素的排列順序為：先數量因素後質量因素，先實物指標後價值指標，先基本因素後從屬因素。

（三）差量分析法

差量分析法是利用某因素實際數與標準數之間的差量直接計算各因素變動對經濟指標差異的影響程度和方向的方法。它的計算程序是：首先確定各因素實際數與標準數之間的差量，然後在該差量的前面乘以有關因素的實際數，在該差量的後面乘以有關因素的標準數，就可以得到各因素的影響數額。

仍沿用前例的資料，可以得到：

產量影響＝（1,200－1,000）×20×4＝＋16,000（元）
單耗影響＝1,200×（18－20）×4＝－9,600（元）
單價影響＝1,200×18×（5－4）＝＋21,600（元）
_____
綜合結果　　　　　　　　＋28,000（元）

從上述計算可知，差量分析法實質上是連鎖替代法的簡化形式。其計算原理可以表述為：計算某一因素時，將該因素放在括號裡面，用「實際數減標準數」表示，括號前面的因素用實際數，括號後面的因素用標準數。

（四）比率分析法

比率分析法是利用兩個經濟指標的相關性，通過計算比率來考察和評價企業經營活動效益的一種技術方法。所謂比率，就是一個指標與另一個指標的比率。比率數字計算簡便，並且由於它把兩項指標的絕對數變成了相對數，從而使一些條件不同、不可比的指標成為可比的相對數，拓寬了比較的基礎和比較分析法的應用範圍。比率分析法是經濟分析中廣泛採用的一種方法。

由於分析的內容和要求不同，比率分析法也有不同的表現形式。

（1）相關比率分析。它是將某經濟指標與其他相關但不相同的經濟指標加以比較，計算出比率，以便於從指標之間的相互聯繫出發深入考察該指標的有關情況。例如，將總產值、銷售收入、利潤等指標與成本聯繫起來，計算出產值成本率、銷售成本率、成本利潤率，就可以從不同角度觀察企業成本指標的效益情況。

（2）結構比率分析。它是通過計算某一經濟指標各個組成部分占總體的比重來觀察該經濟指標構成內容及其變化的合理性。例如，通過計算各項生產費用要素在生產費用總額中所占的比重，可以考察生產費用構成的合理性及生產費用的結構效益。

（3）趨勢比率分析。它是將幾個時期同類指標的數字進行對比，求出比率，分析該項指標的增減速度和發展趨勢。趨勢比率的計算可以採取直比和環比兩種方式。所謂直比，是將幾個時期同一指標的數字分別與某一固定時期同類指標的數字進行比較；所謂環比，是在幾個時期內將相鄰兩個時期的同一指標進行比較。

成本分析除了以上方法外，還有許多具有專門用途的方法，如直接法、餘額法、成本性態分析法等，所有這些方法共同構成了成本分析的方法體系。

第四節　商品產品總成本分析

一、商品產品總成本計劃完成情況分析

檢查全部商品產品成本計劃完成情況，是為了對企業成本計劃完成情況進行一般性的瞭解。這是成本分析的第一步，這項工作通常稱為成本分析的總評價。

分析內容包括：商品產品總成本計劃完成情況的檢查和成本計劃完成情況的綜合分析，各成本項目計劃完成情況的綜合考察。通過分析做出初步評價，明確進一步分析的問題。

分析資料主要是成本計劃表和成本報表，當然也要利用有關成本的明細資料。由於成本報表反應的情況比較集中、全面，而且利用成本報表的資料可以減少分析中計算的工作量，因此，對成本進行綜合分析時應多利用成本報表。

【例 12-1】華光機械廠 201×年有關的商品產品成本報表見表 12-8 和表 12-9，該企業商品產品成本計劃表見表 12-10。

表 12-8　　　　　　按產品別計算的商品產品成本表
201×年 12 月 31 日

產品名稱	計量單位	產量 計劃	產量 實際	單位成本（元） 上年實際平均	單位成本（元） 本期計劃	單位成本（元） 本期實際	按實際產量計算的總成本（元） 按上年實際平均單位成本計算	按實際產量計算的總成本（元） 按本期計劃單位成本計算	按實際產量計算的總成本（元） 本期實際成本
可比產品合計							285,000	269,500	269,000
甲產品	件	100	100	1,200	1,100	1,150	120,000	110,000	115,000
乙產品	件	100	110	1,500	1,450	1,400	165,000	159,500	154,000
不可比產品合計								25,000	20,000
丙產品	件	30	25		1,000	800		25,000	20,000
商品產品總成本	—	—	—	—	—	—	285,000	294,500	289,000

補充資料：可比產品成本實際降低率為 5.614%，實際降低額為 16,000 元。

表 12-9　　　　　　　　　按成本項目計算的商品產品成本表
201×年 12 月 31 日

成本項目	按實際產量計算的全部商品產品成本（元）		其中：按實際產量計算的可比產品成本（元）		
	按計劃單位項目成本計算	本期實際	按上年實際平均單位項目成本計算	按計劃單位項目成本計算	本期實際
直接材料	181,000	178,500	174,000	165,000	164,600
直接人工	28,000	28,000	27,000	25,500	25,500
製造費用	85,500	82,500	84,000	79,000	78,900
合計	294,500	289,000	285,000	269,500	269,000

表 12-10　　　　　　　　　商品產品成本計劃表
201×年

產品名稱	計量單位	計劃產量	單位成本（元）		計劃總成本（元）		計劃成本降低指標	
			上年實際平均	本期計劃	按上年實際平均單位成本計算	本期計劃	降低額（元）	降低率（％）
可比產品合計					270,000	255,000	15,000	5.556%
甲產品	件	100	1,200	1,100	120,000	110,000	10,000	8.333%
乙產品	件	100	1,500	1,450	150,000	145,000	5,000	3.333%
不可比產品合計						30,000		
丙產品	件	30		1,000		30,000		
商品產品總成本						285,000		

補充資料：可比產品成本計劃降低率為 5.556%，計劃降低額為 15,000 元。

按成本項目計算的成本計劃表（略去）的格式與表 12-9 相同，數額與表 12-10 相同。

華光機械廠 201×年商品產品成本報表分析的程序和內容分述如下：

（一）商品產品總成本計劃完成情況分析

總成本是一個重要的綜合指標，它從總的方面反應企業在一定時期的費用總額。考察總成本計劃是否完成以及完成程度，需要比較計劃總成本與實際總成本。由於計劃總成本是按計劃產量與計劃單位成本計算的，而實際成本是按實際產量與實際單位成本計算的，因而兩者的差異額既受產量變動的影響，又受單位成本變動的影響。在成本分析中，為了突出成本因素，以單位成本變動的影響來評價商品產品成本計劃完成情況，就需要在總成本中把產量因素固定下來，用實際產量計算成本差異額（率）。用公式表示如下：

$$\text{按實際產量計算的成本差異額} = \sum(\text{實際產量} \times \text{實際單位成本}) - \sum(\text{實際產量} \times \text{計劃單位成本})$$

$$\text{按實際產量計算的成本差異率} = \frac{\text{按實際產量計算的成本差異額}}{\sum(\text{實際產量} \times \text{計劃單位成本})} \times 100\%$$

公式中的有關數據資料可直接取自成本報表。商品產品成本表的各項成本都是以分析期的實際產量計算的，這與上述公式的要求相一致。引用成本報表（見表12-8）中的有關資料計算如下：

表 12-11　　　　　　　　　　　　　　　　　　　　　　　　　　　　單位：元

商品產品名稱	按實際產量計算的總成本	
	按計劃單位成本計算	按實際單位成本計算
全部商品產品總成本	294,500	289,000

將有關資料代入上式，可以得知產品成本有了降低。

降低額 = 289,000 − 294,500 = −5,500（元）

$$\text{降低率} = \frac{-5,500}{294,500} \times 100\% = -1.9\%$$

這說明，按實際產量計算的商品產品總成本計劃已完成，實際總成本占計劃總成本的 98.1%，產品成本有一定程度的降低，共節約 5,500 元，降低幅度為 1.9%。

上面的分析和評價從經濟意義上講實際上是單位成本變動對總成本影響的分析。為了考察商品產品總成本計劃完成情況，需要利用成本計劃表（見表12-10）中的總成本與實際總成本進行比較。成本計劃表中的總成本為 285,000 元，實際總成本為 289,000 元，則商品產品總成本計劃完成情況是超支。

超支額 = 289,000 − 285,000 = +4,000（元）

$$\text{超支率} = \frac{+4,000}{285,000} \times 100\% = +1.4\%$$

這表明該企業商品產品總成本與計劃成本比較不是節約而是超支。聯繫上述單位成本變動對總成本影響的分析，我們知道單位平均成本是節約。由此，可以斷定企業總成本超支是由產量超額完成計劃所致。由於產量增加，總成本也相應地增加，而且增加額大於單位成本的降低額，使得總成本出現超支。這種情況合乎增產節約的要求，從總的方面來說，一般應予以好評。

以上分析說明，考察商品產品總成本計劃完成情況，不能只分析單位成本變動對總成本的影響，還要聯繫產量因素進行綜合分析。評價時，要以增產節約的原則來衡量。

（二）商品產品總成本中客觀因素的影響分析

分析商品產品總成本計劃完成情況，要正確反應企業生產和管理的成績。因此，分析時有必要排除與企業生產和管理無關的客觀因素的影響。

影響企業成本變動的客觀因素是多方面的。就計劃分析的要求來講，大致可以分為兩類：一類是企業制訂計劃時已經考慮到的客觀因素。分析成本計劃完成情況時，可以不考慮這類因素對成本的影響。另一類是企業制訂成本計劃時沒有考慮到的客觀因素。例如，國家產業政策發生重大調整，出口退稅政策改變，稅率發生突然變更等，導致市場物價和原材料價格發生重大變動。由於這類因素是企業無法控

制的，在分析成本計劃完成情況時應排除它們的影響。

【例 12-2】中，如果華光機械廠由於受不可控的宏觀經濟原因導致原材料價格變動，使商品產品總成本增加 4,400 元，則：

（1）排除不可控客觀因素的影響後，商品產品總成本計劃完成情況如下：

降低額 =（289,000-4,400）-285,000=-400（元）

降低率 $=-\dfrac{400}{285,000}\times 100\%=-0.14\%$

（2）排除不可控客觀因素的影響後，按實際產量計算的商品產品總成本計劃完成情況如下：

降低額 =（289,000-4,400）-294,500=-9,900（元）

降低率 $=\dfrac{-9,900}{294,500}\times 100\%=-3.36\%$

以上計算表明，在排除不可控客觀因素的影響後，企業成本計劃完成情況比報表資料所反應的情況要好。

（三）各種產品成本計劃完成情況綜合分析

上面就商品產品總成本進行了分析，知道該企業在剔除不可控因素之後商品產品總成本完成了計劃，但是各種產品成本是否都符合計劃的要求，需要進一步分產品進行分析。

對各種產品成本進行分析時，要注意剔除各種產品中有關客觀因素的影響。

【例 12-3】中，華光機械廠共生產甲、乙、丙三種產品，受不可控因素的影響各產品原材料價格變動如下：

甲產品原材料價格變動使成本增加——+5,100（元）
乙產品原材料價格變動使成本增加——+100（元）
丙產品原材料價格變動使成本減少——-800（元）

合　　計　　　　　　　　　　　　+4,400（元）

根據按產品別編製的成本報表和有關計劃資料，結合客觀因素的變動，可以按產品別編製分析表（見表 12-12）。

表 12-12　　　　　　　　產品成本分析表

產品名稱	計劃總成本（元）	按實際產量計劃單位成本計算的總成本（元）	實際總成本（元）	總差異 金額（元）	總差異 %	其中 產量影響 金額（元）	產量影響 %	其中 單位成本影響 金額（元）	單位成本影響 %
可比產品	255,000	269,500	269,000-5,200=263,800						
甲產品	110,000	110,000	115,000-5,100=109,900	-100	0.1%			-100	-0.1%
乙產品	145,000	159,500	154,000-100=153,900	+8,900	+6.14%	+14,500	+10%	-5,600	-3.86%
不可比產品									
丙產品	30,000	25,000	20,000+800=20,800	-9,200	-30.61%	-5,000	-16.67%	-4,200	-13.94%
商品產品總成本	285,000	294,500	289,000-4,400=284,600	-400	-0.14%	+9,500	+3.33%	-9,900	-3.47%

從表 12-12 中可以看出，在排除客觀因素的影響後，三種產品中，丙產品的節約額最多，共 9,200 元；其次是甲產品，節約額為 100 元；而乙產品超支 8,900 元。但是，不能就此簡單地認為三種產品中丙產品的成本計劃完成得最好，而乙產品的成本計劃完成得最不好，必須分析其體情況，做出評價。

從影響因素來看，丙產品的節約額 9,200 元中，減少產量占 5,000 元，單位成本降低占 4,200 元，這說明丙產品成本的降低主要是因為生產計劃沒有完成，不能認為這種節約是一項好成績。乙產品恰恰相反，其成本超支是由於增產，在增產的同時單位成本亦有較大幅度的降低，符合增產節約的要求，這種超支一般是正常的，應予以好評。甲產品產量剛好完成計劃，單位成本略有降低，成績一般。通過對影響因素的初步分析可知，按產品分析各產品成本計劃完成情況，最好的應是乙產品，其次是甲產品，而丙產品較差。

丙產品雖然產量沒有完成計劃，但單位成本降低的幅度最大，遠遠超過其他兩種產品，對這種情況需要聯繫丙產品單位成本計劃進行檢查。由於丙產品是新產品，其成本降低幅度過大，可能與單位成本計劃偏高有關，需要進一步對該計劃本身進行必要的審查。

（四）成本項目計劃完成情況的綜合分析

除了按產品分析總成本的變動外，還必須從成本項目方面進行分析，以查明節約項目是哪些，超支項目是哪些，節約或超支的主要項目又是哪些，做出初步評價，為進一步按成本項目進行分析提供線索。

從總的方面去分析成本項目的變動情況，其中產量因素的影響在前面已分析過，在進行成本項目分析時不再重複。因此，分析所需要的資料，可以直接引用按產品成本項目編製的報表。分析時，如有客觀因素的影響，應予以排除。運用對比分析法，編製成本項目分析表（見表 12-13）。（如果沒有按產品成本項目編製的報表，可以利用有關成本核算資料進行成本項目匯總。）

表 12-13　　　　　　　　　　產品成本項目分析表

成本項目	全部商品產品成本（元）			可比產品成本（元）			
	計劃數	扣除客觀因素後的實際數	差異 金額	差異 占全部差異的%	計劃數	扣除客觀因素後的實際數	差異 金額	差異 占全部差異的%
直接材料	181,000	174,100	-6,900	-69.70%	165,000	159,400	-5,600	-98.25%
直接人工	28,000	28,000			25,500	25,500	0	
製造費用	85,500	82,500	-3,000	-30.30%	79,000	78,900	-100	-1.75%
合計	294,500	284,600	-9,900	-100%	269,500	263,800	-5,700	-100%

按實際產量計算的商品產品總成本在排除客觀因素的影響後，其實際總成本與計劃成本比較所產生的差異是節約。節約的原因，從成本項目看有直接材料和製造費用的節約，其中主要是直接材料的節約，該節約額占總節約額的 69.70%。而直接材料和製造費用的節約額中，又以可比產品直接材料的節約額為最多，其節約額

占直接材料總節約額的81%。這表明總成本的節約主要是可比產品材料費用的節約,這是企業的成績。

分析至此,對該企業全部商品成本計劃完成情況便有了一個綜合的瞭解:

(1) 商品產品總成本在排除不可控客觀因素的影響後,實際完成計劃。

(2) 取得成績的原因,從產品來看,主要是乙產品,其次是甲產品;從成本項目來看,主要是直接材料的節約。

(3) 在進一步的分析中,要分析丙產品沒有完成生產計劃的原因,以挖掘增產節約的潛力。

二、可比產品成本分析

可比產品是上年度或以前年度正式生產過的產品。由於這類產品以前生產過,企業在降低成本上有一定的經驗,並且有上年成本資料可以進行比較,因此一般在計劃中不僅對可比產品規定了計劃成本,還規定了計劃成本與上年成本相比應降低的任務。為此,在分析中除了對全部產品成本計劃完成情況進行分析外,還需要對可比產品成本降低任務完成情況進行分析。

分析的指標有二,即成本降低額和成本降低率。計算公式如下:

$$\frac{計劃(實際)}{降低額} = \sum \left[\frac{計劃(實際)}{產品產量} \times \frac{計劃(實際)單位}{成本降低額} \right]$$

$$\frac{計劃(實際)}{降低率} = \frac{計劃(實際)降低額}{\sum 計劃(實際)產量 \times 上年單位產品成本} \times 100\%$$

將兩個指標的實際數與計劃數相比較,可以檢查可比產品成本降低任務完成情況。至於完成或沒有完成的原因,需要分析影響降低額和降低率的因素。

(一) 影響降低額的因素

在生產一種產品的情況下,影響降低額的因素有產量和單位成本。產量變動與降低額的變動成正比例關係。單位成本降低額的高低取決於本期單位成本與上年單位成本的差額。由於上年單位成本在分析期內是一個不變的定數,因此,單位成本降低額的變動實際上受本期單位成本的影響。這樣,在生產一種產品的情況下,影響降低額的因素應該是產量與本期單位成本。

在生產多種產品的情況下,影響降低額的因素除了產量和本期單位成本外,還有產品結構。產品結構是指各種產品產量占總產量的比重。它的變動是由各種產品產量的變動引起的。可見產品結構這一因素實際上也是產量因素,只不過這種產量是指各種產品產量。產品結構變動雖然來源於各種產品產量的變動,但各種產品產量的變動不一定引起產品結構發生變動。因為各種產品產量的變動有兩種情況:一種情況是各種產品產量呈等比的變動;另一種情況是各種產品產量呈非等比的變動。只有當各種產品產量呈非等比的變動時才能引起產品結構發生變動。產品結構變動對降低額產生影響,是因為各產品降低率不盡相同的緣故。如果各產品降低率相同,則此時雖產品結構發生變動,但對降低額無影響。

（二）影響降低率的因素

可比產品成本降低率是一個相對數。從計算式來看，它的分子和分母中都有產量因素，而且是一致的，或同為計劃數或同為實際數。從分數的意義上講，產量因素的影響已消除。因此，在生產一種產品時，影響降低率的因素只有本期單位成本；在生產多種產品時，影響降低率的因素除本期單位成本外，還有產品結構因素。這兩個因素影響降低率與降低額的道理基本相同。

我們明確影響降低額和降低率的因素之後，就可以對可比產品成本降低任務完成情況進行因素分析。

【例12-4】我們仍然使用華光機械廠201×年商品產品成本報表（見表12-8、表12-9）中的資料，說明分析的程序和方法如表12-14所示。

表12-14　　　　　　　　　　可比產品成本資料

可比產品名稱	產量（件）		按實際產量計算的總成本（元）		
	計劃	實際	按上年單位成本計算	按計劃單位成本計算	按實際單位成本計算
甲產品	100	100	120,000	110,000	115,000
乙產品	100	110	165,000	159,500	154,000
合　計			285,000	269,500	269,000

可比產品成本降低任務完成情況如下：

計劃降低率為5.556%　計劃降低額為15,000元

實際降低率為5.614%　實際降低額為16,000元

分析對象：實際與計劃的差異

降低額 = 16,000 - 15,000 = +1,000（元）

降低率 = 5.614% - 5.556% = +0.058%

（三）計劃完成差異分析

根據產量、產品結構、單位成本三種因素相互依存的關係，利用連鎖替代法的原理，測定各因素對降低率和降低額的影響，並予以評價。

分析方法主要有兩種：

1. 直接法

此法是根據成本報表（見表12-8）和成本計劃表（見表12-10）中的資料直接計算各因素的變動對成本降低額的影響，因此稱為直接法。

（1）產量變動對成本降低額的影響

產量變動對成本降低額的影響可以用下列公式計算：

$$\text{產量變動對降低額的影響} = \Sigma\left(\text{實際產量} \times \text{上年單位成本} - \text{計劃產量} \times \text{上年單位成本}\right) \times \text{計劃降低率}$$

按上年單位成本計算的計劃總成本為：

甲產品計劃產量 100 件×甲產品上年成本 1,200 元＝120,000（元）
+）乙產品計劃產量 100 件×乙產品上年單位成本 1,500 元＝150,000（元）

計劃總成本　　　　　　　　　　　　　　　　　270,000（元）
按上年單位成本計算的實際總成本為：
甲產品實際產量 100 件×甲產品上年單位成本 1,200 元＝120,000（元）
+）乙產品實際產量 110 件×乙產品上年單位成本 1,500 元＝165,000（元）

實際總成本　　　　　　　　　　　　　　　　　285,000（元）
按計劃降低率 5.556% 計算，產量增加對成本降低額的影響為：
(285,000－270,000)×5.556%＝+833（元）
產量變動不影響成本降低率，故產量增加對成本降低率無影響。
（2）產品結構變動對降低額和降低率的影響
產品結構變動對降低額的影響可以用下列公式計算：

$$\text{產品結構變動對降低額的影響} = \sum \left[\text{按上年單位成本計算的實際總成本} \times \left(\text{各產品實際產品結構} - \text{各產品計劃產品結構} \right) \times \text{各產品計劃降低率} \right]$$

根據前面的計算已知按上年單位成本計算的實際總成本為 285,000 元。由成本計劃表中的資料可知甲產品的計劃降低率為 8.333%，乙產品的計劃降低率為 3.333%。甲、乙兩種產品的實際和計劃產品結構計算如下：

甲產品計劃結構：$\dfrac{120,000}{270,000} \times 100\% = 44.444\%$

乙產品計劃結構：$\dfrac{150,000}{270,000} \times 100\% = 55.556\%$

甲產品實際結構：$\dfrac{120,000}{285,000} \times 100\% = 42.105\%$

乙產品實際結構：$\dfrac{165,000}{285,000} \times 100\% = 57.895\%$

將以上資料代入公式，計算甲、乙兩種產品結構變動對降低額的影響如下：
甲產品：285,000×(42.105%－44.444%)×8.333%＝－555
+）乙產品：285,000×(57.895%－55.556%)×3.333%＝+222

產品結構變動對降低額的影響　　　　　　　　　－333（元）

產品結構變動對降低率的影響 ＝ $\dfrac{-333}{285,000} \times 100\% = -0.117\%$

（3）單位成本變動對降低額和降低率的影響
單位成本變動對降低額的計算可以直接用下列公式計算：

$$\text{單位成本變動對降低額的影響} = \sum \text{實際產量} \times (\text{上年單位成本} - \text{計劃單位成本}) - \sum \text{實際產量} \times (\text{上年單位成本} - \text{實際單位成本})$$

$$= \sum \begin{pmatrix} 實際 \\ 產量 \end{pmatrix} \times \begin{pmatrix} 計劃 \\ 單位成本 \end{pmatrix} - \sum \begin{pmatrix} 實際 \\ 產量 \end{pmatrix} \times \begin{pmatrix} 實際 \\ 單位成本 \end{pmatrix}$$

$$\frac{單位成本變動對}{降低率的影響} = \frac{單位成本變動對降低額的影響}{\sum（實際產量 \times 上年單位成本）} \times 100\%$$

根據成本報表資料，取得成本總額，計算單位成本變動對降低額的影響如下：
單位成本變動對降低額的影響 = 269,500 - 269,000 = +500（元）
已知降低額，則降低率為：

$$單位成本變動對降低率的影響 = \frac{+500}{285,000} \times 100\% = +0.175\%$$

根據以上計算結果，匯總三因素的影響如下：

	降低額	降低率
產量增加	+833	—
產品結構變動	−333	−0.117%
單位成本降低	+500	+0.175%
合　計	+1,000（元）	+0.058%

2. 餘額法

餘額法是指利用全體減去部分等於另一部分的原理測定剩餘因素對差異的影響。它的要求是：計算要正確，否則一步出錯，後面推算出的結果也錯。其程序是：先求出某一個因素或某幾個因素對分析對象的影響，再利用餘額法推出其他因素對分析對象的影響。通常先求出比較容易計算的因素，較複雜的因素用餘額法確定。例如，在上例中可以先求出單位成本這一因素對降低額和降低率的影響，再用餘額求出產品結構和產量變動對降低額和降低率的影響。

【例 12-4】中，我們採用餘額法計算差異如下：
（1）單位成本變動對降低額、降低率的影響
降低額 = 269,500 − 269,000 = +500（元）

$$降低率 = +\frac{500}{285,000} \times 100\% = +0.175\%$$

（2）產品結構變動對降低額、降低率的影響
降低率 = 0.058% − 0.175% = −0.117%
降低額 = 285,000 × (−0.117%) = −333（元）
（3）產量變動對降低額的影響
降低額 = 1,000 − (500 − 333) = +833（元）
分析結果匯總如表 12-15 所示。

表 12-15　　　　　　　　　　因素影響匯總表

影響的因素	對總差異的影響	
	降低額（元）	降低率（％）
產品增加	+833	—
產品結構變動	-333	-0.117
單位成本降低	+500	+0.175
總差異	+1,000	+0.058

分析結果表明，可比產品成本降低任務超額完成。從降低額來看，主要是由於增產，其次是單位成本降低；從降低率來看，主要是由於單位成本降低。分析取得這種成績的原因，還需要對各個因素的變動情況做進一步的考察。

對於單位成本的降低，不僅需要從總的方面去看，還需要瞭解各種產品單位成本是否有所降低。從本例來看，單位產品成本總的來看是降低了，但兩種產品中，乙產品完成了單位成本降低計劃，甲產品則沒有完成，這是總成績下存在的缺點。如果克服這一缺點，單位產品成本還可以降低，說明進一步降低成本還有潛力可挖。在深入分析問題時，首先應著重分析甲產品沒有完成單位成本降低計劃的原因；其次還要注意有無客觀因素的影響，如有，應予以排除，以便正確評價企業生產經營成績。

對於產品結構的變動，要結合產品品種計劃完成情況進行分析和評價。從本例來看，甲產品完成計劃的100％，乙產品完成計劃的110％，二者都完成了計劃。在總產量超額完成的情況下，各種產品產量也完成了計劃，一般應予以好評。但是，同時也應瞭解是否有片面追求成本計劃的完成，而不顧要多生產成本降低率高的產品，少生產成本降低率低的產品的情況。從本例來看，產品結構變動使降低額減少這一事實說明尚無此種情況。

對於產量因素，除了聯繫品種分析外，還需要看質量是否符合要求，增產是否出於滿足市場需要，要從質量和產、供、銷協調方面進行研究。

第五節　主要產品單位成本分析與評價

進行成本分析時，不僅要分析總成本，而且要分析主要產品單位成本。系統地分析單位成本的變動情況，需要研究以下幾個問題：單位產品成本計劃是否完成；單位成本變動的原因；單位成本中項目成本的變動情況；同行業單位成本的對比。下面以一種產品為例，說明單位成本分析的程序和方法。

一、單位產品成本計劃完成情況檢查

【例12-5】華光機械廠生產的甲種產品在不增加人員的情況下，產量由73件增加到100件，單位成本由計劃500元下降到480元。則該企業完成了單位產品成本

計劃。

節約額＝480-500＝-20（元）

降低率＝$\frac{-20}{500} \times 100\% = -4\%$

二、單位成本變動原因分析

單位產品成本以產品總成本除以產品產量來表示。在產品總成本不變的情況下，產量越大，則單位成本越低；在產量不變的情況下，總成本越大，則單位成本越高。各因素之間的相互關係可以用公式表示如下：

某種產品單位成本＝$\frac{總成本}{產品產量}$

產量和總成本變動對單位成本的影響可以利用下式計算：

總成本變動對單位成本的影響＝$\frac{實際總成本}{計劃產量} - \frac{計劃總成本}{計劃產量}$

產量變動對單位成本的影響＝$\frac{實際總成本}{實際產量} - \frac{實際總成本}{計劃產量}$

上案例中華光機械廠甲產品的計劃單位成本為 500 元，實際單位成本為 480 元，計劃總成本為 36,500 元（500×73），實際總成本為 48,000 元（480×100）。單位成本變動原因如下：

總成本增加對單位成本的影響＝$\frac{48,000}{73} - \frac{36,500}{73} = +158$（元）

產量增加對單位成本的影響＝$\frac{48,000}{100} - \frac{48,000}{73} = -178$（元）

單位成本差異　　　　　　　　480-500＝-20（元）

上述計算結果表明，總成本增加雖然使單位成本增加，但產量增加最終使單位成本降低，這說明單位成本的降低主要是由於增產（因為增產相應地使單位產品固定成本有所降低）。至於單位成本中是否還有超支情況，需要進一步對成本項目進行分析。

三、單位成本中的成本項目分析

對單位成本中成本項目進行分析，要利用「主要產品單位成本表」中的資料。為了使所分析的問題更集中，我們把「主要產品單位成本表」的各項目分為料、工、費三類。以甲產品為例，編製單位成本項目分析表如下：

表 12-16　　　　　　　甲產品單位成本項目分析表　　　　　　單位：元

甲產品單位成本項目	計劃數	實際數	超支或節約 金額	%
直接材料	300	336	+36	+12%
直接人工	150	94	−56	−37%
製造費用	50	50	—	—
合　計	500	480	−20	−4%

根據表12-16中的資料可知：

（1）甲產品單位成本比計劃降低4%的主要原因是勞動生產率的提高。這是由於企業增加產量，相應地降低了單位成本中的工資。這說明甲產品單位成本的降低，主要是企業生產水平有所提高的結果。

（2）由於產量比計劃有所增長，單位產品中其他費用（除材料、工資外）也應有一定程度的節約，但單位成本中的「費用」項目並沒有表現出節約。這說明「費用」項目中的某些費用存在超支情況，以致沖抵了增產所帶來的節約額。這就必須進一步對「費用」項目的具體內容進行分析，挖掘降低單位成本的潛力。

通過單位產品成本項目的分析，知道甲產品單位成本比計劃降低4%是增產的主要原因，這是企業的成績。不過，產量雖然有了增加，但企業在節約方面做得比較差，「材料」超支，「費用」未減少，這種情況表明企業可能存在「重增產、輕節約」的傾向。如何正確地對待增產和節約的關係，怎樣實現「增產節約雙豐收」，是關係到企業能否以更小的耗費取得更大的經濟效益的重要問題，也是關係到企業能否更好地完成單位產品成本計劃的重要問題，應具體分析。

四、同行業間產品單位成本的對比分析

在同行業間開展單位成本的對比分析，對於交流經驗，相互學習，找差距，挖潛力，不斷降低單位成本有著重要作用。

進行對比分析時，不僅要與先進單位的成本進行比較，還可以聯繫企業有關計劃指標和企業歷史最好水平指標進行比較。以上述甲產品為例，引用相關資料，分析如下：

表 12-17

指　　標	本企業資料 歷史最好水平	本　年 計劃	本　年 實際	同行業先進指標	差　異 與計劃比	差　異 與歷史最高水平比	差　異 與先進單位比
甲產品單位成本（元）	481	500	480	445	−20	−1	+35

對比分析表明，企業甲產品單位成本與本年計劃相比降低20元，與企業歷史最好水平相比降低1元，但與同行業先進指標相比卻超支35元，說明甲產品還有進一步降低成本的潛力。這一點在項目成本的分析中已經看到，如果甲產品的單位成本

在現有基礎上克服「材料」上的超支和減少「費用」，將比同行業先進水平低。

本章小結：

　　成本報表是企業基於內部規劃與控制分析的需要，在日常成本核算資料和其他相關資料基礎上，用來反應企業在一定時期內總成本和單位成本狀況的總結性書面報告文件。根據成本報表可以分析企業成本計劃完成情況，對企業整個成本管理水平做出分析評價。

　　按照國際慣例，成本報表是對內報表，其種類與格式原則上講都由企業管理層根據內部管理需要決定，不同行業生產經營活動的內容與對象不同，成本報表具體內容與格式有一定差異。就製造業來說，常用的成本報表是商品產品成本表、主要產品單位成本表、製造費用預算表。其中，商品產品成本表是企業的核心成本報表，主要產品單位成本表是對商品產品成本表所列主要產品成本的補充說明。

　　商品產品成本表概括地反應了一個企業在會計報告期內全部商品產品總成本和主要商品產品單位成本狀況的會計報表，報表使用者可以據以對企業整個成本狀況有一個全面瞭解與掌握，可以分析評價成本計劃完成情況，發現成本管理存在的問題。

　　主要產品單位成本表是反應企業在會計報告期內生產的各種主要產品的成本結構和主要經濟技術指標的會計報表，是按照每一種主要產品為對象編製而成的。

　　成本分析是在成本報表和成本計劃資料的基礎上，利用一定技術分析方法，揭示實際成本與計劃成本（或標準成本）的差異，並對差異進行分析，查明原因，提出改進措施，達到降低成本目的的一項成本管理工作。

　　成本分析主要包括兩大方面的內容：一個是商品產品總成本分析；另一個是主要產品單位成本的分析。

　　商品產品總成本分析主要包括商品產品總成本計劃完成情況分析、影響商品產品總成本升降的因素分析、可比產品成本分析三個方面。其中，可比產品成本計劃完成情況的分析相對而言要求的分析技巧要高一些。

　　主要產品單位成本分析包括主要產品單位成本計劃完成情況分析、產品單位成本項目分析等內容。

　　在成本分析中，常用的分析方法有比較分析法、比率分析法、連鎖替代法、差量分析法。比較分析法是最普遍使用的方法。通過比較的方式可以找出差異，然後利用差量分析法或連鎖分析法發現產生差異的原因與因素，為解決差異提供思路與途徑。

本章思考拓展問題：

1. 在市場經濟條件下，企業編製成本報表有什麼作用？請舉例闡述。
2. 相對於企業財務報表，你認為成本報表有哪些特徵？

3. 什麼是可比產品？什麼是主要產品？在會計實務上如何予以確認？
4. 成本報表編製的依據有哪些？請說明如何在實務中怎樣取得這些依據。
5. 你怎樣理解商品產品成本表與主要產品單位成本表的相互關係。
6. 你認為，報告期結束公司 CEO 最關注哪方面成本信息？
7. 簡述成本分析的基本程序。是否每個成本分析的內容都必須遵守這些步驟？
8. 如何利用商品產品成本表對企業全部產品成本計劃完成情況進行總括評價？
9. 如何根據主要產品單位成本表分析評價企業產品結構的合理性？

第十三章
作業成本法

【導入案例】

　　新華科技公司是一家專門生產硅橡膠按鍵的企業，主要給遙控器、移動電話、計算器和電腦等電器設備提供按鍵。該公司年生產品種約600多種，月生產型號有200多種，每個月產量有2,000萬件，企業生產特點是品種批次多，數量大，成本不易準確計算。

　　公司的主要客戶是一家知名手機製造商，占新華公司年銷售收入的30%以上。一天，公司銷售經理接到手機製造商的通知，可能會較大幅度削減對新華公司的訂貨，選擇另一家更便宜的按鍵供應商。銷售經理找到了公司技術總監和財務總監商討對策。

　　銷售經理說：手機製造商削減訂貨會給公司帶來巨大損失，我們只能降價保市場。

　　技術總監說：公司產品生產技術和工藝程序是比較固定的，但還是有改進空間。不過，我們是否在生產過程之外，還有降低手機按鍵成本的途徑。

　　銷售經理說：我感覺公司智能手機按鍵生產比電腦按鍵要複雜得多，但智能手機按鍵定價只比電腦按鍵高20%，我們的產品定價是根據成本加成定價的，因此我們成本核算體系是否有問題？

　　財務總監說：我們公司產品品種規格繁多，數量大，為了減少成本計算工作，一直採用分類法計算每大類產品成本，然後再按每一種產品原材料消耗量定額分配給每一種產品。這種方法可能導致技術複雜的產品承擔成本份額不夠，有存在低估成本的可能。我們需要改進已有成本核算體系。

　　銷售經理說：作為我們這種批次多、品種多的企業，傳統成本核算方法有可能誤導我們產品定價體系，需要更準確的成本核算與管理體系。

　　問題：你認為財務總監對公司成本核算體系判斷正確嗎？

學習目標：

　　作業成本法是為了適應世界新技術革命的需要，與即時生產系統、全面質量管理相結合而產生的一種成本會計制度。它徹底改變了傳統成本計算觀念和基礎，將成本計算以「產品」為中心轉變為以「作業」為中心，以「資源→作業→產品」

為邏輯關係計算成本，從而極大地拓展了成本會計領域，將成本計算與整個作業管理緊密結合在一起。

在學習本章的過程中應當注意：
1. 瞭解作業成本法產生的歷史背景，以及其必然性。
2. 瞭解作業、作業鏈、成本動因等概念，理解作業成本法下成本計算的基本原理。
3. 瞭解作業成本法與傳統成本計算方法相比的特點及其現實適用性問題。

本章難點提示：

1. 對作業、作業鏈、成本動因這三個基本概念的理解和應用。
2. 在作業成本法下，作業成本的具體計算與分析。

第一節　作業成本法產生背景

一、作業成本法的產生背景

20世紀70年代以來，以電子數控機床和機器人、電腦輔助設計、電腦輔助工程和彈性製造系統為代表的高新技術在企業中得到了廣泛應用。高度自動化的先進生產，能夠及時滿足客戶多樣化、小批量的商品需求，快速、高質量地生產出多品種、少批量的產品，帶來了管理觀念和管理技術的巨大變革。同時，即時採購與製造系統，以及與其密切相關的零庫存、單元製造、全面質量管理等嶄新的管理觀念與技術應運而生。在這種新的製造環境下，企業傳統採購與製造過程將發生深刻的變化。相應地，原來為傳統採購與製造乃至企業決策服務的產品成本計算與控制、會計決策、業績評價等會計理論和方法也將發生變革。

先進製造環境與傳統製造環境最大的不同在於，許多人工已被機器取代，因而直接人工成本比例大幅下降，固定製造費用比例大幅上升，大多數企業的直接人工成本從占產品成本的40%~50%下降到今天的不到10%，甚至更低。

面對間接費用占產品總成本的比重日趨增大，產品日趨多樣化、小批量生產的市場需要，繼續採用傳統成本會計中以直接人工總去分配比重越來越大的製造費用和越來越多地與工時不相關的作業費用（如質量檢測、試驗、物料搬運、調整準備等），以及忽略批量不同的產品實際耗費的差異等，往往會使生產量大、技術不是很精密的產品成本偏高，生產量小、技術比較精密的產品成本偏低，造成不同產品之間成本的嚴重歪曲，成本信息嚴重失真，導致經營決策失誤，產品成本失控。

時代的變革導致經營環境的變化，經營環境的變化要求企業在激烈的競爭中努力改進和完善管理技術和方法，降低成本，提高生產效率和效益。那麼，採用什麼樣的成本計算方法才能既控制大額固定成本，又能真實反應成本情況呢？在這種客觀需要下，作業成本法應運而生。

二、作業成本法

作業成本法（Activity-Based Costing，ABC）是西方國家於 20 世紀 80 年代末開始研究，90 年代以來在先進製造企業首先應用的一種全新的企業管理理論和方法。它是一個以作業為基礎的管理信息系統。

作業成本計算與傳統成本計算不同之處是分配基礎（成本動因）不僅發生了量變，而且發生了質變。它不再局限於傳統成本計算所採用的單一數量分配基準，而是採用多種成本動因作為分配基準；它不僅採用多元分配基準，而且集財務變量與非財務變量於一體，並且特別強調非財務變量（產品的零部件數量、調整準備次數、運輸距離、質量檢測時間等）。這種從量變到質變，財務變量與非財務變量相結合的分配基礎，由於提高了與產品實際消耗費用的相關性，能使作業成本會計提供「相對準確」的產品成本信息。

作業成本法以作業為中心，從產品設計到物料供應，從生產工藝流程（各車間）的各個環節、質量檢驗、總裝到發運、銷售的全過程都按作業進行劃分。通過對作業及作業成本的確認、計量，最終計算出真實的產品成本。同時，通過對所有與產品相關聯的作業活動的追蹤分析，為盡可能消除「不增值作業」，改進「增值作業」，優化「作業鏈」和「價值鏈」，增加「顧客價值」提供有用信息，使損失、浪費減少到最低限度，提高決策、計劃、控制的科學性和有效性，最終達到提高企業的市場競爭能力和盈利能力、增加企業價值的目的。

可見，作業成本計算法不是就成本論成本，它將著眼點放在成本發生的前因後果上。從前因來看，成本由作業引起，那麼形成一個作業的必要性何在？從後果來看，作業從開始執行直至完成實際耗費了多少資源？這些資源耗費可以對產品最終提供給顧客的價值做出多大貢獻？對這些問題進行分析，可以有效促使企業改進產品設計，提高作業完成效率和質量水平，在各個環節減少浪費並盡可能降低資源消耗，尋求最有利的產品、顧客和投資方向，使企業生產經營的整個價值鏈得以優化。

第二節　作業成本法基本概念

一、作業

作業是指一組織內為達到特定目的而消耗資源的活動，如創業構想、產品設計、設備安裝、原材料採購、生產營銷等。它是連接資源與產品成本的橋樑。

（一）作業的基本特徵

一切作業都應當具備以下特徵：

（1）作業是一種資源投入和效果產出過程。如產品質量檢查，投入的是技術、方法、時間，產出的是檢查過的合格品、不合格品或廢品等。

（2）作業活動貫穿動態經營全過程。產品從設計、材料採購、生產、檢驗到最終銷售出去是通過各種作業完成的。沒有作業的實施，經營活動就無法實現。

（3）作業是可以量化的。作業可以採用一定的計量標準進行計量。
（二）作業的分類
1. 按受益範圍分類
作業按受益範圍通常分為：

（1）單位作業（Unit Activity）。它是使單位產品受益的作業，即每生產一個單位產品需要的作業。這種作業的成本與產品產量成比例變動，如直接材料、直接人工等。

（2）批製作業（Batch Activity）。它是使一批產品受益的作業。這種作業的成本與產品批數成比例變動，如每批產品檢驗、機器準備、原材料處理、定單處理等。

（3）產品作業（Product Activity）。它是使某種產品受益的作業。這種作業的成本與產品產量或產品批數無關，只與產品品種成比例變動，如制圖、工藝設計、流程設計等。

（4）過程作業（Process Activity）。它是企業生產經營過程中不可缺少的生產管理活動，如為顧客提供技術服務等。

2. 按是否增加產品或服務價值分類

按是否增加產品或服務價值，可以將作業分為增值作業和非增值作業。

（1）增值作業。它是指能為顧客帶來附加價值，因而能為企業帶來利潤的作業，如產品生產、加工、包裝作業。

（2）非增值作業。它是指不能為顧客帶來附加價值，根本上無效的作業活動，如原材料存儲作業、產品質量檢查作業、原材料和在產品為下道工序及時加工的等待作業等。

（三）作業鏈

一個企業實際上是由大大小小的各種各樣的作業有機組合而成的。現代企業是一個為了滿足顧客需要而建立的一系列前後有序的作業集合體，這個集合體中的一系列作業相互連接，形成作業鏈。

（四）價值鏈

價值鏈是指由價值來表現的作業鏈。按照作業成本法的原理，產品消耗作業，作業耗費資源，因此作業的產出形成價值，作業的轉移伴隨著價值的轉移。

二、成本動因

成本動因是指導致成本發生的驅動因素。它可以是一個事項、一項活動和作業，它與成本發生、資源耗費和作業消耗的原因高度相關。因此，它支配著成本行為，決定著成本的發生，成為成本分配的標準。例如，採購定單是採購作業的成本動因，檢驗次數是檢查作業的成本動因。

（一）成本動因的分類

1. 根據成本動因在資源流動中所處的位置分為資源動因和作業動因

資源動因是指資源被各種作業消耗的方式和原因。它反應作業中心對資源的消耗情況，是資源成本分配到作業中心的標準。如購貨作業的資源動因是從事這一活

動的職工人數。

作業動因是指各項作業被最終產品或勞務消耗的方式和原因。它反應產品消耗作業的情況，是作業中心的成本分配到產品中的標準。如購貨作業的作業動因是定購單數。

2. 根據成本動因對生產是否有利分為積極動因和消極動因

積極動因是指有助於產品形成，能產生收入和利潤的作業，如銷售定單。

消極動因是指已導致資源的耗費，但無助於增加產品的價值，引起不必要的作業，並對淨收入產生不利影響的成本動因，如報廢單、重複作業等。

(二) 成本動因的選擇

成本動因是作業成本的核心內容，它的選擇直接關係到作業成本法的應用效果。一般由企業工程技術人員、成本會計師等組成專門小組，對企業的各項作業進行認真分析、討論後再加以確定。選擇成本動因時，主要考慮以下因素：

(1) 成本計量。成本動因應簡單易懂，資料易於獲得，且成本不會太高，與企業各作業部門的產出具有直接關聯性。

(2) 成本動因與所耗資源成本的相關程度。一般選擇具有代表性、與所耗資源成本高度相關的成本動因，避免作業成本計算過於複雜。

(三) 成本庫

成本庫是指將同一成本動因導致的費用項目歸集在一起的成本類別，每個成本庫所代表的是它所屬的那個作業中心的作業所引發的成本。成本庫的建立把間接費用的分配與產生這些費用的原因——成本動因聯繫起來，不同的成本庫選擇不同的成本動因分配標準，通過改善單一費用分配標準，提高成本信息的可靠性和準確性。

三、作業成本法的基本原理

作業成本法是指以作業為核算對象，通過作業中心的確認和作業量的計量，以成本動因為基礎分配間接費用的成本計算方法。

作業成本法的理論基礎是：生產導致作業發生，作業耗用資源並導致成本發生，產品耗用作業。間接成本與產品是通過作業聯繫在一起的，我們需要找出引起間接成本發生變動的作業，並把這些作業作為分配間接成本的基礎。因此，作業成本計算要求首先根據作業對資源的消耗情況將資源成本分配到作業；其次依據成本動因跟蹤到產品成本，即資源—作業—產品。相反，傳統成本計算法是先將資源歸集在統一的成本庫；然後按企業統一分配標準把成本分配到產品，即資源—成本—產品。

由此可見，作業成本會計是一個以作業為基礎的科學信息系統。它把成本計算從以「產品」為中心轉移到以「作業」為中心，並以資源流動為線索，以資源耗用的因果關係為成本分配依據，對所有作業活動進行動態跟蹤反應和分析，大大拓展了成本核算範圍，改進了成本分配方法，優化了業績評價尺度，提供了較為準確的資源利用方面的成本信息，能更好地發揮其在決策、計劃和控制中的作用，促使作業管理水平不斷提高，滿足各方對會計信息的要求，克服傳統成本制度的諸多不足。

第三節 作業成本計算

一、作業成本計算的步驟

根據作業成本法的基本原理,作業成本計算的一般步驟為:

(一) 確認主要作業,明確作業中心

作業成本計算的關鍵是將作業與作業耗費聯繫起來,在日常經濟業務處理中是將工資、原材料、折舊等資源耗費歸集在相應的工資、材料、折舊等帳戶中。因此,首先要按照經濟業務流程的特點,選定作業中心,以便重新歸集費用,將所耗費的資源合理分配到作業,形成作業成本庫。

企業發生的作業數越多,成本歸集、分配的工作量越大,計量成本也越高。為此,在初次建立作業成本庫時,應對產品生產過程中種類較少的主要作業加以確認,對一些資源昂貴、金額重大的作業,產品之間使用程序差異較大的作業以及形態與眾不同的作業,應予以特別注意。

例如,材料保管環節要發生收料、保管、搬運、發料等作業,各作業所耗費的資源能夠明確分開,各作業所耗費的資源數量都不相同,因此可以按這幾項作業分別設立作業成本庫,歸集所耗費的資源。而材料採購環節發生收取請購單、挑選供應商、協商價格、催促送貨、付款等作業,各作業所耗費的資源不能明確分開,加之各種產品所消耗的材料的採購作業環節基本相同,因此可以將這些作業合在一起,統稱為採購作業,按採購作業歸集所耗費的資源。

(二) 將歸集起來的可追溯成本分配到作業中心

本步驟是對所耗費資源的價值按照作業進行歸集的過程。確認了作業中心之後,需要正確確定資源動因,以此為標準,將收集起來的投入成本或資源分配到每一個作業中心的成本庫。每一個成本庫都是一個成本中心,這個成本中心要通過兩個途徑來匯集成本:直接成本直接計入成本庫;服務部門的間接成本以資源動因為基礎分配計入成本庫。通過上述途徑,就可以得到成本庫的總成本。例如,將工資、折舊費、修理費等資源分配到採購作業上時,應以定貨次數為資源動因,將資源分配到採購作業中心,形成採購作業成本庫。

這一步驟反應了作業成本計算的一個基本原則:作業量決定資源的耗用量,資源的耗用量與最終的產品產出量沒有直接關係,成本應按作業進行歸集。

(三) 將各個成本中心的成本分配到最終產品中去

這裡要求以該成本庫的作業為依據計算出準確的分配率,將所歸集的作業成本按各種產品消耗的作業量的比例分配計入各產品成本,並據此計算出產品總成本或單位成本。成本庫的作業就是成本驅動因素(成本動因)。

這一步驟反應的作業會計規則是:產出量的多少決定著作業的耗用量,即作業動因。這反應了產品消耗作業,產出量的多少決定著作業的耗用量。

二、作業成本計算案例

【例 13-1】紅光電器廠生產甲、乙兩種產品,其直接材料按各產品領料單直接計入各產品成本,直接人工成本按各產品直接人工小時及小時工資率計算。產品生產依次經過一車間和二車間。生產數據見表 13-1、表 13-2。

表 13-1　　　　　　　　　　　費用匯總表

	甲產品	乙產品	合計
直接材料單位成本（元）	200	400	
其中：生產數量（件）	900	300	
直接材料總成本合計（元）	180,000	120,000	300,000
直接人工單位成本（元）	200	150	
其中：生產工時（小時）	700	400	
直接人工合計（元）	140,000	60,000	200,000
間接費用合計（元）			860,000
一車間生產工時	1,000	400	1,400
二車間生產工時	800	300	1,100

表 13-2　　　　　　　　　　　作業情況數據

作業中心	資源耗用（元）	動因	動因量（甲產品）	動因量（乙產品）	合　計
材料處理	180,000	移動次數	400	200	600
材料採購	250,000	定單件數	350	150	500
使用機器	350,000	機器小時	1,200	800	2,000
設備維修	220,000	維修小時	700	400	1,100
質量控制	200,000	質檢次數	250	150	400
產品運輸	160,000	運輸次數	50	30	80
合　計	1,360,000				

1. 該企業按傳統成本計算法的結果

（1）將製造費用分配給一車間、二車間，見表 13-3。

表 13-3

分配對象	分配標準（元）	分配率	分配費用（元）
一車間	1,400	344	481,600
二車間	1,100	344	378,400
合計	2,500	344	860,000

(2) 將各車間製造費用分配給甲、乙產品,見表13-4。

表13-4

車間	分配標準(元)	分配率	分配費用(元)	甲產品(元)	乙產品(元)
一車間					
其中:甲產品	1,000	344	344,000		
乙產品	400	344	137,600		
小　計	1,400	344	481,600	344,000	137,600
二車間					
其中:甲產品	800	344	275,200		
乙產品	300	344	103,200		
小　計	1,100	344	378,400	275,200	103,200
合　計			860,000	619,200	240,800

(3) 計算甲、乙產品的單位成本和總成本,見表13-5。

表13-5　　　　　　　　　　　　　　　　　　　　　　　　　　　單位:元

項　目	甲產品	乙產品	合　計
直接材料	180,000	120,000	300,000
直接人工	140,000	60,000	200,000
間接費用	619,200	240,800	860,000
總成本	939,200	420,800	1,360,000
單位成本	1,043.56	1,402.67	

2. 該企業按作業成本計算法計算,見表13-6。

表13-6

作業中心	成本庫(元)	動因量	動因率	甲產品(元)	乙產品(元)
材料處理	180,000	600	300	120,000	60,000
材料採購	250,000	500	500	175,000	75,000
使用機器	350,000	2,000	175	210,000	140,000
設備維修	220,000	1,100	200	140,000	80,000
質量控制	200,000	400	500	125,000	75,000
產品運輸	160,000	80	2,000	100,000	60,000
合計總成本	1,360,000			870,000	490,000
單位成本				966.67	1,633.33

計算結果表明,甲產品單位成本按傳統成本計算法計算為1,043.56元,按作業成本計算法計算為966.67元,二者相差76.89元/件,總成本相差69,200元,按傳

統成本計算的成本高；乙產品則相反，按作業成本計算法計算的單位成本（1,633.33元）比按傳統成本計算法計算的單位成本（1,402.67元）高230.66元，總成本相差69,200元。

分析兩種計算方法下成本差異的產生原因，直觀地看，在傳統成本計算法下，製造費用總額按直接人工工時分配；而在作業計算法下則將製造費用按作業分成幾個不同部分，每部分按不同的分配標準進行分配。因此，採用不同的計算方法會得出不同的計算結果，這實際上反應了兩種計算方法所提供的成本信息的不同質量。

大量的調查結果表明，穩定的大批量生產的技術複雜程度較低，在傳統成本計算法下，由於所消耗的人工工時比重大，分配的製造費用數額較大；而在作業成本法計算法下，由於技術複雜程度低，所消耗的作業量相對較少，分配的製造費用相對較低，單位成本明顯少於傳統成本計算法下的單位成本。技術含量較高、生產量小的產品則與前面的情況正好相反，作業成本法下的單位成本大於傳統計算法下的單位成本。

簡而言之，傳統成本計算法低估了生產量小而技術複雜程度高的產品成本，高估了生產量大而技術複雜程度低的產品成本。與之相比，作業成本計算法所得到的成本信息更為準確和詳細。

第四節　作業成本法與傳統成本計算法的比較

一、作業成本法與傳統成本計算法的區別

（一）分配標準

傳統成本計算法只採用較為單一的標準（如機器工時、生產工時）將間接費用直接分配計入各種產品的成本，無法正確反應生產過程中不同產品、不同技術因素對費用產生的不同影響。因此，傳統成本計算法對間接費用分配較為籠統，不太精確。

與傳統成本計算法相比，作業成本法採用的是比較合理的多標準、多步驟的分配方法，即對不同的資源採用不同的資源動因，對不同的作業中心採用不同的作業動因來分配間接費用，使成本的歸屬性更強。

（二）成本對象

傳統成本計算法都是以企業最終產出的各種產品作為成本計算對象。

作業成本法不僅關注產品成本，而且更關注產品成本產生的原因及其形成的全過程。因此，它的成本計算對象是多層次的，不僅把最終產出的各種產品作為成本計算對象，而且把資源、作業、作業中心作為成本計算對象。

（三）成本計算範圍

在傳統成本計算法下，產品成本是指產品的製造成本，只包括與生產產品直接相關的費用——直接材料、直接人工、製造費用等，並按照費用的經濟用途設置成本項目，將組織、管理生產的費用均作為期間費用來處理。

在作業成本法下，產品成本是指完全成本，包括與生產產品相關的、合理的、有效的費用，並按照作業類別設置成本項目。這種方法只強調費用的合理性、有效性，而不論費用是否與生產產品有直接關係，因此，與產品生產沒有直接關係的一些合理、有效的費用（如採購人員的工資、廣告費、質量檢驗費、物料搬運費等）也要計入產品成本。在作業成本法下，也存在期間費用，只不過此時的期間費用歸集的是所有無效的、不合理的支出，即所有作業中心的無效耗費資源的價值和非增值作業耗費資源的價值。

可見，在傳統成本計算法下，成本信息的失真程度較高，不利於產品價格決策和成本控制，而作業成本法能更客觀、真實、準確、全面地反應高科技、自動化環境下的產品成本。從成本管理的角度講，作業成本管理把著眼點放在成本發生的前因後果上，通過對所有作業活動進行動態跟蹤反應，可以更好地發揮決策、計劃和控製作用，促進作業管理水平的不斷提高。

二、作業成本法的優點

（1）有利於提高成本信息的質量，克服傳統成本分配主觀因素的影響；
（2）有利於現代生產系統的作業管理，為作業管理提供必需的成本信息；
（3）有利於分析成本升降的原因，採取措施，增加增值作業，消除不增值作業；
（4）有利於完善成本責任管理，建立一種新的責任會計體系，即以作業中心取代成本中心；
（5）有利於成本預測和決策。

三、作業成本法的缺點

（1）仍以歷史成本為基礎，與未來企業戰略決策缺乏直接的相關性；
（2）未能完全消除主觀分配因素，如折舊計提、遞延資產攤銷、無形資產攤銷等；
（3）計算程序增加，工作量加大，信息成本可能提高；
（4）成本動因的選擇有一定的難度，甚至可能出現隨意性，如廣告費、外部審計費、商譽攤銷等；
（5）要求有嚴格的即時生產系統和高素質的人員，在尚不具備推廣條件的企業難以實施。

本章小結：

作業成本法是西方國家在 20 世紀 80 年代末期為了適應及時生產系統、全面質量管理要求而提出的一種全新的成本管理與計算方法。與傳統成本計算方法不同，它不再以產品品種、批別、生產步驟作為成本計算對象，歸集企業耗費資源，計算產品成本。而是採用一種新的邏輯：「資源→作業→產品」來計算成本。

在作業成本法下，我們需要找出企業生產經營整個增值作業鏈，將企業耗費資源按照一定動因先歸集到各個作業中心，然後按照產品消耗作業這一邏輯關係，將各作業中心的成本再分配到各產品，從而計算出產品成本。作業成本既是一種新的成本計算方法，也是一種新的企業管理制度。

在作業成本法中，作業是指一組織內為達到特定目的而消耗資源的活動，如創業構想、產品設計、設備安裝、原材料採購、生產營銷等。它是連接資源與產品成本的橋樑。成本動因是指導致成本發生的驅動因素。它可以是一個事項、一項活動和作業，它與成本發生、資源耗費和作業消耗的原因高度相關，因此它支配著成本行為，決定著成本的發生，成為成本分配的標準。

與傳統成本計算法相比較，作業成本法在分配標準、成本對象、成本計算範圍上有很大差異。它有利於提高成本信息的質量，克服傳統成本分配主觀因素的影響；有利於現代生產系統的作業管理，為作業管理提供必需的成本信息；有利於分析成本升降的原因，採取措施，增加增值作業，消除不增值作業。

本章思考拓展問題：

1. 你認為作業成本法與互聯網+有什麼關係？
2. 請以某個製造企業為對象，說明它的價值鏈關係，分析哪些是增值作業，哪些無效作業。
3. 根據你的理解，舉例說明資源、作業、產品三者之間的關係。

國家圖書館出版品預行編目(CIP)資料

成本會計 / 張力上 主編. -- 第三版.
-- 臺北市：財經錢線文化出版：崧博發行，2018.10
　　面 ； 公分
ISBN 978-986-96840-8-8(平裝)
1.成本會計
495.71　　　107017666

書　　名：成本會計
作　　者：張力上 主編
發行人：黃振庭
出版者：財經錢線文化事業有限公司
發行者：崧博出版事業有限公司
E-mail：sonbookservice@gmail.com
粉絲頁　　　　　　網　　址：
地　　址：台北市中正區延平南路六十一號五樓一室
8F.-815, No.61, Sec. 1, Chongqing S. Rd., Zhongzheng Dist., Taipei City 100, Taiwan (R.O.C.)
電　　話：(02)2370-3310　傳　真：(02) 2370-3210
總經銷：紅螞蟻圖書有限公司
地　　址：台北市內湖區舊宗路二段 121 巷 19 號
電　　話：02-2795-3656　　傳真：02-2795-4100　　網址：
印　　刷：京峯彩色印刷有限公司 (京峰數位)

　　本書版權為西南財經大學出版社所有授權崧博出版事業有限公司獨家發行電子書及繁體書繁體版。若有其他相關權利及授權需求請與本公司聯繫。
定價：550元
發行日期：2018 年 10 月第三版
◎ 本書以POD印製發行